新工科建设之路·计算机类专业系列教材

C++语言程序设计

（第4版）

吕凤翥　编著

電子工業出版社
Publishing House of Electronics Industry
北京·BEIJING

内 容 简 介

本书全面、系统地讲述 C 语言和 C++语言的基础知识、基本规则以及编程方法，详尽地讲述 C++语言面向对象的重要特征：类和对象、继承性和派生类、多态性和虚函数等内容。本书偏重应用，文字通俗易懂，内容由浅入深，讲解突出重点。本书配有丰富的例题，每章后面备有形式多样的练习题。本书还提供上机指导，扫描前言中的二维码可以获取相应的文档。

本书适合作为高等学校计算机及相关专业高级语言程序设计课程的教材，也可作为教师和学生的参考书，以及广大编程爱好者自学 C++语言的指导书。

图书在版编目 (CIP) 数据

C++语言程序设计 / 吕凤翥编著. —4 版. —北京：电子工业出版社，2018.5

ISBN 978-7-121-34090-1

Ⅰ. ①C… Ⅱ. ①吕… Ⅲ. ①C 语言－程序设计 Ⅳ. ①TP312.8

中国版本图书馆 CIP 数据核字（2018）第 078757 号

责任编辑：冉 哲
印　　刷：北京虎彩文化传播有限公司
装　　订：北京虎彩文化传播有限公司
出版发行：电子工业出版社
　　　　　北京市海淀区万寿路 173 信箱　邮编　100036
开　　本：787×1 092　1/16　印张：20　字数：578 千字
版　　次：2001 年 4 月第 1 版
　　　　　2018 年 5 月第 4 版
印　　次：2023 年12月第 8 次印刷
定　　价：49.80 元

凡所购买电子工业出版社图书有缺损问题，请向购买书店调换。若书店售缺，请与本社发行部联系，联系及邮购电话：（010）88254888，88258888。

质量投诉请发邮件至 zlts@phei.com.cn，盗版侵权举报请发邮件至 dbqq@phei.com.cn。

本书咨询联系方式：ran@phei.com.cn。

前　言

本书作者长期从事 C 语言和 C++语言程序设计课程的教学工作。本书是作者在总结多年来讲授 C 语言和 C++语言的经验基础上，根据讲稿整理编写的。

书中突出 C++语言的重点，对其重点内容都进行了反复讲解；根据教学中学生所提出的难点，本书进行了详细讲解，并列举了实例；书中各章节中请读者回答的一些问题，多是教学中遇到的疑点。因此，突出重点、详解难点和提出疑点是本书的第一个特点。

本书的第二个特点是语言简明、概念准确、例题丰富。以通俗易懂的语言讲述 C++语言的基础知识、基本规则和编程方法，以丰富的例题讲解操作方法和验证语法规则，读者可以模仿例题的程序去编写形式相似的程序和去解决内容相仿的问题。本书中例题较多，但重复性较小。每个例题都针对一种规则或一种操作，读者可以从每一个例题中学到一种方法。

本书的第三个特点是每章后边都备有较多的练习题，适合作为教材和自学参考书。每章后面的练习题内容全面，形式多样，有问答题、选择题、判断题、分析程序输出结果题和编程题等。通过这些题目，读者可以及时地检查和考核对本章内容学习和掌握的情况，教师可以从中选出一些题目留为作业题。

本书不仅较为全面地介绍了 C 语言的主要内容，也较为系统地讲述了 C++语言的基本内容。通过对本书的学习，读者可以掌握 C 语言与 C++语言的基础知识和基本规则及编程方法。

本书第 1 章介绍了面向对象的概念，揭示 C 语言和 C++语言的关系，指明 C++语言是一种使用较广的面向对象的编程语言，给出 C++程序的实现方法。另外，还介绍了 C++语言的词法规则。

第 2～7 章介绍的大多是 C 语言的内容，同时也是 C++语言的基本内容，C++程序也是建立在这些基本内容的基础上的。这些内容包括变量和常量、运算符和表达式、各种语句、函数和存储类、指针和引用、结构和联合等，在讲述过程中指出 C 语言与 C++语言的不同。

第 8～12 章较系统地介绍了 C++语言中面向对象的主要特征：封装性（类和对象）、继承性（基类和派生类）、多态性（重载和虚函数）、I/O 流类库及操作。这些都是 C++的核心内容，从中体现 C++语言面向对象的特点，这也是 C++语言的重点内容。

本书中的 C 语言部分，对于学过 C 语言的读者是一个很好的复习机会，从中可以搞清楚 C 语言和 C++语言的区别；对于没有学过 C 语言的读者可以通过学习这部分内容，掌握 C 语言这个编程工具。C++语言是以 C 语言为基础的，掌握了 C 语言对学习 C++语言是会有帮助的。

本书配有丰富的例题，每章后面备有形式多样的练习题。本书还提供上机指导，扫描二维码可以获取相应的文档。

本书适合作为高等学校计算机及相关专业高级语言程序设计课程的教材，也可作为教师和学生的参考书，以及广大编程爱好者自学 C++语言的指导书。

本书承蒙广大读者的关心和支持，许多读者为本书提出了宝贵的意见和建议，作者在此表示最衷心的感谢，并诚恳希望读者们继续关注本书，欢迎提供宝贵意见。

作　者

扫描二维码，获取上机指导

目　录

第 1 章　C++语言概述 ………………………………（1）
1.1　面向对象语言简介 ………………………………（1）
1.1.1　面向对象的概念 ………………………………（1）
1.1.2　编程语言的发展 ………………………………（2）
1.1.3　面向对象语言的特点 ………………………………（3）
1.2　C 语言与 C++语言的关系 ………………………………（3）
1.2.1　C++语言对 C 语言的改进 ………………………………（4）
1.2.2　C++语言对面向对象方法的支持 ………………………………（4）
1.3　C++语言的词法和词法规则 ………………………………（4）
1.3.1　C++语言的字符集 ………………………………（4）
1.3.2　单词及词法规则 ………………………………（5）
1.4　C++程序结构上的特点 ………………………………（6）
1.4.1　C++程序的两个实例 ………………………………（6）
1.4.2　C++程序结构特点 ………………………………（7）
1.4.3　C++程序的书写格式 ………………………………（8）
1.5　C++程序的实现 ………………………………（8）
1.5.1　C++程序的编辑、编译和运行 ………………………………（8）
1.5.2　Visual C++ 6.0 编译系统的用法简介 ………………………………（9）
习题 1 ………………………………（13）
第 2 章　变量和常量 ………………………………（16）
2.1　数据类型 ………………………………（16）
2.1.1　基本数据类型 ………………………………（16）
2.1.2　自定义数据类型 ………………………………（17）
2.2　变量 ………………………………（17）
2.2.1　变量的名字 ………………………………（17）
2.2.2　变量的类型 ………………………………（18）
2.2.3　变量的值 ………………………………（18）
2.3　常量 ………………………………（19）
2.3.1　整型常量 ………………………………（19）
2.3.2　浮点型常量 ………………………………（19）
2.3.3　字符型常量 ………………………………（20）
2.3.4　字符串常量 ………………………………（21）
2.3.5　枚举常量 ………………………………（21）
2.3.6　常量的定义格式 ………………………………（23）
2.4　数组 ………………………………（24）
2.4.1　数组的定义格式 ………………………………（24）
2.4.2　数组元素的表示 ………………………………（24）
2.4.3　数组的赋值 ………………………………（25）
2.4.4　字符数组 ………………………………（26）
2.5　键盘输入和屏幕输出 ………………………………（28）
2.5.1　键盘输入 ………………………………（28）
2.5.2　屏幕输出 ………………………………（29）
习题 2 ………………………………（30）
第 3 章　运算符和表达式 ………………………………（34）
3.1　运算符的种类及其功能 ………………………………（34）
3.1.1　算术运算符 ………………………………（34）
3.1.2　关系运算符 ………………………………（35）
3.1.3　逻辑运算符 ………………………………（35）
3.1.4　位操作运算符 ………………………………（36）
3.1.5　赋值运算符 ………………………………（36）
3.1.6　其他运算符 ………………………………（37）
3.2　运算符的优先级和结合性 ………………………………（39）
3.2.1　运算符的优先级 ………………………………（39）
3.2.2　运算符的结合性 ………………………………（40）
3.3　表达式 ………………………………（40）
3.3.1　表达式的种类 ………………………………（40）
3.3.2　表达式的值和类型 ………………………………（41）
3.4　类型转换 ………………………………（46）
3.4.1　保值的隐式转换 ………………………………（46）
3.4.2　强制转换 ………………………………（47）
3.5　类型定义 ………………………………（47）
习题 3 ………………………………（48）
第 4 章　语句和预处理 ………………………………（51）
4.1　表达式语句和复合语句 ………………………………（51）
4.1.1　表达式语句和空语句 ………………………………（51）
4.1.2　复合语句和分程序 ………………………………（52）
4.2　选择语句 ………………………………（52）
4.2.1　条件语句 ………………………………（52）
4.2.2　开关语句 ………………………………（55）

4.3 循环语句 ……（58）
4.3.1 while 循环语句 ……（58）
4.3.2 do-while 循环语句 ……（59）
4.3.3 for 循环语句 ……（60）
4.3.4 多重循环 ……（62）
4.4 转向语句 ……（65）
4.4.1 goto 语句 ……（65）
4.4.2 break 语句 ……（66）
4.4.3 continue 语句 ……（67）
4.5 预处理功能 ……（67）
4.5.1 宏定义命令 ……（68）
4.5.2 文件包含命令 ……（70）
4.5.3 条件编译命令 ……（71）
习题 4 ……（72）
第 5 章 函数和存储类 ……（77）
5.1 函数的定义和说明 ……（77）
5.1.1 函数的定义格式 ……（78）
5.1.2 函数的说明方法 ……（79）
5.2 函数的参数和返回值 ……（79）
5.2.1 函数参数的求值顺序 ……（79）
5.2.2 设置函数参数的默认值 ……（80）
5.2.3 函数的返回值 ……（81）
5.3 函数的调用方式 ……（82）
5.3.1 函数的传值调用 ……（82）
5.3.2 函数的引用调用 ……（83）
5.4 函数的嵌套调用和递归调用 ……（83）
5.4.1 函数的嵌套调用 ……（83）
5.4.2 函数的递归调用 ……（85）
5.5 内联函数和重载函数 ……（88）
5.5.1 内联函数 ……（88）
5.5.2 重载函数 ……（89）
5.6 标识符的作用域 ……（91）
5.6.1 作用域规则 ……（91）
5.6.2 作用域种类 ……（92）
5.6.3 关于重新定义标识符的作用域规定 ……（92）
5.7 变量的存储类 ……（94）
5.7.1 自动类变量和寄存器类变量 ……（94）
5.7.2 外部类变量 ……（95）
5.7.3 静态类变量 ……（96）
5.8 函数的存储类 ……（99）
5.8.1 内部函数 ……（99）
5.8.2 外部函数 ……（100）
习题 5 ……（101）
第 6 章 指针与引用 ……（106）
6.1 指针 ……（106）
6.1.1 指针的概念 ……（106）
6.1.2 指针定义格式 ……（107）
6.1.3 指针的赋值 ……（107）
6.1.4 指针的运算 ……（108）
6.2 指针与数组 ……（110）
6.2.1 数组名是一个指针常量 ……（110）
6.2.2 数组元素的指针表示 ……（111）
6.2.3 字符数组、字符指针和字符串处理函数 ……（113）
6.2.4 指向数组的指针和指针数组 ……（116）
6.3 指针与函数 ……（118）
6.3.1 指针用作函数参数 ……（118）
6.3.2 指向函数的指针和指针函数 ……（119）
6.4 引用 ……（121）
6.4.1 引用的概念 ……（121）
6.4.2 引用的应用 ……（123）
习题 6 ……（126）
第 7 章 结构和联合 ……（131）
7.1 结构 ……（131）
7.1.1 结构和结构变量的定义 ……（131）
7.1.2 结构变量成员的表示 ……（132）
7.1.3 结构变量的赋值 ……（133）
7.1.4 结构变量的运算 ……（133）
7.2 结构与数组 ……（135）
7.2.1 数组作为结构成员 ……（135）
7.2.2 结构变量作为数组元素 ……（135）
7.3 结构与函数 ……（138）
7.3.1 结构变量和指向结构变量的指针作为函数参数 ……（138）
7.3.2 结构变量和指向结构变量的指针作为函数返回值 ……（140）
7.4 联合 ……（142）
7.4.1 联合的概念 ……（142）
7.4.2 联合的应用 ……（144）

习题 7 ……………………………………………… (147)
第 8 章 类和简单对象 ……………………………… (151)
8.1 类的定义 ………………………………………… (151)
8.1.1 类的概念 …………………………………… (151)
8.1.2 类的定义格式 ……………………………… (151)
8.1.3 类定义举例 ………………………………… (153)
8.2 对象的定义和成员表示 ………………………… (155)
8.2.1 对象的定义格式 …………………………… (155)
8.2.2 对象的成员表示 …………………………… (155)
8.3 构造函数和析构函数 …………………………… (157)
8.3.1 构造函数和析构函数的特点及功能 ……… (157)
8.3.2 拷贝构造函数和默认拷贝构造函数 ……… (159)
8.3.3 拷贝构造函数的其他用处 ………………… (161)
8.4 成员函数的特征 ………………………………… (163)
8.4.1 内联函数和外联函数 ……………………… (163)
8.4.2 成员函数的重载性 ………………………… (164)
8.4.3 成员函数可以设置参数默认值 …………… (165)
8.5 静态成员 ………………………………………… (166)
8.5.1 静态数据成员 ……………………………… (166)
8.5.2 静态成员函数 ……………………………… (168)
8.6 常成员 …………………………………………… (169)
8.6.1 常数据成员 ………………………………… (169)
8.6.2 常成员函数 ………………………………… (170)
8.7 指向成员的指针 ………………………………… (171)
8.7.1 指向数据成员的指针 ……………………… (171)
8.7.2 指向成员函数的指针 ……………………… (172)
8.8 友元函数和友元类 ……………………………… (173)
8.8.1 友元函数 …………………………………… (173)
8.8.2 友元类 ……………………………………… (175)
习题 8 ……………………………………………… (176)
第 9 章 复杂对象 …………………………………… (183)
9.1 对象指针和对象引用 …………………………… (183)
9.1.1 指向对象的指针和对象引用 ……………… (183)
9.1.2 this 指针 …………………………………… (185)
9.2 对象数组和对象指针数组 ……………………… (186)
9.2.1 对象数组 …………………………………… (186)
9.2.2 指向对象数组的指针 ……………………… (188)
9.2.3 对象指针数组 ……………………………… (189)
9.3 一般常量和常对象 ……………………………… (190)
9.3.1 一般常量 …………………………………… (190)
9.3.2 常对象 ……………………………………… (191)
9.4 子对象和堆对象 ………………………………… (193)
9.4.1 子对象 ……………………………………… (193)
9.4.2 堆对象 ……………………………………… (195)
9.5 类型转换和转换函数 …………………………… (200)
9.5.1 类型的隐含转换 …………………………… (200)
9.5.2 构造函数的类型转换功能 ………………… (200)
9.5.3 类型转换函数 ……………………………… (201)
9.6 类作用域和对象的生存期 ……………………… (202)
9.6.1 类作用域 …………………………………… (202)
9.6.2 对象的生存期 ……………………………… (203)
9.6.3 局部类和嵌套类 …………………………… (204)
习题 9 ……………………………………………… (207)
第 10 章 继承性和派生类 ………………………… (216)
10.1 基类和派生类 ………………………………… (216)
10.1.1 派生类的定义格式 ……………………… (217)
10.1.2 继承的三种方式 ………………………… (218)
10.1.3 基类与派生类的关系 …………………… (221)
10.2 单继承 ………………………………………… (221)
10.2.1 派生类对基类成员的访问权限 ………… (221)
10.2.2 派生类的构造函数和析构函数 ………… (224)
10.2.3 子类型和赋值兼容规则 ………………… (230)
10.3 多继承 ………………………………………… (232)
10.3.1 多继承的概念 …………………………… (232)
10.3.2 多继承派生类的构造函数 ……………… (233)
10.3.3 多继承中的二义性问题 ………………… (235)
10.4 虚基类 ………………………………………… (239)
10.4.1 虚基类的概念 …………………………… (239)
10.4.2 虚基类及其派生类的构造函数 ………… (241)
习题 10 …………………………………………… (242)
第 11 章 多态性和虚函数 ………………………… (249)
11.1 函数重载 ……………………………………… (249)
11.2 运算符重载 …………………………………… (251)
11.2.1 运算符重载中的几个问题 ……………… (251)

11.2.2 运算符重载函数的两种形式……………………(252)
11.2.3 其他运算符重载举例…………(256)
11.3 静态联编和动态联编……………………(259)
11.3.1 静态联编……………………(260)
11.3.2 动态联编……………………(261)
11.4 虚函数……………………(261)
11.5 纯虚函数和抽象类……………………(266)
11.5.1 纯虚函数……………………(267)
11.5.2 抽象类……………………(268)
11.6 虚析构函数……………………(272)
习题 11……………………(273)
第 12 章 C++语言的 I/O 流类库…………(279)
12.1 屏幕输出操作……………………(281)
12.1.1 使用预定义的插入符…………(281)
12.1.2 使用成员函数 put( )输出一个字符……………………(283)
12.1.3 使用成员函数 write( )输出一个字符串……………………(283)
12.2 键盘输入操作……………………(284)
12.2.1 使用预定义的提取符…………(284)
12.2.2 使用成员函数 get( )获取一个字符……………………(285)
12.2.3 使用成员函数 getline( )获取一行字符……………………(286)
12.2.4 使用成员函数 read( )读取多行字符……………………(287)
12.3 格式化输入和输出……………………(288)
12.3.1 使用流对象的成员函数进行格式输出……………………(288)
12.3.2 使用控制符进行格式输出……(291)
12.4 插入符和提取符的重载……………………(292)
12.5 磁盘文件的输入和输出……………………(293)
12.5.1 文件的打开和关闭操作………(294)
12.5.2 文本文件的读/写操作…………(295)
12.5.3 二进制文件的读/写操作………(298)
12.5.4 随机访问数据文件……………(300)
12.5.5 文件操作的其他函数…………(303)
12.6 字符串流……………………(305)
12.6.1 ostrstream 类的构造函数……(305)
12.6.2 istrstream 类的构造函数……(306)
12.7 流错误的处理……………………(307)
12.7.1 状态字和状态函数……………(307)
12.7.2 清除/设置流状态位…………(308)
习题 12……………………(308)

第 1 章　C++语言概述

C++是一种面向对象的程序设计语言，它是在 C 语言基础上发展起来的。虽然它不是最早的面向对象的程序设计语言，但是它是目前使用较广泛的面向对象的程序设计语言。

本章主要讲述 C++语言编程特点，包括 C++语言与 C 语言的关系，C++语言的词法规则及 C++语言程序的实现。在讲述 C++语言之前，介绍一个与 C++语言有关的重要概念——面向对象，包括什么是面向对象，面向对象语言的特点等。通过对面向对象概念的学习和理解，可以进一步了解 C++语言的特点及其应用。

1.1　面向对象语言简介

本节主要讲述在计算机出现后，编程语言的发展历史。从这段历史中不难看出，面向对象语言的出现是人们对客观事物认识的不断发展的需要。因此，面向对象语言的出现是必然的。本节首先介绍面向对象这一概念。

1.1.1　面向对象的概念

什么是面向对象？简单地说，它和面向过程一样都是软件开发的一种方法。但是它与面向过程不同，面向对象是一种运用对象、类、继承、封装、包含、消息传递、多态性等概念来构造系统的软件开发方法。这里提出了一些新的概念，这些新的概念描述了面向对象的特点。

下面从解释这些概念中给出面向对象的特点，进而对面向对象这种方法有所了解和认识。

（1）对象是软件系统的基本构成单位

分析问题的出发点是对象。对象是对待解决问题（问题域）中的客观事物的抽象表示，它是面向对象程序的基本要素。

（2）对象的属性和服务结合为一个独立的实体

对象的属性是表示客观事物的静态特性，一般用数据来表达；对象的服务是描述客观事物的动态特性，即事物的行为，一般用函数（或称方法）来表达。对象的属性与服务结合为一个独立的实体，称为封装体，对外屏蔽其内部的部分特性。

（3）类是对某些对象的抽象描述

类是具有相同属性和服务的若干对象的集合。类为该类的所有对象提供一种统一的抽象描述。一个类中包含属性和服务两部分。实际上，类是一种类型，这种类型是自定义的，而对象是某个类的一个实例。

（4）派生类继承基类中的属性和服务

在不同的层次上运用抽象的原则，可以获得基类和它的派生类。派生类继承基类中的属性和服务，通过类间的继承关系可以简化系统的构造过程和文档，实现共享。例如，根据世界上存在的各种各样的汽车，可以将它们的共性抽象为一个汽车类，再将各种各样的轿车的共性抽象为一个轿车类。显然，轿车类应该是汽车基类的派生类，因为轿车具有汽车的共性，另外还具有它自身的特性。我们说，轿车类继承了汽车类中的属性和服务。

（5）复杂对象可由若干简单对象构成

复杂的事物常可以化解为若干简单的事物。同样，一个复杂的对象可以化解为简单对象的集合。例如，描述一架飞机，这是一个较为复杂的对象，但可以将它看成由机翼、机身、发动机和尾翼等部件组成。可将一架飞机看作一个复杂类的对象，这个复杂类由若干简单类的对象组成。这称为类的包含关系。

（6）对象与对象之间使用消息进行通信

消息是向对象发出的服务请求，消息的发送者是一个要求提供服务的对象，而消息的接收者是一个能够提供服务的对象，通过消息传送实现对象之间的通信。

（7）多态性是面向对象程序设计的重要支柱

多态性是指向不同对象发送同一消息，根据对象的类的不同而完成不同的行为。多态性通过继承的机制构造对象类的结果，由函数和运算符的重载及虚函数实现类的多态性。

以上是对面向对象这一概念的理解。下面通过一个例子形象地说明封装的概念。例如，街头上的早点小吃店，在一间小屋里或小亭子里，四周封闭，通过一个小窗口对外卖货。屋或亭内有油饼、豆浆等食品，另外，还具有制作上述部分食品的服务，如炸油饼、制作豆浆等，以及收钱、找钱等服务。可以将小吃店看作一个封装体，这个被封装的“实体”对外服务只通过一个“窗口”，当买早点的人向它发出“买什么早点”、“买多少”的消息后，并将钱付给它，它就将所要的食品递出。把具有这类特点的服务统称为早点服务类，而将某家小吃店看成早点服务类的一个对象。

综上所述，面向对象这种方法具有三大特性：封装性、继承性和多态性。特别是前两大特性是不可缺少的。

1.1.2 编程语言的发展

1. 编程和编程语言

早期，人们认为编程工作包含认识事物和描述事物两项内容，认为编程就是对要解决的问题产生一个正确的认识，再用一种语言将它正确地描述出来。这样就把软件开发与编程看成是一回事了。从软件工程的角度来看，软件开发和编程是不同的。软件开发包含两项主要活动：一是人们对于要解决的问题的认识，二是对这种认识的描述。“认识”是指对要解决的问题进行周密的分析和全面的理解，并找出解决的方法；“描述”是指选用一种语言来描述对要解决问题的认识。可见，编程是在认识基础上进行的描述，编程时所选用的语言称为编程语言。因此，我们认为编程只是软件开发中的一项内容，而不是全部内容。

开发人员对于要解决的问题的认识又称为对问题域的认识。问题域是指要解决的问题的集合，或者指要解决的问题所涉及的业务范围。人们对于问题域的认识往往是用自然语言来描述的，而计算机所能识别的却是某种编程语言。于是在自然语言和编程语言之间存在一个过渡，或称为“鸿沟”。这个“鸿沟”形成的原因很简单，就是因为机器不能识别人们描述客观事物所用的自然语言，而机器能够识别（直接或间接）的编程语言又不符合人们习惯的思维方式。于是就形成了二者之间的鸿沟。鸿沟的存在耗费软件开发人员的许多精力，同时也是许多错误的发源地。

2. 编程语言的发展史

编程语言是从低级到高级发展的，具体过程如下。

（1）机器语言。这是一种最原始的编程语言，这种语言是计算机可以直接识别的语言。这种语言使用 0 和 1 两种代码，编写出的程序难以理解和记忆，因为它远离人们习惯的思维方式。

（2）汇编语言。这种语言使用助记符号来替代代码 0 和 1，是一种低级语言。它比机器语言稍有提高，符合人们的某些形象思维方式。它是低层次的抽象。计算机不能直接识别汇编语言，需要编译后才可识别。这种语言虽然效率较高，但是由于难以记忆，使用较少。

（3）高级语言。这是一种采用命令或语句的语言，屏蔽了机器细节问题。它提高了语言的抽象层次，比汇编语言更加接近于人们的思维方式。这种语言人们容易理解和记忆，但它还与自然语言有较大差别。20 世纪 70 年代，结构化程序设计语言的出现给编程带来了方便，使得自然语言与编程语言的鸿沟进一步缩短。

（4）面向对象语言。面向对象语言是比面向过程语言更高级的一种高级语言。面向对象语言的出现改变了编程者的思维方式，使设计程序的出发点由着眼于问题域中的过程转向着眼于问题域中的对象及其相互关系。这种转变更加符合人们对客观事物的认识，因此，面向对象语言更接近于自然语言。面向对象语言是人们对于客观事物更高层次的抽象。

从编程语言发展的历史来看，编程语言由低级向高级发展，使得自然语言与编程语言之间的鸿沟越来越窄，这就意味着软件开发人员耗费的精力越来越少，软件产品的质量越来越高。

面向对象语言的出现是人们期待填平“鸿沟”的必然结果，面向对象的程序设计方法是软件开发的新的里程碑。

1.1.3 面向对象语言的特点

使用面向对象的方法进行软件开发，需要用面向对象的语言进行编程。

面向对象的语言应该具有面向对象方法的特点。具体地讲，面向对象语言直接描述问题域中的对象及其相互关系。它从客观世界中所存在的事物出发，比较符合人们的思维方式。面向对象语言应具有如下特征。

① 客观世界是由一些具体事物组成的，每个事物都具有自身的静态特性和动态特性，这些被抽象出来的特性将分别由一组属性和一组服务来描述。这种事物便是面向对象语言中的对象。

② 客观世界的事物之间有共性，也有个性。按其共性可分为若干类。类是具有共性的若干事物的集合，它是面向对象语言中相对独立的程序单位，是对某些事物的统一抽象。类是面向对象语言中的一种类型，具有类类型的事物称为对象。

③ 在客观世界中，为了简化对事物的认识和描述，往往采用继承机制。当某个特殊类的对象拥有某个一般类的全部属性与服务时，称为特殊类继承了一般类。面向对象语言中的类具有继承的关系。

④ 在客观世界中，对复杂事物的处理往往是将它化为若干简单的事物。这就是说，在一个描述复杂事物的类中，可以包含若干描述简单事物的类的对象，称为嵌套关系。即一个类的成员可以是其他类的对象，即为子对象。

⑤ 客观世界的事物是一个独立的实体，在面向对象的方法中采用封装机制，屏蔽其内部的细节，只表现出它的外部特性或行为。事物与事物之间存在着一定的联系，通过消息来表示事物之间的联系。一个对象可以通过向另一个对象发送消息来获得其服务。面向对象的语言应具有实现上述机制的功能。

总之，面向对象语言是用来实现面向对象程序设计的一种高级语言。它包含面向对象方法中所要实现的功能。

1.2 C 语言与 C++语言的关系

20 世纪 80 年代初，美国 AT&T 贝尔实验室设计并实现了 C++语言。C++语言对 C 语言有很大的改进，是C语言的扩展。它保持了C语言的简洁性和高效性，又克服了C语言中的一些不足，特别是引进了面向对象语言的要素，使得C++语言成为一种面向对象的程序设计语言。

1.2.1 C++语言对C语言的改进

C++语言保留了C语言短小精简的风格，并对C语言的不足进行了改进。C++语言对C语言的改进表现如下。

① C++语言中增加了一些运算符，使其功能有所提高。例如，::，new，delete，.*，->*等。

② C语言是一种弱类型语言，类型转换不够严格；而C++语言规定类型多采用强制转换，取消了对函数的默认类型，还规定函数必须用原型说明，改进了类型系统，提高了安全性。

③ 引进了引用的概念。使用引用作为函数参数，克服了使用指针带来的不便。

④ 允许函数重载，允许设置默认参数，还引进了内联函数的概念。这些措施减少了冗余性，提高了编程的灵活性和运行程序的效率。

⑤ 对变量的说明更加灵活，不受C语言中某些规定的限制。例如，在C语言程序的函数体或分程序内，必须说明语句在前，执行语句在后；在C++程序中，可以根据需要随时定义变量。

1.2.2 C++语言对面向对象方法的支持

C++语言是一种面向对象的程序设计语言，它对面向对象的程序设计方法的支持如下。

（1）支持数据封装

在 C++语言中，类是支持数据封装的工具，对象是数据封装的实现。在封装中，还提供一种对数据访问的控制机制，使得一些数据被隐藏在封装体内，因此具有隐藏性。封装体与外界进行信息交换是通过操作接口进行的。这种访问控制机制体现在类的成员中可以有公有成员、私有成员和保护成员。

私有成员（private）是在封装体内被隐藏的部分，只有在类体内说明的函数才可访问私有成员，而在类体外的函数是不能访问的；公有成员（public）是封装体与外部的一个接口，类体外面的函数可以访问公有成员；保护成员（protected）是只有该类的成员函数和该类的派生类可以访问的一种成员。

（2）支持继承性

C++语言允许单继承和多继承。继承是面向对象语言的重要特性。一个类可以根据需要生成它的派生类，派生类还可以再生成派生类。派生类继承基类的成员，另外，它还可以定义自己的成员。继承是实现抽象和共享的一种机制。

（3）支持多态性

C++语言支持多态性表现在：

① C++语言允许函数重载和运算符重载；

② C++语言通过定义虚函数来支持动态联编（动态联编是多态性的一个重要特征）。

C++语言所具有的上述特性是本书讲述的重点，详细内容参见相关章节。

1.3 C++语言的词法和词法规则

1.3.1 C++语言的字符集

C++语言的字符集与C语言的字符集相同。

C++语言的字符集由下列字符组成。

① 大小写英文字母

a～z 和 A～Z

② 数字字符

0～9

③ 其他字符

空格 ！# % ^ & * _（下画线）- + = ~ < > / \ | . , : ; ? '"( ) [ ] { }

1.3.2 单词及词法规则

单词是一种词法记号，它是由若干字符组成的具有一定意义的最小词法单元。

下面分别介绍 C++语言的 6 种单词。

1. 标识符

标识符是程序员用来命名程序中一些实体的一种单词。使用标识符可以定义函数名、类名、对象名、变量名、常量名、类型名和语句标号名等。C++语言规定，标识符是由大小写字母、数字字符和下画线组成的，并以字母或下画线开头的字符集合。

定义标识符应注意如下 3 点。

① 标识符中的大小写字母是有区别的。例如，ABC，Abc，abc，ABc 等都是不同的标识符。

② 标识符的长度，即组成一个标识符的字符个数，是不受限制的。但是，有的编译系统所能识别的标识符长度是有限的，例如，有的系统只识别前 32 个字符。

③ 在实际应用中，尽量使用有意义的单词作为标识符；但是，不得用系统中已预定义的关键字和设备字作为标识符。

2. 关键字

关键字是系统中已预定义的单词，它们在程序中表达特定的含义。下面列举 C++语言中常用的关键字：

auto	break	case	char	class	const
continue	default	delete	do	double	else
enum	explicit	extern	float	for	friend
goto	if	inline	int	long	mutable
new	operator	private	protected	public	register
return	short	signed	sizeof	static	static_cast
struct	switch	this	typedef	union	unsigned
virtual	void	while			

以上关键字的含义将在本书中陆续讲述。

3. 运算符

运算符是一些用来进行某种操作的单词，它实际上是系统预定义的函数名。这些函数作用于被操作的对象上，将获得一个结果值。运算符是由 1 个或多个字符组成的单词。

C++语言的运算符除包含 C 语言中的运算符外，还增加了一些新的运算符。

C++语言的运算符可以重载。

4. 分隔符

分隔符被称为程序中的标点符号，它是用来分隔单词与程序正文的。它用来表示某个程序实体的结束和另一个程序实体的开始。

C++常用的分隔符包括以下 4 种。

① 空格符：用作单词之间的分隔符。

② 逗号：用作变量之间或对象之间的分隔符，或者用作函数的多个参数之间的分隔符。

③ 分号：用于 for 循环语句中，作为关键字 for 后面的括号内的三个表达式之间的分隔符。

④ 冒号：用作语句标号与语句间的分隔符，以及 switch 语句中 case〈整数型表达式〉与语句序列之间的分隔符。

5. 常量

C++语言中，常量分为数字常量、字符常量和字符串常量。程序中的常量经常用符号常量来表示。使用关键字 const 来定义各种不同类型的常量。

6. 注释符

注释在程序中起到对程序的注解和说明的作用，其目的是为了便于对程序的阅读和分析。

C++语言中，注释方法有以下两种。

① 使用“/*”和“*/”括起来进行注释，在“/*”和“*/”之间的所有字符都为注释符。这种注释方法适用于多行注释信息的情况，例如：

```
/* This program is first look at a C++ class definition. Class are used both
    in data abstraction and object-oriented programming. */
```

② 使用“//”，从“//”后面的字符开始，直到它所在行的行尾，所有字符都被当作注释信息。这种方法适用于注释一行信息的情况。例如：

```
// Please enter two numeric values
```

这两种注释方法可以放在程序的任意位置，程序的开头、结尾及中间任何位置都可以。前一种注释可以放在某一语句行的前边或后边，甚至中间；而后一种注释可以放在某一语句行的后边，但不能放在语句行的前边和中间。

1.4 C++程序结构上的特点

1.4.1 C++程序的两个实例

【例 1.1】 编程求从键盘输入的两个浮点数的和。

程序如下：

```
#include <iostream.h>
void main( )
{
    double x,y;
    cout<<"Enter two double number: ";
    cin>>x>>y;
    double z=x+y;
    cout<<"x+y= "<<z<<endl;
}
```

执行程序，屏幕上出现如下提示信息：

```
Enter two double number: 12.5  21.7↙
```

输入两个用空格分隔的浮点数后，按回车键。程序输出结果如下：

```
x+y=34.2
```

【例 1.2】 对例 1.1 的问题采用另外一种编程方法。

程序内容如下：

```
#include <iostream.h>
double add_double(double a,double b)
{
  return a+b;
}
void main( )
{
  double x,y;
  cout<<"Enter two double number: ";
  cin>>x>>y;
  double z=add_double(x,y);
  cout<<"x+y="<<z<<endl;
}
```

执行该程序，屏幕上显示的信息与例 1.1 相同。当输入两个浮点数后，输出这两个浮点数之和。

1.4.2 C++程序结构特点

结合对前面列举的两个例子的分析，说明 C++程序在结构上的特点。

（1）C++程序是由类和函数构成的

一个 C++程序由若干文件组成，每个文件由若干类和函数组成。

类通常是被定义在函数外的一种类型，该类体中还可以定义函数。C++程序中有两种函数：一种是定义在类体外的，称为一般函数；另一种是定义在类体内的，称为成员函数或方法。由类定义的对象可以在一般函数外，也可以在一般函数内。具体地讲，C++程序是由若干类和若干一般函数组成的。

在一个 C++程序中，有且仅有一个名字为 main( )的主函数，它被放在一个主文件中。一个 C++程序只能有一个主文件。主文件中有一个主函数，执行 C++程序时，总是从主函数开始。该函数可以有参数，也可以无参数。

在例 1.1 和例 1.2 的 C++程序中，只有函数而没有类，类在以后才会讲到。例 1.1 的程序是由一个主函数组成的，例 1.2 的程序是由一个主函数和一个被主函数调用的函数组成的。

由于 C++语言是在 C 语言基础上开发的面向对象的语言，因此，C++语言兼顾了 C 语言中的内容，在程序结构上与 C 语言相同，只是增加了类的定义和对象。

（2）语句是组成程序的基本单元

程序是由若干类和函数组成的。类体中包含若干语句，函数也是由若干语句组成的，语句是由单词组成的，单词之间用空格符分隔。C++程序中的语句是用分号来结束的。一条语句结束时，要用分号；一条语句没有结束时，一般不用分号。语句是组成 C++程序的基本单元。

在例 1.1 中，只有一个 main( )函数。该函数体由 5 条语句组成，每条语句占一行，并用分号结束。

每条语句实际上是一种操作，例如，在例 1.1 中，下列语句

```
cin >> x >> y;
```

是一条输入语句。它们对应的操作是将通过键盘输入的两个数，按顺序分别给变量 x 和 y 赋值。

又如，在例 1.1 中，语句：

```
double z = x + y;
```

是一条说明语句。该语句的功能是定义一个 double 型变量 z，并且对它进行了初始化，即将变量 x 与变量 y 的和值赋给 z。

C++语言具有足够的语句形式来实现所需的各种操作。

1.4.3 C++程序的书写格式

从前面的两个例子中可以看出，C++程序的书写格式与 C 语言程序的书写格式相同。其具体规则如下。

① 一般一行写一条语句。短语句可以一行写多条，长语句可以一条写多行。分行原则是，不能将一个单词分开，也不要将用双撇号引用的一个字符串分开。通常在两个单词间进行分行。续行符为“\”，加在上行的行尾，一般不需要加续行符。

② 为提高程序的可读性，采用缩格书写的方法。同一类语句要对齐，不同类的语句要缩进若干字符，这样会增加可读性，较清楚地表示出程序的结构。例如，一个函数的函数体的语句，应比函数体定界的左花括号缩进 2～4 个字符，并且对齐。

③ 花括号在程序中使用较多，书写格式也有所不同。本书采用如下方法：

每个花括号占一行，并与使用花括号的语句对齐；花括号内的语句采用缩格书写方式，一般缩进 2 个字符。

在个别情况下，花括号与其所括的内容占一行，例如，用于初始化的初始值表中所使用的花括号就是如此。

④ C++语言的程序可读性较差，因此书写时要求遵循一般书写规则，否则该程序读起来比较困难。另外，加注释信息也是提高程序可读性的好办法。

1.5 C++程序的实现

C++源程序的实现与其他高级语言的源程序实现的方法是一样的。一般地，要经过如下三个步骤：编辑—编译（含链接）—运行。

1.5.1 C++程序的编辑、编译和运行

1. 编辑

编辑功能就是将编写好的 C++语言源程序录入到计算机中，生成磁盘文件并加以保存。

录入的方法有两种。一种是选用计算机中所提供的某种文件编辑器，将源程序代码录入到磁盘文件中，该文件名应加扩展名.cpp。另一种是选用 C++编译器本身所提供的编辑器，这种方法比较方便，是一种常用方法。例如，使用 Visual C++ 5.0 版本的编译器时，该编译器本身带有一个全屏幕编辑器，具有编辑器的全部功能，使用起来很方便。

2. 编译

C++语言是一种以编译方式来实现的高级语言。C++源程序必须经过编译后才能运行。编译工作是由系统提供的编译器来完成的。

编译器的功能是将程序的源代码转换成目标代码，然后，再将目标代码进行链接，生成可执行文件。

整个的编译过程可分为如下三个子过程。

（1）预处理过程

源程序编译时，首先要经过预处理过程，执行程序中的预处理命令后，才能继续后面的编译。

（2）编译过程

在编译过程中，主要进行词法分析和语法分析。在分析过程中，发现有不符合要求的词法和语法时，及时报告用户，将错误信息显示在屏幕上。在这个过程中，还要生成一个符号表，用来映射程序中的各种符号及其属性。

（3）链接过程

将编译过程中生成的目标代码进行链接处理，最后生成可供机器运行的可执行文件。在链接过程中，往往还要加入一些系统提供的库文件代码。

经过编译后的目标代码文件的扩展名为.obj，又称 OBJ 文件；经过链接后生成的可执行文件的扩展名为.exe。

3. 运行

运行可执行文件的方法很多，一般是在编译系统下执行其运行功能，通过选择编译系统的菜单项便可实现。这是常用的方法。

可执行文件也可以在 MS-DOS 系统下执行。在 DOS 提示符后，直接输入可执行文件名，再按回车键便可执行。

可执行文件被运行后，在屏幕上显示其运行结果。

一个源程序在编译、链接和运行中可能出现下述三种错误。

（1）编译错

这种错误多是词法错误和语法错误。这类错误又分为两种：一种是致命错，另一种是警告错。致命错将终止程序的继续编译，不生成目标代码文件，必须修正后再编译。警告错可以继续编译，生成可执行文件。在一般情况下，编译中的警告错也应该修改，直到没有任何错误为止。

（2）链接错

链接错是指在程序被编译后进行链接时发生的错误，链接错多是致命错，必须修改后才能继续编译，直到无错后才能生成可执行文件。

上述两种错误都是在编译过程中发现的，并可将其错误信息显示在屏幕上。用户可根据所显示的错误信息对源程序进行修改。

（3）算法错

一个程序被编译后生成可执行文件，运行后又得到了输出结果，但是，输出结果与原题意不符，显然，程序出现了错误。这类错误通常是由于算法错误产生的。修正这种错误的方法往往是通过验证若干组数据的结果来寻找错误原因。

1.5.2 Visual C++ 6.0 编译系统的用法简介

Visual C++ 6.0 版本编译系统是当前国内比较流行的一种 C++编译系统。该系统字长 32 位，本身约占 100 MB 磁盘空间。该系统功能较强，使用方便。本书仅介绍其最基本的用法，关于该系统的更多功能可参阅 Visual C++ 6.0 的操作说明书。

下面介绍如何使用该编译系统来实现一个 C++程序，也就是使用该编译系统对一个单文件或多文件的 C++程序进行编辑、编译和运行，从而获得该程序的输出结果。

1. 编辑 C++源程序

启动 Windows 下的 Visual C++ 6.0 版本编译系统后，屏幕上显示如图 1.1 所示的 Microsoft Developer Studio 窗口。

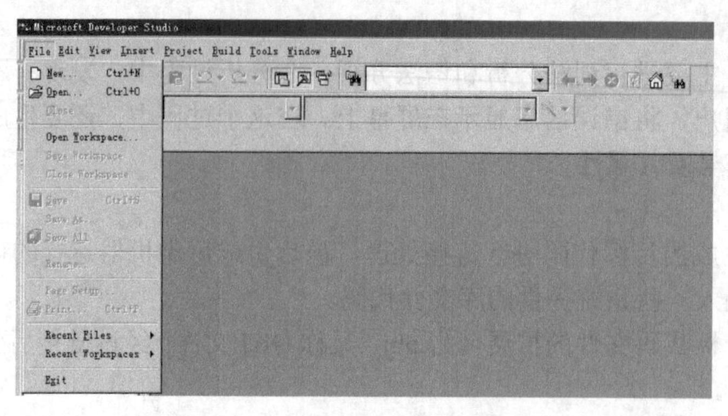

图 1.1　Microsoft Developer Studio 窗口

该窗口的菜单栏中共有 9 个菜单项。在编辑 C++源程序时，选择 File 菜单项，出现如图 1.1 所示的下拉菜单，再选择下拉菜单中的 New 选项（以后简述如下：选择“File”→“New”菜单项），出现 New 对话框，如图 1.2 所示。

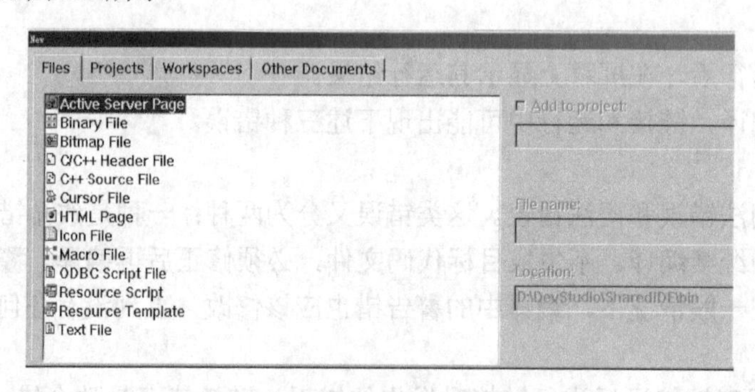

图 1.2　New 对话框

在 New 对话框中有 4 个标签，默认显示 Projects 标签的若干选项。在编辑 C++源文件时，应该选择 Files 标签，显示如图 1.2 所示的选项，共 13 个。双击 C++ Source File 选项，则出现如图 1.3 所示的窗口，在该窗口的右边工作区中便可编辑 C++源文件。

将例 1.1 的 C++源程序输入计算机中，如图 1.3 中工作区所示。

将该源程序存入磁盘文件使用如下方法：

选择“File”→“Save as”菜单项，出现 Save as 对话框。在该对话框中，先在“保存在”框中选定要保存 C++源文件的文件夹，然后再在“文件名”框内输入该文件的名字，例如，输入“add”，这里不必输入扩展名，默认的扩展名为.cpp。单击该对话框的 OK 按钮，则完成程序的保存任务。

2. 编译链接和运行源程序

（1）单文件程序

单文件程序编辑好后，先将它存入磁盘并起个名字，如 add.cpp。如果它是当前文件，便可选择“Build”→“Compile add.cpp”菜单项，对该文件直接进行编译。如果待编译的文件不是当前文件，则需要将它从工作区内清除，再装入当前文件后，选择 Compile add.cpp 菜单项进行编译。

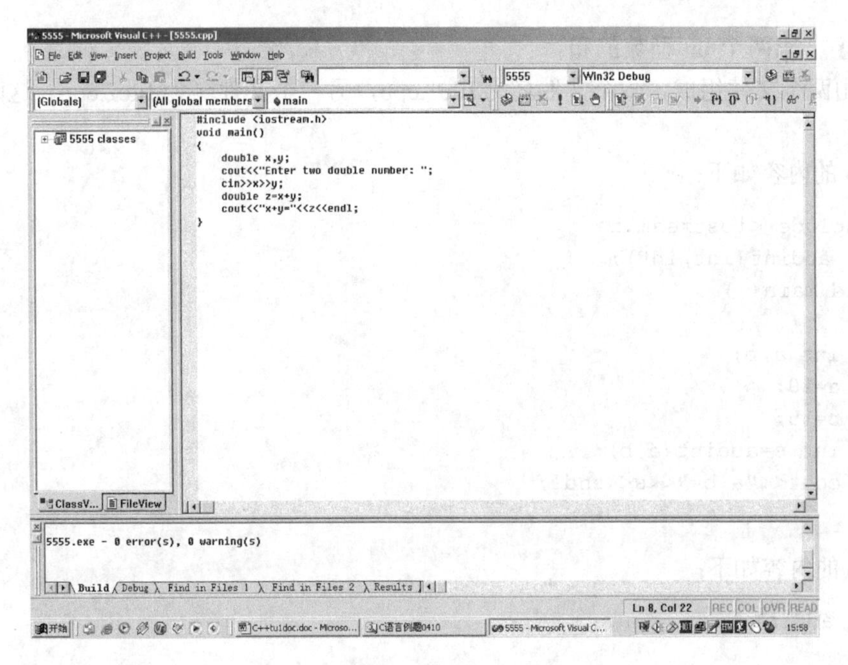

图 1.3　工作区

在编译过程中，如果出现错误，则在主窗口下方的 Build 窗口中会显示错误信息。错误信息指出错误发生的位置（比如行数）及错误的性质，用户将根据这些信息，逐项进行修改。当双击错误信息行时，在该错误信息对应的行前出现一个提示的箭头，表明该行语句可能有错误。修改后再重新编译，直到没有任何错误为止。这时，屏幕上将显示如下信息：

```
add.obj — 0 error(s), 0 warning(s)
```

编译无错后，再进行链接。其方法如下：

选择“Build”→“Build add.exe”菜单项。这时，对被编译后的目标文件进行链接。在链接的过程中，发现错误后，则发出链接错误信息。同样，根据所显示的错误信息对 C++源文件进行修改，直到编译链接无错为止。这时，在 Build 窗口中显示如下信息：

```
add.exe — 0 error(s), 0 warning(s)
```

表明编译链接成功，源文件 add.cpp 已生成了 add.exe 可执行文件了。

运行可执行文件的方法如下：

选择“Build”→“Execute add.exe”菜单项。这时，add.exe 文件被执行，并将执行后的结果显示在另一个显示输出结果的窗口中。这时屏幕上显示如下信息：

```
Enter two double number: 12.5 21.7↙
```

下画线部分的信息是输入的，运行结果如下：

```
x+y=34.2
Press any key to continue.
```

按任意键后，屏幕恢复显示源程序窗口。

以上是单文件程序编译、链接和运行的三个操作步骤。

另外，对一个源程序，也可以直接选择“Build”→“Build”菜单项，先进行编译，然后链接，在无错的情况下生成可执行文件；再选择“Build”→“Execute”菜单项，运行该执行文件，并获得输出结果。

（2）多文件程序

多文件程序是指 C++源程序至少是由两个文件组成的，可以是两个以上文件的程序。下面举一个具体例子。

【例 1.3】 求两个 int 型数的和。

该程序由两个文件组成，一个文件名为 file1.cpp，另一个文件名为 file2.cpp。这两个文件的内容如下。

file1.cpp 的内容如下：

```
#include <iostream.h>
int addint(int,int);
void main( )
{
    int a,b;
    a=20;
    b=35;
    int s=addint(a,b);
    cout<<"a+b="<<s<<endl;
}
```

file2.cpp 的内容如下：

```
int addint(int i,int j)
{
    return i+j;
}
```

已知组成该程序的两个文件的路径和名字分别是 C:\lfz\file1.cpp 和 C:\lfz\file2.cpp。

结合例 1.3 来讲解多文件程序的编译，其方法如下。

① 创建项目文件。选择“File”→“New”菜单项，屏幕上出现 New 对话框，如图 1.1 所示。在该对话框内选择 Projects 标签，做下述三件事。

- 选择项目类型 Win32 Console Application，这时，项目的目标平台选框中出现：Win32。
- 输入项目名称。在 Project Name 框中输入所指定的项目名字，如 file12。
- 输入路径名。在 Location 框中输入要建立的项目文件中所包含的源文件所在的路径名。此例中，路径名为 C:\lfz。

② 向项目文件中添加文件。选择“Projects”→“Add File into Project”→“Files”菜单项，出现 Insert Files into Project 对话框，如图 1.4 所示。

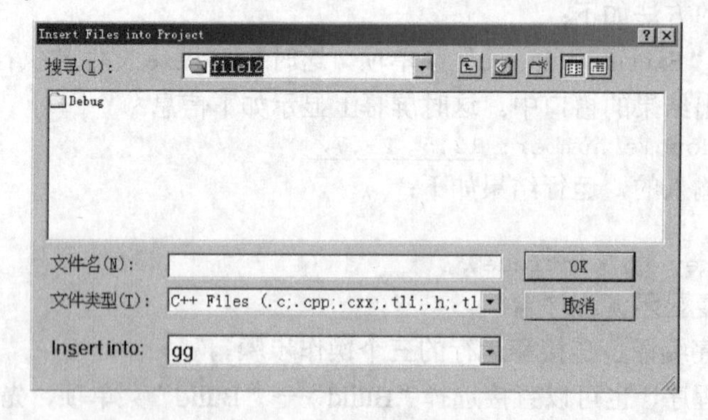

图 1.4 Insert Files into Project 对话框

在该对话框中，在“搜寻”框内查找要添加到当前项目文件中的文件所在的目录，则在列表框内显示要添加文件的文件名，通过选定文件的方法，选定将要添加的所有文件。该例中，路径名为 C:\lfz，两个文件名为 file1.cpp 和 file2.cpp。选好文件后，单击该对话框的 OK 按钮。

③ 编译、链接和运行项目文件。前面已生成了可执行的项目文件，该例中名为file12.prj。通过选择“Build”→“Execute file12.exe”菜单项，系统将对选定的项目文件中的各个文件进行逐个编译，然后链接，在无错情况下，生成一个可执行文件，并执行该文件，将输出结果显示出来。该例中，显示如下输出结果：

```
a+b=55
Press any key to continue.
```

习题 1

1.1 简答题

（1）什么是面向对象？如何理解面向对象中的一些基本概念：对象、类、继承、封装、包含、消息传递、多态性等。

（2）什么是编程语言？从编程语言的发展史中给我们什么启发？

（3）面向对象语言有哪些特点？

（4）C 语言和 C++语言有什么关系？

（5）C++语言对 C 语言在哪些方面进行了改进？

（6）C++语言对面向对象方法有哪些支持？

（7）简述 C++语言中 6 种单词的有关规定。

（8）C++程序在结构上有何特点？在书写格式上有何要求？

（9）简述 C++源程序实现的三个步骤。

（10）结合你所选用的 C++源程序的编译系统，讲述对单文件和多文件的 C++源程序的具体实现方法。

1.2 选择填空

（1）下列高级语言中，（ ）是面向对象的程序语言。

A）BASIC　　B）C　　C）C++　　D）Pascal

（2）关于 C++语言与 C 语言的关系描述中，（ ）是错误的。

A）C 语言与 C++语言是兼容的

B）C++语言对 C 语言进行了一些改进

C）C 语言是 C++语言的一个子集

D）C++语言和 C 语言都是面向对象的

（3）关于对类概念的描述中，（ ）是错误的。

A）类就是 C 语言中的结构类型

B）类是创建对象的样板

C）类是具有共同行为的若干对象的统一描述体

D）类是抽象数据类型的实现

（4）关于对象的描述中，（ ）是错误的。

A）对象就是 C 语言中的结构变量

B）对象是状态和操作的封装体

C）对象之间的信息传递是通过消息进行的

D）对象是某个类的一种实例

（5）下列字符中，（ ）是不能构成标识符的。

A）下画线　　B）连接符　　C）数字字符　　D）大小写字母

1.3　判断下列描述的正确性，对者画√，错者画×。

（1）面向对象方法具有三大特性：封装性、继承性和多态性。

（2）机器语言和汇编语言都是计算机能够直接识别的语言。

（3）C++语言允许函数重载，还允许设置默认的参数值，而 C 语言不允许。

（4）C++语言只支持封装性和继承性，不支持多态性。

（5）C++语言对 C 语言进行了一些改进，增加了运算符和关键字，并且对类型管理更严格。

（6）用 C++语言编写程序时，应该特别注意格式，否则会影响可读性。

（7）C++语言是一种以解释方式实现的高级语言。

（8）C++源程序只在编译时出现错误信息，而在连接中不会出现错误信息。

（9）C++源程序的编译过程包含三个子过程：预处理过程、编译过程和连接过程，它们的顺序是可以改变的。

（10）在编译 C++源程序过程中，出现了警告错也可以生成可执行文件。

1.4　分析下列程序的输出结果。

（1）
```
#include <iostream.h>
void main( )
{
    cout<<"BeiJing"<<" ";
    cout<<"ShangHai"<<endl;
    cout<<"TianJing"<<endl;
}
```

（2）
```
#include <iostream.h>
void main( )
{
   int x,y;
   cout<<"Input x,y: ";
   cin>>x>>y;
   cout<<"x="<<x<<","<<"y="<<y<<endl;
   cout<<"x-y="<<x-y<<"\n";
}
```

假定，输入的两个数分别为 8 和 7。

（3）
```
#include <iostream.h>
void main( )
{
  char r='k';
  int i=9,j=17;
  cout<<"r="<<r<<":";
  cout<<"i+j="<<i+j<<endl;
}
```

1.5　编译下列程序，改正所出现的错误信息，并分析输出结果。

（1）
```
main( )
{
    cout<<"This is a program."
}
```

（2）
```
#include <iostream.h>
void main( )
{
```

```
    cin>>x;
    int y=x*x;
    cout<<"y=<<y<<\n";
}
```

（3）
```
#include <iostream.h>
void main( )
{
    int a,b;
    a=7;
    int s=a+b;
    cout<<"a+b="<<s<<endl;
}
```

1.6　通过对 1.5 题中三个程序所出现问题的修改，回答下列问题：

（1）从对 1.5 题第（1）题出现错误的修改中，总结出编程时应注意哪些问题？

（2）C++程序中所出现的变量是否都必须先说明后使用？说明变量时，是否都应放在函数体的开头？

（3）使用 cout 与运算符“<<”输出字符串时应注意些什么？

（4）程序中说明了的变量，但没有赋值，能否使用？

（5）一个程序通过编译并运行后得到了输出结果，这一结果是否一定正确？

第 2 章　变量和常量

变量和常量是C++程序中最基本的数据元素。程序中的数据通常是以变量和常量形式出现的。变量和常量是各种语言的程序中都存在的基本量，但是在不同语言中，它们的表达形式是不同的。学会对变量和常量的表达方法是C++语言编程的基础。本章将讲述下列基本内容：

- 基本数据类型
- 变量的名字、类型和值
- 数组的定义和数组元素的表示及赋值
- 常量的表示方法

2.1　数据类型

C++语言的数据类型比较丰富，分为基本数据类型和自定义数据类型两种。自定义数据类型又称构造数据类型或复合数据类型。

2.1.1　基本数据类型

基本数据类型有如下 5 种。

① 整型：说明符为 int。整型又包含长整型和短整型，有符号型和无符号型之分。

② 字符型：说明符为 char。字符型分为有符号型和无符号型两种。

③ 浮点型：又称实型。浮点型分为单精度浮点型（说明符为 float）、双精度浮点型（说明符为 double）和长双精度浮点型（说明符为 long double）三种。

④ 布尔型：又称逻辑型，说明符为 bool。该类型数据的值有两种：true 和 false。前者为真，后者为假。它占用内存 1 个字节。在 VC++ 6.0 编译系统中，true 值用 1 表示，false 值用 0 表示。

⑤ 空值型：说明符为 void。该类型常用于说明函数的类型或指针的类型。

上面给出了 5 种基本数据类型的说明符，下面再介绍 4 种修饰符，它们是：

- signed　表示有符号型，通常被省略；
- unsigned　表示无符号型；
- long　表示长型；
- short　表示短型。

前两种修饰符可以放在整型和字符型说明符前面，后两种修饰符可以放在整型说明符前面。

表 2-1 给出 C++语言中各种基本数据类型的说明符，在内存中占用的字节数和该类型数据的取值范围。不同数据类型在不同字长的机器中所占的字节数有所不同。表 2-1 中的字宽是指 32 位机的字节数。

表 2-1　C++的基本数据类型

类型名	说明	字宽	范围
char	字符型	1	-128~127
signed char	有符号字符型	1	-128~127
unsigned char	无符号字符型	1	0~255
short [int]	短整型	2	-32 768~32 767

续表

类 型 名	说 明	字 宽	范 围
signed short [int]	有符号短整型	2	-32 768~32 767
unsigned short [int]	无符号短整型	2	0~65 535
int	整型	4	-2 147 483 648~2 147 483 647
signed [int]	有符号整型	4	-2 147 483 648~2 147 483 647
unsigned [int]	无符号整型	4	0~4 294 967 295
long [int]	长整型	4	-2 147 483 648~2 147 483 647
signed long [int]	有符号长整型	4	-2 147 483 648~2 147 483 647
unsigned long [int]	无符号长整型	4	0~4 294 967 295
float	单精度浮点型	4	约 6 位有效数字
double	双精度浮点型	8	约 12 位有效数字
long double	长双精度浮点型	16	约 12 位有效数字
bool	布尔型	1	true, false

注：① 表中出现在[int]中的 int 可以省略。

② 表中各种类型的字宽是以字节数为单位的，1 个字节等于 8 个二进制位。

有符号数在计算机内是以二进制补码或反码形式存储的。在多数机器中，有符号数以补码形式存储，其最高位为符号位，正数符号位为 0，负数符号位为 1。无符号数只有正数。

2.1.2 自定义数据类型

自定义数据类型是在基本数据类型的基础上，用户根据实际需要，按照指定的规则定义的数据类型。因为自定义数据类型是由基本数据类型构造而成的，所以又称构造数据类型。因为它是由若干基本数据类型组合而成的，所以又称复合数据类型。

自定义数据类型包括数组、结构、联合和类类型。枚举也可以属于这种类型，本书在常量中讲述。指针也可以属于这种类型。各种自定义数据类型中，除数组在本章后边讲述外，其余的都在本书后边章节中讲述。

2.2 变量

变量是在程序执行中其值可以改变的量。变量有三个基本要素：名字、类型和值。

2.2.1 变量的名字

变量名字是一种标识符，即按标识符的规则来给变量命名。在组成变量名字的字母中，大小写是有区别的。例如，mycar，MyCar 和 MYCAR 是不同的三个名字。

在变量命名时应遵守如下规则：

① C++语言中的关键字（保留字）不得用作变量名；

② 命名变量应尽量做到“见名知意”，这样有助于记忆，并能增加可读性；

③ 变量名长度虽然没有限制，但是不宜过长，一般不超过 31 个字符；

④ 变量名中不能有空格符和除下画线之外的其他特殊字符；

⑤ 变量名不要与 C++库中的函数名、类名和对象名相同。

在现代软件开发中，有下面两种比较流行的命名变量的方法。

一种是全用小写字母命名变量名。如果需要两个单词时，常用下画线连接起来，例如，is_byte，my_book 等。也可以将第二个单词的第一个字母写成大写，如 isByte，myBook 等。

另一种方法称匈牙利标记法，这种方法要在变量名前面加上若干表示类型的字符，例如，iIsByte 表示 int 型变量，ipMyBook 表示指向 int 型变量的指针等。

2.2.2 变量的类型

每个变量在使用前必须定义，定义变量时除必须给出名字外，还必须指出变量的类型。

变量类型应包含数据类型和存储类。前面讲过了数据类型。下面简单介绍一下存储类，关于存储类的更多讲述，请见本书第 5 章。

在定义变量时，该变量的数据类型不可省略。变量存储类有的可以省略，有的可以不必给出。定义在函数体内或分程序内的自动类变量，其存储类说明符 auto 可以省略；定义在函数体外部的外部存储类变量可以不必给出存储类说明符 extern。可见，在程序中，不写存储类说明符的变量有两种：一种是在函数体内的自动存储类变量，另一种是在函数体外的外部存储类变量。静态存储类变量的存储类说明符是 static，不可省略。定义在函数体和分程序内的静态类变量称为内部静态变量，定义在函数体外的静态类变量称为外部静态变量。还有一种存储类是寄存器类，它较少使用，其说明符为 register，该类变量被定义在函数体内或分程序内。

例如：

```
int a;
```

变量 a 的数据类型为 int 型，如果定义在函数体内，则为自动类的；如果定义在函数体外，则为外部类的。

又如，

```
static double d1, d2;
```

变量 d1，d2 的数据类型为 double 型，存储类为静态类。如果定义在函数体内，为内部静态类；如果定义在函数体外，为外部静态类。

定义或说明变量的格式如下：

〈类型说明符〉〈变量名表〉；

其中，类型说明符包含数据类型和存储类。

2.2.3 变量的值

变量本身包含两个值：一个是变量所表示的数据值，该值需要在定义变量后赋予；另一个值是变量的地址值，该值是在定义或说明变量，系统给该变量分配内存空间时确定的，它是一个内存的地址值。前者称为变量值，后者称为变量地址值。

一个变量的变量值获取方法一般有两种：一种是赋初值，即在定义或说明变量的说明语句中，使该变量获取所指定的值或默认值；另一种是赋值，在定义或说明变量后，使用赋值表达式语句给变量赋值，或称更改变量值，或者从键盘等输入设备上获取值。例如：

```
float fa=5.67;
```

是一条说明语句，在说明变量 fa 是一个 float 型变量的同时，还给它赋了初值为 5.67。于是，变量 fa 将具有数据值 5.67。又如，

```
int ib;
ib=15;
```

这里，第一条语句定义变量 ib 是 int 型变量，没有给它赋初值，这时 ib 可能有默认值，也可能有无意义的值，这将取决于它的存储类。第二条语句是给变量 ib 赋值，使 ib 获取值 15，或者说将 ib 的值更新为 15。

在程序中，一个变量获取数据值后，便一直保留，直到下一次被重新更改为止。

变量 fa 和 ib 除有前面给定的数据值外，它们各自都有一个地址值，该地址值是该变量存放在内存中的地址值。

在变量定义或说明中，除确定变量名和类型外，有时还需对变量初始化，即在定义变量的说明语句中，给变量赋初值。

请读者在掌握变量概念时，搞清如下几个区别。

① 赋值与赋初值的区别。在说明语句中，即在定义变量的同时，使变量获取值，称为赋初值。变量被定义后，使用赋值表达式语句来使变量重新获取值，称为赋值。有些变量（外部和静态存储类的变量）赋初值是在编译时进行的，而赋值都是在运行时进行的。赋值和赋初值是使变量获取值的两种不同的方法。

② 变量值和变量地址值的区别。变量值是变量存放在内存单元中的内容，它是该变量的数据值，直接引用该变量名就是使用该变量的数据值。变量地址值是存放该变量的内存的地址值。一个变量的地址值被表示为在该变量名前加上运算符“&”。例如：

```
int a=5;
```

int 型变量 a 的地址值表示为&a（关于地址值的详细讨论参见第 6 章）。

③ 有意义值和无意义值的区别。在使用一个变量之前，要求该变量要有一个有意义的值。有的变量（自动存储类变量）在定义或说明后，没有给它赋初值或赋值前，它所具有的值是无意义的，即它被分配的内存空间中保留的随机值是无效值，不能用来进行运算。有意义的值是指定义后的变量或者被赋了初值，或者有默认值，或者被赋了值。外部类和静态类变量定义后有默认值，数值变量的默认值为 0，字符型变量的默认值为空。

2.3 常量

常量是在程序中不能改变其值的量。

C++语言中，常量也具有不同的类型，常量的值可以用常量名或常量符号来表示。

下面介绍 C++语言中各种不同类型的常量。

2.3.1 整型常量

整型常量可以用十进制数、八进制数和十六进制数的形式表示。

（1）十进制整型常量

十进制整型常量由 0～9 的数字组成，不能以 0 开始，没有前缀，没有小数部分。例如，402，78 等。

（2）八进制整型常量

八进制整型常量是以 0 为前缀的，它由 0～7 的数字组成，没有小数部分。例如，075，032 等。

（3）十六进制整型常量

十六进制整型常量是以 0x 或 0X 为前缀的，它由 0～9 数字及 a～f（或 A～F）字母组成，没有小数部分。例如，0xA9，0x3b，0XFF 等。

长整型常量加后缀 L（或 l），无符号整型常量加后缀 U（或 u）。例如，72593 L 是一个长整型常量，12635 U 是一个无符号整型常量，543218 ul 是一个无符号长整型常量。

2.3.2 浮点型常量

浮点型常量又称实型常量，是由整数部分和小数部分组成的。它只用十进制表示。

浮点型常量有两种表示形式。

一种是小数表示形式，又称一般形式。它由数字和小数点组成，这种表示法中不可省略小数点。例如，82.，75.62，.421 等都是正确的。

另一种是指数表示形式，又称科学表示法。这种表示法是在小数表示法后面加上字母 E（或 e）和指数部分，指数部分可正可负，但是必须为整数。例如，3.2E-2，.5e10，7e3 等。这种表示法要求必须有 E（或 e），并且在 E（或 e）前面必须有数字，在 E（或 e）后面必须是整数。例如，e-2，.e5，1e2.5，e 等都是非法的。

浮点型常量分为单精度、双精度和长双精度 3 类。通常，在 C++语言中，不加任何后缀说明的浮点数为双精度的（double 型），单精度浮点型常量后缀为 F 或 f；长双精度浮点型常量的后缀为 L 或 l。例如：

5.67 f，3.2e2F，2e1f 都是单精度浮点型常量；

2.06，7.25e12，1e-6 都是双精度浮点型常量；

1.31L，0.25e12L，3.0L 都是长双精度浮点型常量。

2.3.3 字符型常量

字符型常量是用一对单撇号括起的一个字符来表示的。例如，'A'，'*'，'␣'（空格符），'5' 等都是合法的字符。

C++语言中有一些没有对应图形符号的字符，例如，换行符、响铃符、退格符等。这些字符可以用转义序列表示法表示，这种方法规定如下：

以反斜线符"\"开头，后面跟上该字符的 ASCII 码值。这里使用的 ASCII 码值有两种：一种是以 0 为前缀的八进制 ASCII 码值，占用 1～3 位；另一种是以 x 为前缀的十六进制 ASCII 码值，占用 1～2 位。有时可将八进制 ASCII 码值的前缀 0 省略，但不要误认为是十进制的。这两种方法的表示形式如下：

```
\ddd
\xhh
```

前一种是用 1～3 位八进制 ASCII 码值表示的字符，后一种是用 1～2 位十六进制 ASCII 码值表示的字符。例如，字符'A'可表示为\101 或\x41。

在实际应用中，对某些常用的字符，使用它的 ASCII 码值表示比较麻烦，而采用反斜线符后面跟上一个字符。这里的反斜线符表示后面的字符转变为另外的含义，故这种字符称为转义字符，如表 2-2 所示。

表 2-2 C++中常用的转义字符

符 号	含 义
\a	响铃
\n	换行符
\r	回车符
\t	水平制表符（Tab 键）
\b	退格符（Backspace 键）
\\	反斜线
\'	单撇号
\"	双撇号
\0	空字符

这里有两点值得注意：

① 数字和数字字符的区别。例如，0 和'0'是不同的。0 表示整型常量，其数值为 0；'0'表示数字字符 0，它是一个字符常量。

② 字符'0'和字符'\0'的区别。前一个是数字字符 0，它的 ASCII 码值是十进制数 48；后一个字符表示为 ASCII 码值为 0 的字符，该字符被称为空字符，'0'和'\0'是两个 ASCII 码值不同的字符。

2.3.4 字符串常量

字符串常量是由一对双撇号括起的字符序列。该序列可以是一个字符，也可以是多个字符，也可以没有字符。没有字符的称为空串。字符串常量简称为字符串。例如：

```
"This is a string .\n"
"How do you do ? \t"
"You are student. "
```

都是字符串常量。

字符串常量中可以包含空格符、转义字符和其他字符，也可以包含汉字。

由于双撇号是字符串的定界符，因此在字符串中出现双撇号时，必须用反斜线符（\）表示。例如：

```
"Please enter \"Y\" or \"N\":"
```

表示的字符串是

```
Please enter "Y" or "N":
```

下面介绍字符串常量和字符常量的区别。

① 二者在表示形式上不同。字符常量用单撇号表示，字符串常量用双撇号表示。

② 二者在内存中存放时所占空间不同。字符常量存放在内存中仅占 1 字节，即用 1 字节存放字符的ASCII码值。而字符串常量存放在内存中，除字符串中的每一个字符占用1字节存放其ASCII码值外，还需要一个字节存放字符串的结束符（'\0'）。例如，字符串常量"a"与字符常量'a'所占内存的字节数不同，字符串常量"a"占 2 字节，字符'a'仅占 1 字节。

③ 二者所具有的操作不同。字符常量可在一定范围内与整型数进行加法或减法运算，而字符串常量不具有这种运算。例如：

```
'x'-'t'+1
```

运算是合法的。但是

```
"x"-"t"+1
```

运算是非法的。

字符串常量的运算有求串长度、连接、复制等。在本书后面章节中会讲述。

④ 存放二者的变量不同。字符变量可存放一个字符常量，而字符串常量需要存放在字符数组中。

2.3.5 枚举常量

枚举是一种自定义数据类型，具有这种数据类型的量称为枚举量。由于枚举量实际上是一个 int 型常量，故称为枚举常量。

枚举是若干具有名字的整型常量的集合。这些整型常量组成了枚举表，枚举表中的每一项称为一个枚举符。枚举符就是一个有名字的常量，枚举量便是这个枚举表中的某一个枚举符。

1. 枚举类型和枚举量的定义

在定义枚举量之前，必须先定义一个枚举类型。枚举类型的定义格式如下：

```
enum〈枚举名〉{〈枚举表〉};
```

其中，enum 是定义枚举的关键字，〈枚举名〉同标识符，〈枚举表〉由若干枚举符组成，多个枚举符之间用逗号分隔。每个枚举符是一个用标识符表示的整型常量。而枚举量只能是该枚举表中的某个枚举符。例如：

```
enum day {Sun, Mon, Tue, Wed, Thu, Fri, Sat};
```

其中，day 是一个枚举名，该枚举类型的枚举表是由 7 个枚举符组成的。在默认情况下，每个枚举符，其整型数值从 0 开始，即最左边的 Sun 为 0，其后一个值总是前一个值加 1，即 Mon 为 1，依次类推，Sat 为 6。

实际上，枚举符的数值可以在定义时给它显式赋值。某个枚举符一旦被显式赋值后，它的值就是被赋的值，它后面没被显式赋值的枚举符，其值仍为前面一个的值加 1。例如：

```
enum day1 {Sun=7, Mon=1, Tue, Wed, Thu, Fri, Sat};
```

这里，枚举符 Sun 和 Mon 都被显式地赋了值。因此，Sun 值为 7，Mon 值为 1，Tue 值为它的前一个值加 1，即为 2，依次类推，Wed，Thu，Fri 和 Sat 的值分别为 3，4，5 和 6。

枚举量是属于某个枚举类型的枚举量。其定义格式如下：

```
enum 〈枚举名〉〈枚举量名表〉;
```

其中，〈枚举量名表〉中若有多个枚举量，则用逗号分隔。例如：

```
enum day1 d1, d2, d3;
```

这里，day1 是一个已定义过的枚举名，d1, d2 和 d3 是三个枚举量，这三个枚举量的值分别是 day1 枚举类型的枚举表中 7 个枚举符之一。上述的枚举量定义也可以写成下述格式：

```
enum day1 {Sun=7, Mon=1, Tue, Wed, Thu, Fri, Sat} d1, d2, d3;
```

又如，

```
enum color {RED, BLUE, YELLOW, BLACK, WHITE} c1, c2, c3;
```

这里，定义了三个枚举量 c1、c2 和 c3，它们是具有 color 枚举类型的枚举量，它们的取值范围分别是该枚举表中的 5 个枚举符之一。

2. 枚举量的值

具有某种枚举类型的枚举量的值被限定为该枚举类型的枚举表中的任意一个枚举符。枚举量是通过它所对应的枚举表中的枚举符给它赋值的。例如：

```
d1=Sun;
d2=Mon;
d3=Sat;
c1=RED;
c2=YELLOW;
c3=WHITE;
```

上述的赋值都是正确的，而下面赋值是错误的。

```
c1=Sun;
c2=4;
```

因为 Sun 不是枚举量 c1 所对应的枚举表的枚举符；另外，枚举量不能直接赋予数值量。虽然枚举符是一种具有名字的数值，但是在赋值时，只能用其枚举符的名字，不可直接用其数值。如果用枚举符所代表的 int 型值时，则要加上强制类型转换。例如：

```
c2=(enum color)4;
```

等价于

```
c2=WHITE;
```

输出一个枚举量的值是 int 型数值，而不是枚举符。例如：

```
cout<<d1<<','<<d2<<endl;
cout<<c1<<','<<c2<<endl;
```

输出结果分别为：

```
7, 1
0, 4
```

使用枚举量会带来下述好处。

① 枚举量的赋值范围被限定，能够提高程序中数据的安全性。给一个枚举量赋值时，若超出了它对应的枚举表的范围，则会发出编译错。

② 使用枚举量会增加可读性，因为给一个简单的数值命名为枚举符，则可做到“见名知意”。例如：

```
c1=RED;
```

枚举量 c1 代表红色。如果用其数值 0 赋给 c1，则不容易知道 c1 是代表红色的。

③ 被说明的枚举量要进行类型检查，这样也会提高数据的安全性。

2.3.6 常量的定义格式

在程序中，可将一种内容始终保持不变的量定义为一个常量。例如，计算圆面积时用的圆周率π就是一个常量。

定义常量的格式如下：

```
const 〈类型说明符〉〈常量名〉=〈常量值〉;
```

其中，const 是常量类型的说明符，〈类型说明符〉指出该常量的数据类型，〈常量名〉是一种标识符，〈常量值〉是常量的内容。例如：

```
const double pi = 3.141592653;
```

pi 是一个双精度浮点型的常量，其值为 3.141592653。请读者从浮点数的精度上考虑，上式写成如下形式：

```
const float pi = 3.141592653;
```

将会有什么问题？

定义常量时应该做到：

① 确定常量名；

② 指出常量类型；

③ 必须进行初始化，即给出常量的值；

④ 加常量类型说明符 const。

在常量定义中，初始化的值可以是一个表达式，例如：

```
const int number = 50 * sizeof(int);
```

是合法的。其中，sizeof 是一个运算符，该运算符用来求 int 型数所占内存的字节数。又如

```
const int number = max(5,8);
```

是合法的。其中，max( )是一个函数，用来求出两个参数中最大的一个。表达式中是允许出现函数的。

由于 C++语言兼容 C 语言，C 语言中使用预处理的宏定义命令定义的符号常量在 C++编译器中也可以通过。例如，使用宏定义命令定义符号常量 PI 为圆周率π，格式如下：

```
#define PI 3.1415
```

其中，define 是预处理功能中的宏定义命令，前面加上“#”号表示该关键字是预处理命令。关于预处理命令将在第 4 章中讲述。

宏定义命令将在编译前被处理，即程序中出现的符号常量将被宏定义的内容所替代，替代后进行编译。该例中，即用 3.1415 来替代 PI。

使用宏定义命令定义的常量虽然具有常量的属性，但是它不是一个具有类型的常量名。因此，在事后的编译中无法知道由数据类型不正确引起的错误。在 C++编程中，常量都将使用 const 来定义，一般不用宏定义命令 define 来定义。

2.4 数组

数组是一种自定义数据类型。它是数目固定、类型相同的若干变量的有序的集合。数组的这个定义告诉我们：一个数组包含若干变量，每个变量是数组的一个元素。数组的若干元素具有下述性质：

- 数目是固定的；
- 类型是相同的；
- 元素的排列是按顺序的。

本节将讲述数组的定义格式，元素的定义方法，数组元素的赋初值和赋值等基本概念和基本操作。

2.4.1 数组的定义格式

定义数组的格式如下：

〈类型说明符〉〈数组名〉[〈大小 1〉][〈大小 2〉]…

定义数组时需要做到如下几点。

① 指出该数组的若干变量的数据类型和存储类，即使用〈类型说明符〉给出各个变量的类型。

② 确定数组的名字，〈数组名〉同标识符。

③ 指定数组的维数和每维的大小。带有 1 个[〈大小〉]的为一维数组，带 2 个[〈大小〉]的为二维数组，依次类推，带有 *n* 个[〈大小〉]的为 *n* 维数组。方括号中的〈大小〉表示该维的大小，它可以是一个常量表达式，例如：

```
int a[5];
float b[2][3];
char c[3][2][4];
```

这里，a 是一个一维数组的数组名，该数组有 5 个元素，每个元素都是 int 型的，即该数组包含 5 个 int 型变量。b 是一个二维数组的数组名，该数组共有 6 个元素，每个元素都是 float 型的。二维数组有两维，即出现两个带有大小的方括号，二维数组的元素个数取决于两个维大小的相乘积。c 是一个三维数组的数组名，该数组共有 24 个元素，每个元素都是 char 型的。三维数组有三维，三维数组的元素个数取决于三个维大小的相乘积。

实际应用中，常用一个常量名来确定数组某维的大小，例如：

```
const int N=80;
char ch[N];
```

这里，ch 是一个一维的字符数组，其包含的元素个数为 N，N 是一个值为 80 的常量。

2.4.2 数组元素的表示

C++语言中，数组元素用数组名和下标来表示，具体格式如下：

〈数组名〉[〈下标表达式 1〉][〈下标表达式 2〉]…

一维数组的元素在数组名后面跟 1 个方括号和〈下标表达式〉；二维数组的元素表示为在数组名后面跟 2 个方括号，每个方括号内有 1 个〈下标表达式〉；三维数组的元素后面跟三个带有〈下标表达式〉的方括号……

表示数组元素的〈下标表达式〉是一个常量表达式。C++语言中，数组下标规定为从 0 开始，并且各个元素在内存中是按其下标的升序顺序存放的。

1. 一维数组的元素表示

例如：

```
int a[5];
```

a 是一维数组的名字，该数组有 5 个元素。它们依次表示为 a[0]，a[1]，a[2]，a[3]，a[4]，这也是它们存放在内存中的顺序。下标从 0 开始，并逐次增 1。最大的下标值为维数大小减 1。

2. 二维数组的元素表示

例如：

```
int b[2][3];
```

b 是一个二维数组的名字，它有 6 个元素。它们存放在内存中的顺序依次为 b[0][0]，b[0][1]，b[0][2]，b[1][0]，b[1][1]，b[1][2]。二维数组的下标表示的特点是两个维的下标都从 0 开始，第一维的增 1 速度比第二维的慢，即第一维从 0 增到 1 时，第二维则从 0 依次增 1 到最大，两个维的最大下标为其维的大小减 1。

3. 三维数组的元素表示

例如：

```
int c[2][3][2];
```

其中，c 是一个三维数组的名字，该数组共有 12 个元素。它们存放在内存中的顺序依次为 c[0][0][0]，c[0][0][1]，c[0][1][0]，c[0][1][1]，c[0][2][0]，c[0][2][1]，c[1][0][0]，c[1][0][1]，c[1][1][0]，c[1][1][1]，c[1][2][0]，c[1][2][1]。三维数组元素表示的特点是三个维的下标值都从 0 开始，第 1 维的下标增 1 速度最慢，第 2 维的下标增 1 速度较慢，第 3 维的下标增 1 速度最快，每维下标的最大值为该维大小减 1。

2.4.3 数组的赋值

数组可以被赋值，也可以被赋初值，即被初始化。在一般情况下，只有在存储类为外部和静态的数组才可以被初始化。

数组被赋值或被赋初值都是给数组的元素赋值或赋初值。

1. 数组的赋初值

数组的赋初值是在定义或说明数组时实现的。通过给数组赋初值，使得数组的各个元素获取值。实现赋初值的方法是使用初始值表。初始值表是用一对花括号“{}”括起的若干数据项组成的，多个数据项之间用逗号分隔。每个数据项的数据类型应与数组元素类型相同。数据项的个数应该小于或等于数组元素的个数，否则将出现编译错。因为数组赋初值时检查是否越界，一旦越界将报错。

下面分别举出一维、二维、三维数组初始化的例子，通过例子学会给数组初始化的方法。

一维数组初始化，例如：

```
int a[5] ={5, 4, 3, 2, 1};
```

由于数组 a 有 5 个元素，初始值表中有 5 个数据项，元素类型与数据项类型相同，经过初始化后，数组中的各个元素依次获取值 5, 4, 3, 2, 1。

又如，

```
int m[4] ={2, 3};
```

初始化后，数组 m 中有两个元素获取了值，即 m[0]和 m[1]分别获取值 2 和 3，数组的其他元素 m[2]和 m[3]没被初始化，它们的值为默认值 0。

二维数组初始化，例如：

```
int b[2][3] ={{1, 2, 3}, {7, 8, 9}};
```
或者
```
int b[2][3] ={1, 2, 3, 7, 8, 9};
```
这两种初始化是等价的。二维数组初始化可视为一维数组的一维数组初始化，即将数组 b 看成一维数组，它有两个元素，每个元素又可看成一维数组，因此，数组 b 可以看成是两个一维数组。前一种格式就是按两个一维数组进行初始化的。后一种格式是按二维数组存放在内存中的顺序，依次赋初值的。初始化后，b[0][0]的值为 1，b[0][1]的值为 2，b[0][2]的值为 3，b[1][0]的值为 7，b[1][1]的值为 8，b[1][2]的值为 9。

又如，
```
int n[3][4] ={{5}, {6, 7}};
```
初始化后，数组 n 中三个元素获取了初值，其中 n[0][0]的值为 5，n[1][0]的值为 6，n[1][1]的值为 7，其余各元素的值为默认值 0。

三维数组的初始化，例如：
```
int c[2][2][3] ={{{1, 2, 3}, {4, 5, 6}}, {{7, 8,9}, {10, 11, 12}}};
```
初始化后数组 c 的 12 个元素都获取了初值，其中 c[0][0][0]的值为 1，c[0][0][1]的值为 2，……，c[1][1][2]的值为 12。这种初始化格式与下面的格式是等价的：
```
int c[2][2][3] ={1, 2, 3, 4, 5, 6, 7, 8, 9, 10, 11, 12};
```
又如，
```
int p[2][3][2] ={{{3, 4}, {5}}, {{6}, {7, 8}}};
```
数组 p 共有 12 个元素，其中有 6 个元素获取了初值，其中 p[0][0][0]的值为 3，p[0][0][1]的值为 4，p[0][1][0]的值为 5，p[1][0][0]的值为 6，p[1][1][0]的值为 7，p[1][1][1]的值为 8，其余 6 个元素的值为默认值 0。

2. 数组的赋值

数组的赋值就是给该数组的各个元素赋值，其方法与一般变量赋值方法相同，使用赋值表达式语句。例如：
```
int r[3];
r[0]=3; r[1]=2; r[2]=1;
```
第 1 条语句定义了一个一维数组，但没有用初始值表给它初始化，此时 r 数组的三个元素值为默认值或无意义值。后面三条语句是给数组 r 的三个元素用赋值表达式的方法进行赋值，使 r[0]的值为 3，r[1]的值为 2，r[2]的值为 1。

对数组的赋值有时使用循环语句的方法，在第 4 章中再举例说明。用循环方法赋值时要求数组各元素的值存在某种关系，否则毫无相关的数组元素值是没办法使用循环的方法的。

2.4.4 字符数组

字符数组是指数组元素是字符的一类数组。字符数组有一维、二维和三维之分。

字符数组可以用来存放多个字符，也可以用来存放字符串。字符数组中存放的是字符还是字符串，其区别仅在于数组元素中是否有字符串的结束符（空字符)。如果数组各元素中没有空字符，则该数组中存放的是若干字符；如果数组的元素中有空字符，则该数组存放的是字符串。

在实际应用中，经常使用字符数组存放字符串。一维字符数组可存放一个字符串，二维字符数组可存放多个字符串。

字符数组可以被赋初值和被赋值。

字符数组赋初值可使用初始值表的方法。

例如：

```
char s1[5]={ 'a', ' b',' c', 'd', 'e'};
```

s1 是一个具有 5 个元素的一维字符数组，通过初始值表赋初值后，使它的 5 个元素都获得了 char 型初值，即 s1[0]为'a'，s1[1]为' b'，s1[2]为'c'，s1[3]为'd'，s1[4]为'e'。数组 s1 中存放的是 5 个字符。又如，

```
char s2[7]={ 's', 't', 'r', 'i', 'n', 'g', '\0'};
```

s2 是一个具有 7 个元素的一维字符数组，它存放着 7 个字符，其中最后一个字符为空字符。因此，s2 数组中存放的是一个字符串"string"。

为使字符数组在存放字符串时书写简单，可用一个字符串常量直接来初始化字符数组。例如：

```
char s2[7]="string";
```

与前面的格式是等价的。显然，后一种格式书写简便。但是，在直接用一个字符串初始化字符数组时，要考虑到字符串中的有效字符个数要比字符数组的元素个数少一个，即给字符串结束符留一个元素。例如：

```
char s3[5]="abcde";
```

这时，数组 s3 在初始化时超出了界限，则出现编译错。为此，比较明智的做法是在用一个字符串直接初始化一维字符数组时，不给出数组的大小，这时系统将按初始化的字符串中字符的个数来确定该数组的大小，即为字符串中有效字符个数加 1。例如：

```
char s4[ ]= "This is a string.";
```

初始化后，s4 数组的大小为 18，因为有效字符个数为 17（包含空格符），再加上一个字符串的结束符（'\0'）。

二维字符数组赋初值可以用初始值表的方法。如果存放字符串时，可直接用字符串常量进行初始化。例如：

```
char s5[3][4]={{'a', 'b', 'c', ' \0'}, {'d', 'e', 'f ', '\0'}, {'g', 'h',
'i', '\0'}};
```

等价于

```
char s5[3][4]={"abc", "def ", "ghi"};
```

或者

```
char s5[ ][4]={"abc", "def ", "ghi"};
```

显然，后面格式比前面的要简洁些。这三种方法是等价的，都是在一个二维字符数组 s5 中存放三个字符串，每个字符串的有效字符个数不超过三个。前两种格式存放在字符数组 s5 中的字符串个数不得超过三个，后一种格式对于存放在 s5 中的字符串个数没有限制，在二维数组被赋初值时可以省略第一维数组的大小，但不得省略第二维数组的大小。省略的大小由系统根据初始值表中数据项的个数自动添加。

下面是一个用三维字符数组存放字符串的例子：

```
char s6[ ][3][5]={"Wang", "Lang", "Hu", "Tang", "Fang", "Ma"};
```

数组 s6 是一个三维字符数组，根据初始值表中的数据项数，系统确定第一维数组的大小为 2，该数组共存放了 6 个字符串，每个字符串的有效字符个数为 4。

字符数组赋值时，应对该数组的每个元素赋值，不能用一个字符串常量直接赋值。例如：

```
char s7[5];
s7[5]= "abcd";
```

这种赋值是非法的。正确的赋值方法应该是每个元素赋一个字符：

```
s7[0]= 'a';    s7[1]= 'b';    s7[2]= 'c';    s7[3]= 'd';    s7[4]= '\0';
```

关于字符数组的其他操作，本书后面章节中还要讲述。

2.5 键盘输入和屏幕输出

C++语言中的输入/输出操作是由一个 I/O 流类库提供的。关于该流类库所提供的有关文件操作和字符串操作，将在第 12 章中专门讲述。本节只介绍一些在后面讲述的程序中经常使用的一些输入/输出操作，主要是键盘输入和屏幕输出。

2.5.1 键盘输入

键盘输入是标准输入。键盘输入的操作比文件输入要简单些。这里仅介绍一种键盘输入方法。这种方法是使用标准输入流对象 cin 和提取运算符“>>”。使用这种方法可以从 cin 的输入流中通过提取运算符“>>”获取各种不同类型的数据，给相应类型的变量赋值。例如：

```
int a, b;
cin>>a>>b;
```

从键盘输入

```
56␣78↙
```

上述输入语句将从输入流中获取 56，赋值给 a；再获取 78，赋值给 b。于是从键盘的输入流中获取数据给变量 a 和 b 赋值。这里，使用的下画线表示是从键盘输入的数据。

cin 表示键盘输入流对象，“>>”是一种被重载的提取运算符，它从输入流中提取一个数据项并赋给后面对应的变量。该运算符可以连用，于是可以从同一个输入流中提取多个数据项给其后的多个变量赋值。这里，输入流的数据项用默认分隔符——空格符进行分隔。

这种输入方法，不仅可以从输入流中提取 int 型数据，也可以提取其他类型的数据。

下面通过一个例子，讲述 cin 和“>>”的用法。

【例 2.1】 分析下列程序的输出结果。学会使用 cin 和“>>”对不同类型数据的输入方法。

```
#include <iostream.h>
void main( )
{
    int a,b;
    double m,n;
    char c,s[20];
    cout<<"Enter int: ";
    cin>>a>>b;
    cout<<"Enter double: ";
    cin>>m>>n;
    cout<<"Enter char: ";
    cin>>c>>s;
    cout<<a<<', '<<b<<endl;
    cout<<m<<', '<<n<<endl;
    cout<<c<<', '<<s<<endl;
}
```

执行该程序将显示提示输入的信息，输入两个 int 型数，两数之间用空格符分隔：

```
Enter int: 12␣34↙
```

输入两个浮点数，两数之间用空格符分隔：

```
Enter double: 3.45␣6.78↙
```

输入一个字符和一个字符串，它们之间用空格符分隔：

```
Enter char: m ␣ string↙
```

完成上述输入后，输出结果显示如下：

```
12, 34
3.45, 6.78
m, string
```

【程序分析】 该程序主要用于熟悉如何使用 cin 和“>>”从键盘上输入各种不同类型的数据。cout 和“<<”是用于输出显示的操作，后面还会讲述。

在使用 cin 和“>>”从键盘上输入数据时，要根据所需的类型输入相应的数据，多个输入数据之间用空白符（常用空格符）分隔。

2.5.2 屏幕输出

屏幕输出是标准输出操作，用来将计算的结果输出显示在显示器的屏幕上。这是最简单的，也是最常用的一种输出方式，几乎在所有程序中都可用这种方式来查看运行结果。

屏幕输出操作方法中最简单的一种方法是使用标准输出流对象 cout 和插入运算符“<<”，用它可以输出各种不同类型的数据。例如：

```
cout <<"program"<<'; '<<'\n';
```

将输出显示字符串"program"，字符 ';' 和换行符。又如，

```
int a=56;
double b=27.32;
cout<<a<<','<<b<<endl;
```

该输出语句先输出显示变量 a 的值为 56，再输出显示字符','，然后输出显示变量 b 的值为 27.32，最后输出换行符。这里，endl 用来表示换行符，与'\n'等价。

在使用插入运算符时，应该注意如下事项。

① 由于插入运算符是一种重载运算符，它对于不同类型的输出表达式都有对应的重载函数。如果用它输出某种没有事先定义的类型的数据，则需事先对它重新定义。例如，输出复数格式时，则需要再定义。一般，基本数据类型都已预定义好了。

② 插入运算符的重载函数返回值是一个输出数据的流对象，因此用它可以连续输出多个表达式的值。例如，前面讲过的输出语句：

```
cout<<a<<','<<b<<endl;
```

也可以写成下述格式：

```
cout<<a
<<','
<<b
<<endl;
```

这种写法可提高可读性，但是不够简洁。

③ 在使用插入运算符中应注意它的优先级，如果输出表达式中有比运算符“<<”优先级低的运算符时，为改变其优先级应将该表达式用圆括号括起来，否则会出现编译错。

有关格式输出问题放在第 12 章中讲述。

下面通过例子学习使用 cout 和“<<”的方法。

【例 2.2】 分析下列程序的输出结果，掌握 cout 和“<<”作为输出语句的使用方法。

```
#include <iostream.h>
void main( )
{
    const int N=1025;
```

```
    const float B=176.25f;
    const char C='M';
    int a=198;
    double b=1.23456;
    char s[ ]="This is a program.";
    cout<<a+N<<endl<<s<<endl;
    cout<<B-b<<'\t'<<C<<endl;
}
```

执行该程序，输出如下结果：

```
1223
This is a program
175.015 M
```

【程序分析】 该程序中，定义了三个常量和三个变量，然后使用 cout 和“<<”将它们运算后的结果输出显示在屏幕上。

【例 2.3】 分析下列程序的输出结果，该程序中出现了枚举量和数组，分析这些量的输出显示方法。

```
#include <iostream.h>
int a[ ]={3,4,5,6,7};
void main( )
{
    enum color {RED=10,YELLOW=20,WHITE,GREEN,BLACK}c1,c2;
    c1=BLACK;
    c2=RED;
    double d[3];
    d[0]=d[1]=45.87;
    d[2]=13.42;
    cout<<c1<<':'<<c2+a[2]<<endl;
    cout<<a[0] *a[1]+a[3]<<',' <<d[1]+d[2]<<endl;
}
```

执行该程序，输出如下结果：

```
23: 15
18, 59.29
```

【程序分析】 该程序中定义了枚举量，并且进行了运算和输出，可见枚举量实际上是一个常量，它可以与变量进行运算，也可以使用 cout 输出语句进行输出。

该程序中出现了一个外部存储类的 int 型数组 a，并对它进行了初始化，它被定义在函数体外。程序中又出现了一个自动存储类的 double 型数组 d，给它的三个元素赋了值。又通过使用 cout 输出语句将上述两个数组的元素进行输出。

从例 2.2 和例 2.3 中可以看到，使用标准输出流 cout 和插入符作为输出语句，可以输出各种不同类型表达式的值。因此，该语句是本书编程中主要的输出语句。

习题 2

2.1 简答题

（1）C++语言中，基本数据类型有哪些？数据除基本类型外还有什么类型？

（2）在一台 32 位机中，int 型、float 型、char 型和 double 型数据存放在内存中各占多少个字节？

（3）short int，int 和 long int 都是整型，它们之间有什么不同？

（4）什么是变量？变量的三个要素是什么？

（5）在给一个变量命名时，应遵守哪些规则？

（6）定义一个变量时，至少要指出变量的哪些要素？

（7）如何给变量赋值？如何给变量赋初值？给变量赋值和赋初值有何不同？

（8）什么是常量？C++语言中常用的常量有哪些不同的类型？

（9）字符常量和字符串常量有何不同？试举例说明之。

（10）常用的常量前缀和后缀各有哪些？请各举两个例子说明之。

（11）三种不同进制的整型数在表示上有什么不同？

（12）浮点数有哪些常用的表示法？请举例说明之。

（13）在 C++程序中，用什么办法表示不可打印字符？例如，换行符、退格符、水平制表符等。

（14）枚举常量如何定义？它有什么特点？

（15）C++语言中如何定义或说明常量？为什么最好不用 C 语言中使用的宏定义方法来定义常量？

（16）什么是数组类型？如何定义或说明一个数组？

（17）什么是数组元素？数组元素的下标有何特点？

（18）如何给数组赋初值？如何给数组赋值？两者有何不同？

（19）什么是字符数组？字符数组与字符串有何不同？

（20）程序中常用的从键盘上输入数据的方法是什么？这种方法在使用中应注意什么？

（21）程序中常用的将数据输出显示到屏幕上的方法是什么？

（22）如果你学过 C 语言的话，请回答在 C++语言中能否使用标准格式输入函数 scanf( )和标准格式输出函数 printf( )？如果要使用它们，在程序中该如何处理？

2.2　选择填空

（1）下列各种基本数据类型中，（　）是无符号整型的。

A）long int　　B）unsigned int　　C）short int　　D）int

（2）在 32 位机中，长双精度浮点数在内存中存放时占（　）字节。

A）4　　B）6　　C）8　　D）16

（3）下列变量名中，（　）是非法的。

A）A Long　　B）MyCar　　C）my_car　　D）a48

（4）下列变量名中，（　）是合法的。

A）56A　　B）_abc　　C）d-Ptr　　D）while

（5）下列常量中，（　）是十六进制数表示的 int 型常量。

A）78　　B）063　　C）x56　　D）0x7a

（6）下列常量中，（　）不是字符常量。

A）'\007'　　B）'a'　　C）'\n'　　D）"x"

（7）下列字符串常量中，（　）是非法的。

A）" "　　B）"\"a\" "　　C）"\mn"　　D）"xy\n"

（8）在下列给数组赋初值语句中，（　）是错误的。

A）int a[ ]={1, 2, 3, 4, 5}；　　B）int b[5]={1, 3, 5}；

C）int c[3]={1, 3, 5, 7}；　　D）int d[ ]={3, 5, 6, 7}；

（9）已知：char s[5]，在下列给字符数组元素赋值语句中，（　）是错误的。

A）s[0]= 'm';　　B）s[5]= 'n';　　C）s[1]= 'a';　　D）s[2]= 'b';

（10）已知：int a=3，b=4;，将 a+b 的值输出显示到屏幕上，下列各种实现方法中，（　）是正确的。

A）cout<<a<<'+'<<b<<endl;　　B）cout<<"a+b"<<endl;

C）cout<<a+b<<endl;　　D）cout<<'a'<<'+'<<'b'<<'\n';

2.3　判断下列描述是否正确，对者画√，错者画×。

（1）在定义或说明变量时，一定要指出名字、类型和值。

（2）C++程序中，不得使用没有定义或说明的变量。

（3）变量被定义或说明后，它的值一定是有意义的。

（4）任何一个被定义或说明的变量都有一个地址值。

（5）使用 const 说明常量时，可以不必指出类型。

（6）字符常量与字符串常量都是字符型常量，它们的区别只是占用字符个数多少不同。

（7）一个变量被定义后，它将具有默认值，而该默认值将保持到被重新更改为止。

（8）C++语言中数组的下标是从 0 开始的。

（9）数组在被赋初值时是不判断越界的。

（10）cout 是 I/O 流类库中定义的标准输出流对象，使用它可将插入到该流中的数据输出显示到屏幕上。

2.4　分析下列程序的输出结果。

（1）
```
#include <iostream.h>
void main( )
{
    int a=90;
    float b=34.92F;
    char c='B';
    double d;
    d=12.7865;
    cout<<a<<';'<<b<<';'<<d<<'\n';
    cout<<c+1<<','<<c-1<<endl;
}
```

（2）
```
#include <iostream.h>
void main( )
{
    const char CH='P';
    const long LO=1234567;
    const double DO=1.98765;
    cout<<CH<<endl<<LO<<endl<<DO<<endl;
}
```

（3）
```
#include <iostream.h>
void main( )
{
    static int a[ ]={3,4,5,6,7,8};
    double d[5]={1.2,3.4,5.6};
    int ab[4][2]={{2,3},{4,5},{6,7},{8,9}};
    cout<<a[0]<< ', '<<a[1]<< ', '<<a[2]<< ', '<<a[5]<<endl;
    cout<<d[2]<< ', '<<d[3]<< ', '<<d[5]<<endl;
    cout<<ab[1][1]<< ','<<ab[3][0]<< ','<<ab[2][1]-5<<endl;
}
```

(4)
```
#include <iostream.h>
void main( )
{
    char s1[ ]={ 'a', 'b', 'c', 'd', 'e'};
    char s2[ ]="abcde";
    char s3[ ][5]={"abcd","efgh","ijkl","mnpq","sxyz"};
    cout<<s1[0]<<s1[1]<<s1[3]<<s1[4]<<endl;
    cout<<s2<<endl;
    cout<<s2[4]<<s2[3]<<s2[2]<<s2[1]<<s2[0]<<endl;
    cout<<s3[0]<< ', '<<s3[2]<< ', '<<s3[4]<<endl;
    const char c='K';
    cout<<c-1<<char(c-3)<<c<<endl;
}
```
(5)
```
#include <iostream.h>
void main( )
{
    double dd;
    dd=1.5e6;
    cout<<dd<<endl;
    dd=.5e-2;
    cout<<dd<<endl;
    cout<<"abc\rmnp\txyz\babc\n";
    cout<<"\\abc||mnp'xyz'\n";
}
```

第 3 章　运算符和表达式

C++语言中包含了 C 语言中的运算符和表达式，并且又增加了一些新的运算符。例如：

::　作用域运算符

new　动态分配内存单元运算符

delete　删除动态分配的内存单元运算符

.*和->*　成员指针选择运算符

另外，C++语言中大多数的运算符可以重载，关于运算符重载问题将在第 11 章中讲述。

本章讲述 C++语言中所有的运算符的分类和功能、优先级和结合性，多种表达式的特点及应用，以及类型转换和类型定义等概念和方法。

3.1　运算符的种类及其功能

C++语言中运算符比较多，下面将按其功能分类讲述。

3.1.1　算术运算符

1. 普通的算术运算符

单目算术运算符：-（取负），+（取正）

双目算术运算符：+（相加），-（相减），*（相乘），/（相除），%（取余数）。

单目运算符的优先级高于双目运算符。在 5 个双目运算符中，*，/，%优先级高于+，-。

+，-，*和 / 运算符对 int 型、float 型和 double 型数据都适用，而%运算符仅可用于 int 型数据。

求余数的方法如下：

当〈操作数 1〉%〈操作数 2〉时，

余数＝〈操作数 1〉-〈操作数 2〉×〈整商〉

其中，〈整商〉是〈操作数 1〉除以〈操作数 2〉所得到的整数商。例如：

3%5　　余数为 3

7%5　　余数为 2

15%5　　余数为 0

请读者按上述方法，求出-7%3 和 7%-3 的余数，并比较是否相同。

2. 增 1 减 1 运算符

单目运算符：++（增 1），--（减 1）

这是两个比较特别的算术运算符。它们都是单目运算符，只能作用于一个操作数。它们可以左边（前边）作用，也可以右边（后边）作用，分别称为前缀运算和后缀运算。例如：

```
int a=3;
```

其中，++a 称为前缀运算，而 a++称为后缀运算。

所谓增 1 运算，是指当++运算符作用于某一操作数时，该操作数本身值增 1。而表达式的值的前缀运算和后缀运算不同。前缀运算时，表达式的值为操作数增 1 后的值；后缀运算时，表达式的值为操作数增 1 前的值。例如：

```
int a=5;
```

++a 运算后，变量 a 的值为 6，表达式值也为 6；而 a++运算后，变量 a 的值为 6，表达式值为 5。

由此可见，增 1 运算符++特别的地方在于以下两方面。

① 两个值：增 1 运算符作用在变量上，除有一个表达式的值外，还有一个改变其变量本身的值。将改变变量本身值的作用称为副作用。增 1 运算符具有副作用。

② 两种作用：增 1 运算符既可作用于某个变量的左边，又可作用于它的右边。两种作用都使变量值增 1；但是表达式值不同，左边作用时表达式值为变量增 1 后的值，右边作用时表达式值为变量增 1 前的值。

减 1 运算符的功能与增 1 运算符功能相近。减 1 运算符也可以前缀运算和后缀运算，不论前缀、后缀运算，它们作用的变量值都减 1。前缀运算时，表达式的值为变量减 1 后的值；后缀运算时，表达式的值为变量减 1 前的值。例如：

```
int b=8;
```

当--b 运算后，b 的值和表达式的值都是 7。当 b--运算后，b 的值是 7，而表达式的值为 8。

总结增 1 减 1 运算符的特点如下。

① 具有副作用。它们组成的表达式运算后会改变变量的值。C++语言中具有副作用的运算符还有后面要讲到的赋值运算符。

② 单目运算符。它们只能作用于一个操作数，优先级较高，结合性从右至左。关于结合性后面将详述。这是单目运算符的特点。

③ 两种作用方式。该运算符既可作用于操作数前，又可作用于操作数后，两种作用产生两种不同的表达式的值。

④ 只能作用于变量。该运算符不能作用于常量或表达式上，只能作用于变量，包括作用于数组元素及结构变量。

3.1.2 关系运算符

关系运算符都是双目运算符。共有 6 种，它们分别是：

>（大于），<（小于），>=（大于等于），<=（小于等于），==（等于），!=（不等于）

前 4 种运算符的优先级高于后两种。

关系运算符又称比较运算符，程序中使用这种运算符进行比较运算。由关系运算符组成的表达式的值是 bool 型值。有些编译系统沿用 C 语言的习惯，用 1 来表示真，用 0 来表示假。

3.1.3 逻辑运算符

单目逻辑运算符：!（逻辑求反）

双目逻辑运算符：&&（逻辑与），||（逻辑或）

其中，“&&”的优先级高于“||”。

逻辑求反运算是真求反为假，假求反为真。

逻辑与运算是两个操作数都为真时结果为真，有一个操作数为假时则结果为假。

逻辑或运算是两个操作数都为假时结果为假，有一个操作数为真时则结果为真。

由逻辑运算符组成的表达式，其类型是 bool 型的。有些编译系统规定：非 0 为真，真用 1 表示；0 为假，假用 0 表示。注意：这两句话中，每句话的前半句是对操作数而言的，后半句是对操作结果而言的。

3.1.4 位操作运算符

位操作是指二进制的位的操作。这类运算符又分为逻辑位运算符和移位运算符两种。

1. 逻辑位运算符

单目的逻辑位运算符：～（按位求反）

双目的逻辑位运算符：&（按位与），|（按位或），^（按位异或）

双目逻辑位运算符中，“&”优先级高于“^”，“^”优先级高于“|”。

逻辑位运算符实质上是算术运算，因为它们所组成的表达式的值是算术值。

按位求反运算是将一个二进制位的操作数中的1变0，0变1。

按位与运算是将两个二进制位的操作数从低位（最右位）到高位依次对齐后，每位求与，结果是只有两个1时才是1，其余为0。

按位或运算是将两个二进制位的操作数从低位到高位依次对齐后，每位求或，结果是有一位为1时就为1，否则为0；或者说只有两个0时才是0，其余为1。

按位异或运算是将两个二进制位的操作数从低位到高位依次对齐后，每位求异或，结果是两位不同时为1，否则为0。

2. 移位运算符

双目移位运算符：<<（左移），>>（右移）

移位运算符组成的表达式也属于算术表达式，因为其值为算术值。

左移运算是将一个二进制位的操作数按指定移动的位数向左移位，移出位被丢弃，右边的空位一律补0。

右移运算是将一个二进制位的操作数按指定移动的位数向右移位，移出位被丢弃，左边移出的空位或者一律补0，或者补符号位，这由不同的机器而定。在使用补码作为机器数的机器中，正数的符号位为0，负数的符号位为1。

3.1.5 赋值运算符

赋值运算符是双目运算符，分为两类。

简单的赋值运算符：=（赋值）

复合的赋值运算符（共10种）：+=（加赋值），-=（减赋值），*=（乘赋值），/=（除赋值），%=（求余赋值），<<=（左移位赋值），>>=（右移位赋值），&=（按位与赋值），|=（按位或赋值），^=（按位异或赋值）

赋值运算符的特点如下。

① 双目运算符。要求具有两个操作数，一个在运算符左边，称左值；另一个在运算符右边，称右值。左值一般是变量名，也可以是指针所指向的变量内容；右值是一个表达式。

② 具有副作用。该运算符具有副作用，计算一个赋值表达式，除有一个表达式值外，变量本身值也被改变。例如：

```
int c=5;
c=8;
```

变量c先被赋初值为5，通过赋值表达式

```
c=8;
```

c本身的值被改变为8，而表达式的值也是8。还可以将这个表达式的值赋给另一个变量。例如：

```
int b;
```

```
b=c=8;
```

这时，b 也将获取值为 8，该表达式的值为 8，还可以再将它赋给一个变量。例如：

```
int a;
a=b=c=8;
```

这时，变量 a 也获取值为 8。

这就是说，通过连续赋值方法给多个变量赋予相同的值是允许的。

③ 优先级较低。赋值运算符的优先级仅仅高于逗号运算符，也就是说，除逗号运算符外，赋值运算符的优先级最低。

④ 结合性从右至左。正是因为这一点，赋值运算符才有可能进行连续赋值操作。

⑤ 复合的赋值运算符可提高运行效率。例如：

```
a+=b;
```

等价于

```
a=a+b;
```

前一种写法编译所生成的目标代码要比后一种写法短些，运行效率高些。因此，建议在 C++编程中尽量使用前一种写法，少用后一种写法。

3.1.6 其他运算符

除前面讲过的 5 类运算符外，还有一些其他运算符。

1. 三目运算符

三目运算符要求有三个操作数，它的功能较强。该运算符由“?”和“:”两个字符组成，使用格式如下：

```
d1?d2:d3
```

其中，d1，d2 和 d3 是三个操作数。

该运算符的功能是先计算 d1 的值，然后进行判断。当 d1 值是非 0 值时，则表达式的值为 d2 的值，否则表达式的值为 d3 的值。该表达式的类型取 d2 和 d3 中类型高的那个。类型高低取决于该类型的数据存放在内存中占用的字节数的多少。数据长，占内存字节数多，其类型就高；数据短，占内存字节数少，则其类型就低。

2. 逗号运算符

逗号运算符是双目运算符，它的优先级最低。该运算符是一个逗号“,”。在 C++语言中，逗号还可作为分隔符使用。

该运算符的功能是用来将多个表达式连成一个表达式，起到一个表达式的作用。该运算符常用在只允许出现一个表达式的地方，而要出现多个表达式时，用逗号将这些表达式连成一个表达式。例如：

```
a=3, b=4, a+b
```

这是用两个逗号运算符将三个表达式连成的一个表达式。计算该表达式值时，从左至右逐一计算每个表达式的值。该逗号表达式的值是最后一个表达式的值，该表达式类型也是最后一个表达式的类型。

3. sizeof 运算符

运算符 sizeof 是用来求某种数据类型或某个变量在内存中所占用的字节数的。其使用格式如下：

```
sizeof (<数据类型说明符/变量名>)
```

例如：

```
int a[5];
```

```
sizeof(a);
sizeof(a[0]);
sizeof(a)/sizeof(int);
sizeof(double);
```

这里，sizeof(a)表示数组 a 占用内存的字节数；sizeof(a[0])表示数组 a 的一个元素占用内存的字节数；sizeof(a)/sizeof(int)表示数组 a 中有几个 int 型元素；最后的 sizeof(double)表示双精度浮点类型占内存的字节数。

4. 强制类型运算符

该运算符用来将一个表达式的数据类型强制转换为所指定的类型。它是单目运算符。该运算符使用格式如下：

〈数据类型说明符〉(〈表达式〉)

或者

(〈数据类型说明符〉)〈表达式〉

这表明将给定的〈表达式〉的类型强制转换为所指定的〈数据类型说明符〉的类型。

这种强制类型转换是一种不安全转换，它可以将高类型转换为低类型，这时数据精度将受到影响。例如：

```
int a;
a=(int) 4.659;
```

这时，将浮点数 4.659 强制转换为 int 型，即为 4，将 4 赋值给 a，a 值为 4。

强制类型转换是暂时的，不会改变表达式的原来类型。例如：

```
int a=5;
double b;
b=(double) a;
```

这里，将 a 转换为 double 型后，将其值赋给 b。以后如果再用到 a，它仍然是 int 型的。这种强制转换由低类型到高类型时，不会影响数据的精度。

5. 取地址和取内容运算符

取地址运算符“&”和取内容运算符“*”是单目运算符。

取地址运算符作用于变量的左边，表示取该变量的内存地址值。取地址运算符不能作用于表达式、常量和数组名的左边，只能作用于一般变量名、数组元素名、成员名、对象名等的左边。

取内容运算符作用于各种指针的左边，表示获取该指针所指向的变量的值。可以通过它来改变指针所指向的变量的值。有关指针的问题在第 6 章中讲述，在那里还会用到取内容运算符。

6. 成员选择符

运算符“.”和“->”是成员选择符，它们是单目运算符。用它们来表示结构变量和指向结构变量指针的成员，也可以用它们表示对象的成员及指向对象指针的成员。有关这两个运算符的具体应用将在第 7 章和第 8 章中讲述。

7. 运算符“( )”和运算符“[]”

运算符“( )”和运算符“[ ]”是两个优先级最高的运算符。

运算符“( )”是用来改变表达式优先级的。有些运算符的优先级较低，但是又需要先计算它们，这时便可以通过使用该运算符来改变其优先级。例如：

```
a+b*c
```

按优先级应该先计算 b*c，然后再将 a 与 b 和 c 的积相加。如果要先计算 a+b，再将其和与 c 相乘，这时可以写成下述形式：

```
(a+b)*c
```

这里，使用了运算符“( )”改变了优先级。

在使用多层“( )”运算符时，应先计算内层“( )”内的操作数，再计算外层“( )”内的操作数。

运算符“[ ]”是用来表示数组元素的。“[ ]”内将给出一个下标表达式，该表达式是常量表达式。这个运算符在第 2 章中数组元素的表示里已经见过了。

以上讲的 40 多种运算符也是 C 语言中所具有的。还有一些 C++语言中新增添的运算符，将在后面章节中结合应用进行讲解。

3.2 运算符的优先级和结合性

运算符种类较多，使用起来比较方便。运算符的优先级也较多，共有 15 种。还有两种不同的结合性。表 3-1 中列出了所有运算符的优先级和结合性。

3.2.1 运算符的优先级

每种运算符都有一个优先级。表 3-1 中将运算符按优先级由高到低的顺序列出，共有 15 种优先级。优先级是用来决定运算符在表达式中运算顺序的。优先级高的先运算，优先级低的后运算；优先级相同的由结合性确定其计算顺序。

表 3-1 C++语言常用运算符的功能、优先级和结合性

<table>
<tr><th>优先级</th><th>运算符</th><th>功能说明</th><th>结合性</th></tr>
<tr><td>1</td><td>()
::
[]
., ->
.*, ->*</td><td>改变优先级
作用域运算符
数组下标
成员选择
成员指针选择</td><td>从左至右</td></tr>
<tr><td>2</td><td>++, --
&
*
!
~
+, -
()
sizeof
new, delete</td><td>增 1，减 1 运算符
取地址
取内容
逻辑求反
按位求反
取正数，取负数
强制类型
取所占内存字节数
动态存储分配</td><td>从右至左</td></tr>
<tr><td>3</td><td>*, /, %</td><td>乘法，除法，取余</td><td rowspan="10">从左至右</td></tr>
<tr><td>4</td><td>+, -</td><td>加法，减法</td></tr>
<tr><td>5</td><td><<, >></td><td>左移位，右移位</td></tr>
<tr><td>6</td><td><, <=, >, >=</td><td>小于，小于等于，大于，大于等于</td></tr>
<tr><td>7</td><td>==, !=</td><td>相等，不等</td></tr>
<tr><td>8</td><td>&</td><td>按位与</td></tr>
<tr><td>9</td><td>^</td><td>按位异或</td></tr>
<tr><td>10</td><td>|</td><td>按位或</td></tr>
<tr><td>11</td><td>&&</td><td>逻辑与</td></tr>
<tr><td>12</td><td>||</td><td>逻辑或</td></tr>
<tr><td>13</td><td>? :</td><td>三目运算符</td><td rowspan="2">从右至左</td></tr>
<tr><td>14</td><td>=, +=, -=, *=
/=, %=, &=, ^=
|=, <<=, >>=</td><td>赋值运算符</td></tr>
<tr><td>15</td><td>,</td><td>逗号运算符</td><td>从左至右</td></tr>
</table>

3.2.2 运算符的结合性

在由相同优先级的运算符组成的表达式中，其运算顺序由运算符的结合性来确定。运算符的结合性分为两种。

一种结合性是从左至右的，例如：

```
int a,b,c;
a-b+c;
```

由于减法和加法的优先级相同，而结合性是从左至右的，于是决定上述表达式的运算顺序是先计算 a-b，再将其差值与 c 相加。

另一种结合性是从右至左的，例如：

```
int a,b,c;
a=b=c=5;
```

这里连用了三个赋值运算符，由于赋值运算符的结合性是从右至左的。因此，应该先计算 c=5，该表达式值为 5，并改变 c 的值为 5；接着计算 b=(c=5)的值，将 c=5 的值赋给 b，该表达式的值和 b 值相同，都是 5；最后，计算 a=(b=c=5)的值，将 b=c=5 的值赋给 a，a 的值为 5，该表达式值也为 5。这便是连续赋值的道理。

在各类运算符中，仅有三类运算符的结合性是从右至左的，它们分别是单目、三目和赋值运算符，其余的大多数运算符的结合性是从左至右的。

3.3 表达式

3.3.1 表达式的种类

表达式是由运算符和操作数组成的式子。操作数包含常量、变量、函数和其他一些命名的标识符。最简单的表达式是一个常量或一个变量。

由于 C++语言的运算符种类丰富，因此表达式的种类也很多。常见的表达式有如下 6 种：

已知，int i(10);

- 算术表达式　　例如，i-3+9/5
- 逻辑表达式　　例如，i&&!i
- 关系表达式　　例如，i!=10
- 赋值表达式　　例如，i+=5
- 条件表达式　　例如，i>10?i++:i--
- 逗号表达式　　例如，i=5,i+-3,i

有关这些表达式的类型和值在下面讲述。

在书写表达式时应该注意下述几点。

① 在一个表达式中，连续出现两个或两个以上的运算符时，最好用空格符分开。例如：

```
int i(3), j(5);
i++ +j
```

该表达式中连续出现++和+运算符，中间用空格符分开，表明 i++后再与 j 相加。这样做比较明确。又如，

```
i++ + ++j;
```

该表达式中连续出现三个运算符，用空格符分开后，看上去比较清晰明了。

如果多个运算符连写，系统将根据“尽量取大”的原则进行拆分。例如：

```
i+++j
```

系统根据尽量取大的原则拆分为：

```
i++ +j
```

因为i可跟一个+号，也可跟两个+号，这都是有意义的，因此按尽量取大原则，选择i后跟两个+号。如果编程者原意是i+ ++j，这时必须加空格分隔，否则系统会将它拆分为i++ +j。

② 在书写表达式时，如果对某运算符的优先级记不清了，可以使用括号来改变优先级。

③ 过长的表达式有时可以分成若干短表达式，这样表达比较方便。

3.3.2 表达式的值和类型

任何一个表达式都有确定的值和类型。

计算一个表达式的值时，应注意以下三点。

（1）确定运算符的功能

有些运算符相同，但是功能却不同。例如，“*”可作为单目运算符，表示取内容；又可作为双目运算符，表示相乘。还有“-”运算符，可作为单目运算符表示求负，还可作为双目运算符表示相减。例如：

```
-9*2-5
```

这个表达式中，出现了两个减号，经分析知，前一个减号是单目运算符表示取负，后一个减号是双目运算符表示相减。因此，在有的表达式中，先确定运算符功能是必要的。

（2）确定运算符的计算顺序

一个由若干运算符组成的表达式的计算顺序是由运算符的优先级和结合性确定的。优先级高的运算符先计算，优先级低的运算符后计算。在优先级相同的情况下，由结合性决定计算顺序。多数运算符的结合性是从左至右的，少数运算符的计算顺序是从右至左的。括号内的应最先计算。

（3）注意某些表达式的约定

有的表达式在计算其值时还有些特殊约定，应遵循这些约定，否则将会出现问题。

① 整型数相除，其商值为整型数。例如：

```
5.6+3/5+2*3.2
```

其值为12.0。这里，3/5为0，而不是0.6。

② 关于逻辑表达式计算值的约定在后面讲述，这里不再重复。

下面分别讲述不同种类的表达式的值和类型。

1. 算术表达式

算术表达式是由算术运算符和位操作运算符组成的表达式，其值是算术值，其类型由操作数的类型确定。一般，表达式中各个操作数的类型相同时，表达式类型与某个操作数类型相同；表达式中各个操作数的类型不同时，在计算时低类型转换为高类型，表达式类型为各个操作数中类型高的操作数类型。

【例3.1】 分析下列程序的输出结果。

```
#include <iostream.h>
void main( )
{
    int a;
    a=123+3.2e2-3.6/6-6/8;
    cout<<a<<endl;
    double b;
    b=123+3.2e2-3.6/6-6/8;
    cout<<b<<endl;
```

```
    int c(7),d(4);
    a=c---++d;
    cout<<c<<','<<d<<','<<a<<endl;
}
```

执行该程序，输出结果如下：

```
442
442.4
6, 5, 2
```

【程序分析】 ① 该程序在编译时，有的编译系统会发出警告错，其原因是将一个浮点型数赋给一个 int 型变量时，要进行强制类型转换。因为当类型由高到低转换时，会损失数据精度，于是发出警告错。同样，将一个浮点型数（没标后缀 F）赋给一个 float 型浮点变量时，也会发出警告错。

② 在算术表达式

```
123+3.2e2-3.6/6-6/8
```

中，3.6/6 的值为 0.6，6/8 的值为 0，则该表达式的值为 442.4。

③ 在表达式

```
c---++d
```

中，有三个运算符连写在一起，没有用空格符分开。系统自动拆分结果是

```
c-- - ++d
```

由于 c 值为 7，d 值为 4，c--值为 7，++d 值为 5，该表达式值为 2。

【例 3.2】 分析下列程序的输出结果。

```
#include <iostream.h>
void main( )
{
    unsigned int a(0x2a),b(18);
    a&=b;
    cout<<a<<endl;
    a^=a;
    cout<<a<<endl;
    int i(-8),j(2);
    i>>=j;
    cout<<i<<endl;
    i|=~j^j;
    cout<<i<<','<<j<<endl;
    j&=~i+1;
    cout<<i<<','<<j<<endl;
}
```

执行该程序，输出结果如下：

```
2
0
-2
-1, 2
-1, 0
```

请读者自行分析该程序输出结果。

2. 关系表达式

由关系运算符组成的表达式称关系表达式。关系表达式的类型是逻辑型，即 bool 型。有些编

译系统将逻辑型的值用 0 或 1 表示，其中 1 表示真，0 表示假。

关系表达式常被用于条件语句和循环语句中的条件表达式。

【例 3.3】 分析下列程序的输出结果。

```
#include <iostream.h>
void main( )
{
    char c1('k'),c2('p');
    int n=c1>c2;
    cout<<n<<endl;
    n=c1-1<=c2;
    cout<<n+1<<endl;
    n='u'<='v'-1;
    cout<<n<<endl;
    cout<<('a'=='A')+(8<12)+(c2-c1!=0)<<endl;
}
```

执行该程序输出结果如下：

```
0
2
1
2
```

请读者自己分析上述输出结果。

3. 逻辑表达式

由逻辑运算符组成的表达式称为逻辑表达式。逻辑表达式的类型是 bool 型的。逻辑表达式常作为条件语句和循环语句中的条件表达式。

在逻辑表达式中，C++语言规定，在组成逻辑表达式的多个操作数中，只要有一个操作数表达式的值可以确定整个表达式的值时，则其余的操作数表达式就不再计算。具体来讲，在由“&&”运算符组成的逻辑表达式中，从左向右依次计算操作数表达式，当有一个表达式值为 0 时，则其余表达式不再计算，因为该逻辑表达式值为 0。类似地，在由“||”运算符组成的逻辑表达式中，从左至右依次计算操作数表达式，当有一个表达式的值为非 0 时，则其余表达式不再计算，因为该逻辑表达式值为 1。在由“&&”和“||”运算符组成的表达式中，由于“&&”运算符的优先级高于“||”运算符的优先级，因此，可以看成由“||”运算符组成的逻辑表达式。对出现的“!”运算符也同样处理，因为“!”运算符优先级高，应先计算。

例如：

```
int x(5), y(0);
!x&&x+y&&++y;
```

在这个逻辑表达式中，三个操作数由“&&”连接起来。先计算操作数!x 的值为 0，后面的两个操作数表达式将不必计算，该逻辑表达式的值为 0。C++语言的这一规定，可以提高程序的执行效率。又如，在上面的条件下，计算

```
x||x-y||y--;
```

在这个逻辑表达式中，由“||”运算符连接着三个表达式：x，x-y 和 y--。先计算出表达式 x 的值为非 0，则后面的两个表达式 x-y 和 y--不再计算，该逻辑表达式的值已确定为 1。再如，仍在上面条件下，计算

```
x-5||x&&y--||y--;
```

这个逻辑表达式由三个操作数组成，由“||”运算符连起来。三个操作数表达式分别是 x-5，

x&&y--和 y--。先计算表达式 x-5，其值为 0；再计算表达式 x&&y--，由于 y--是 0，因此，x&&y--表达式值为 0；再计算后面表达式 y--的值为-1。该逻辑表达式的值为 1。

【例 3.4】　分析下列程序的输出结果。

```
#include <iostream.h>
void main( )
{
    int a,b,c;
    a=b=c=8;
    !a&&b++&&c;
    cout<<a<<','<<b<<','<<c<<endl;
    a||--b||c--;
    cout<<a<<','<<b<<','<<c<<endl;
    a-8&&--b||c||b++;
    cout<<a<<','<<b<<','<<c<<endl;
    --a||b&&c||++b;
    cout<<a<<','<<b<<','<<c<<endl;
}
```

执行该程序，输出结果如下：

```
8，8，8
8，8，8
8，8，8
7，8，8
```

请读者自己分析该结果。

4．条件表达式

由三目运算符组成的表达式称为条件表达式。因为该表达式的功能与简单条件语句的功能相似，故得此名。

条件表达式可用来替代简单的 if-else 语句。例如，从两个已知的 int 型数中，选出其中最大的数，可以用下述条件表达式求出：

```
int a,b;
a=8; b=7;
a>b?a:b;
```

这个条件表达式的值是变量 a 和 b 中其值为大者的值。该例中，表达式 a>b?a:b 的值为 8。因为根据三目运算符的运算规则，先计算 a>b 的值为非零，则该表达式的值为 a，即该表达式值为 8。

条件表达式的类型是“:”前后两个表达式中类型高的表达式的类型。本例中，两个表达式类型相同都是 int 型，因此，该表达式的类型为 int 型。

【例 3.5】　分析下列程序的输出结果。

```
#include <iostream.h>
void main( )
{
    int i(8),j(4),k;
    k=i<j?++i:++j;
    cout<<i<<','<<j<<','<<k<<endl;
    k=i-j?i+j:i+j?i:j;
    cout<<i<<','<<j<<','<<k<<endl;
    double d(12.5);
    cout<<(i>j?i:d)<<endl;
```

```
    cout<<sizeof(i>j?i:d)<<','<<sizeof(double)<<endl;
}
```

执行该程序，输出结果如下：

```
8, 5, 5
8, 5, 13
8
8, 8
```

【程序分析】　该程序中，前面三个条件表达式的值和类型请读者自己分析。

该程序中，最后一条输出语句中，输出显示如下两个表达式的值：

```
sizeof(i>j?i:d)
sizeof(double)
```

前一个表达式的值是条件表达式 i>j?i:d 的类型占内存的字节数，后一个表达式的值是 double 类型占内存的字节数。从输出结果中可以看到，这两个表达式的值都是 8。可见，条件表达式 i>j?i:d 的类型为 double 型。这说明条件表达式的类型取决于“:”前后两个表达式中类型高的一个。

5. 赋值表达式

由赋值运算符组成的表达式称为赋值表达式。赋值运算符共有 11 种：1 种基本的，10 种复合的。赋值表达式是在 C++程序中出现最多的一种表达式。

在计算赋值表达式值时，要注意赋值运算符的下述特点：

① 赋值运算符有副作用；

② 赋值运算符的结合性是从右至左的；

③ 赋值运算符优先级较低，仅高于逗号运算符。

在使用复合赋值运算符时，应注意优先级。例如：

```
int a(5), b(8);
a*=b+2;
```

由于+号的优先级高于*=，应该先计算 b+2 的值为 10，再计算 a*=10 的值，a 获值为 50。

【例 3.6】　分析下列程序的输出结果。

```
#include <iostream.h>
void main( )
{
    int a(6),b(4),c(2);
    a+=b*=c-=3;
    cout<<a<<','<<b<<','<<c<<endl;
    a*=b/=c+=a;
    cout<<a<<','<<b<<','<<c<<endl;
    a-=b+=c*=2;
    cout<<a<<','<<b<<','<<c<<endl;
    a=b=c=5;
    c=(a+=4)+(b+=2)-1;
    cout<<c<<endl;
}
```

执行该程序，输出结果如下：

```
2, -4, -1
-8, -4, 1
-6, -2, 2
15
```

【程序分析】 该程序中多处使用复合赋值运算符，并使用连续赋值方法。读者通过本例应该掌握这种常用的方法。

6. 逗号表达式

用逗号运算符连接起来的若干表达式组成逗号表达式。该表达式的值和类型都取决于组成逗号表达式的若干表达式中最后的一个表达式的值和类型。

计算逗号表达式时，从左至右逐个计算每个表达式的值。逗号表达式使用得较少，它主要出现在只允许出现一个表达式，但却要有多个表达式的地方。这时，将多个表达式用逗号运算符连成一个表达式。这种情况会在第 4 章中看到。

【例 3.7】 分析下列程序的输出结果。

```
#include <iostream.h>
void main( )
{
    int i,j,k;
    i=8,j=4,k=i+j+4;
    cout<<i<<','<<j<<','<<k<<endl;
    k=(i=j=2,i==j,i+j);
    cout<<i<<','<<j<<','<<k<<endl;
    k=(i=3,j+=i,i>j?++i:++j);
    cout<<i<<','<<j<<','<<k<<endl;
    cout<<(i=9,j=6,i&&j||(k=7))<<endl;
}
```

执行该程序，输出结果如下：

```
8, 4, 16
2, 2, 4
3, 6, 6
1
```

上述结果请读者自己分析。

3.4 类型转换

C++语言中类型转换有两种：一种是隐式转换，另一种是强制转换。另外，在类型转换中，还有保值转换和非保值转换之分。保值转换是安全的，数据精度不会受到损失，如数据类型由低向高转换；非保值转换是不安全的，数据精度会受到损失，编译系统对这类转换会发出警告错，如数据类型由高到低的转换。

3.4.1 保值的隐式转换

在表达式中，要求双目运算符的两个操作数的类型一致。如果两个操作数的类型不一致，则需要进行转换，使之类型一致。这里转换的原则是低类型转换为高类型。这种转换是安全的。例如：

```
int a=3;
double b=5.3;
a+b
```

计算 a+b 表达式时，由于 a，b 类型不一致，并且 a 类型低，b 类型高。于是，将 int 型变量 a 转换为变量 b 的类型，即转换为 double 型。然后再进行计算。

各种类型的高低顺序如下所示：

```
      short,char                           float
          ↓                                  ↓
          int→unsigned→long→unsigned long→double→long double
```

这里，int 型最低，long double 型最高。

short 型和 char 型自动转换成 int 型，float 型自动转换为 double 型。这种由低类型向高类型转换，数据精度不受损失。

3.4.2 强制转换

强制转换是指将表达式的类型强制转换为所指定的类型。这里的类型是指数据类型。

强制转换是通过强制类型运算符来实现的。其格式如下：

〈数据类型说明符〉(〈表达式〉)

或者

(〈数据类型说明符〉)〈表达式〉

强制转换的作用是将被作用的表达式的类型强制转换为所指定的类型。强制转换可能是低类型向高类型转换，也可能是高类型向低类型转换。由高类型向低类型转换时，数据精度一般将受损失，这是非保值转换，编写程序时应尽量避免这种转换。例如：

```
double d=21.83;
int a;
a=(int)d;
```

这是将变量 d 强制转换为 int 型，d 的 21.83 将被转换为 21。于是，a 的值为 21。

强制转换是暂时的，仅在被强制时才进行转换，不被强制时仍保持原来类型。例如：

```
int a(15), b;
double d;
d=4.62+double(a);
b=3+a;
```

在表达式 d=4.62+double(a)中，变量 a 被强制成为 double 型。而在表达式 b=3+a 中，a 仍然是原来的 int 型，因为这里没强制转换其类型。

3.5 类型定义

C++语言中提供了各种数据类型，除基本数据类型之外，还有自定义数据类型。另外，用户还可以根据需要使用类型定义的方法定义类型。

类型定义是通过已定义过的类型来定义另一种类型的。这种新类型实际上是已有类型的别名，而不是为 C++语言又增添了原来没有的新类型。

类型定义的方法是通过语句实现的，该语句格式如下：

typedef〈已有类型名〉〈新类型名表〉;

其中，typedef 是类型定义的关键字；〈已有类型名〉是指已存在的类型，它包含前面讲过的所有数据类型和已被定义的新类型，所定义的新类型是与〈已有类型名〉相同的类型；〈新类型名表〉中可以有一个新类型名，也可以有多个新类型名，多个新类型名之间用逗号分隔。例如：

```
typedef double WAGES, BONUS;
```

该语句表明定义了两个新类型 WAGES 和 BONUS。习惯上，定义的新类型名一般用大写字母，以便与系统已有的类型相区别。使用小写字母也可以。新定义的两个类型名都是表示 double 型的，即用它们再定义的变量类型是 double 型的。例如：

```
WAGES weekly;
BONUS monthly;
```

这里，用新类型定义的两个变量都是 double 型的。

类型定义是可以嵌套的，即用已定义的新类型可再定义新类型。例如：

```
typedef char * STRING;
typedef STRING MONTHS[3];
MONTHS spring = {"February", "March", "April"};
```

这里，先定义一个新类型 STRING，它被定义为 char *类型。又用这个新类型 STRING 定义另一个新类型 MONTHS，这时，MONTHS 被定义为具有三个元素的字符指针数组。因此，使用 MONTHS 定义的变量 spring 是一个字符指针数组。这里，出现了类型定义的嵌套。

使用类型定义具有如下 3 点好处。

① 可增加所定义变量的信息，改善程序的可读性。例如，前面定义的新类型 WAGES，从字面上可知是工资，用它定义的变量 weekly，除知道它是双精度类型外，还知道它是表示周工资的变量。于是，通过类型定义可以丰富程序中某些变量的信息。

② 通过类型定义可将复杂的类型定义为简单的类型，从而达到书写简练的目的。下面举一个简单结构类型的例子，关于结构类型将在第 7 章中讲解。

```
typedef struct student
{
 …      // 若干结构成员
} STUDENT;
```

这里，将一种 student 的结构模式定义为 STUDENT，可用它来定义具有 student 结构模式的结构变量。

```
STUDENT s1, s2;
```

其中，s1，s2 是两个具有结构模式 student 的结构变量，这在书写格式上显得简洁一些。

③ 提高程序可移植性。例如，在一台计算机上使用 int 型表示某些数，而在另一台计算机上使用 long 型表示某些数。这时可用一条类型定义语句来定义一种新类型，移植时只需改变这条语句，而不必去改变程序中关于 int 型或 long 型的每处定义。

习题 3

3.1 简答题

（1）C++语言中有哪些种类的运算符？各种运算符的功能是什么？

（2）什么是单目运算符、双目运算符、三目运算符？它们在使用时应注意些什么？

（3）算术运算符有哪些？增 1 减 1 运算符有什么特点？

（4）关系运算符有哪些？它们都是双目运算符吗？

（5）逻辑运算符与逻辑位运算符有何不同？

（6）位操作运算符有哪些？它们有何共同特点？

（7）三目运算符有何功能？使用时应注意些什么？

（8）赋值运算符有哪些？这类运算符有什么特点？

（9）如何记忆诸多类运算符的优先级和结合性？

（10）什么是表达式？C++语言中有哪些常用的表达式？

（11）如何计算表达式的值？如何确定表达式的类型？

（12）书写表达式时应注意些什么问题？

（13）逻辑表达式在计算值中有何规定？

(14) 哪些表达式的值是逻辑值？逻辑值如何表示？

(15) 类型的高低是如何决定的？类型由低到高的顺序如何？

(16) C++语言中类型转换有哪些规定？

(17) 什么是类型定义？如何进行类型定义？

3.2 选择填空

(1) 下列各种运算符中，（ ）可以作用于浮点型。

A) ++　　B) %　　C) >>　　D) &

(2) 下列各种运算符中，（ ）优先级最高。

A) +　　B) &&　　C) ==　　D) *=

(3) 下列各种运算符中，（ ）优先级最低。

A) !=　　B) ||　　C) |　　D) ?:

(4) 下列各种运算符中，（ ）结合性从左至右。

A) 三目　　B) 单目　　C) 赋值　　D) 比较

(5) 已知：int a(5);，下列表达式中，（ ）是非法的。

A) ++a　　B) a--　　C) - --a　　D) --(-a)

(6) 已知：int a(5);，下列表达式中，（ ）是合法的。

A) 5.6%4　　B) a+1=5　　C) !a*=5　　D) a=2，a+2，2*a

(7) 下列各种类型转换中，（ ）是不保值的转换。

A) int 型转换为 double 型　　B) char 型转换成 int 型

C) double 型转换成 int 型　　D) float 型转换成 double 型

(8) 下列各种表达式中，（ ）的值不是逻辑值。

A) 算术表达式　　B) 关系表达式　　C) 逻辑表达式　　D) 逗号表达式

(9) 下列各种类型中，（ ）类型最高。

A) unsigned　　B) unsigned long　　C) long　　D) double

(10) 下列各表达式中，（ ）表达式值为 0。

A) !0　　B) 1&&1||0　　C) 3>5?0:1　　D) 5/15

3.3 判断下列描述是否正确，对者画√，错者画×。

(1) 增 1 运算符会使被作用的变量值增 1。增 1 运算符可作用于变量的左边，也可以作用于变量的右边。

(2) 算术表达式是指其值为算术值的所有表达式。

(3) 关系运算符可以用来比较两个字符的大小，也可以用来比较两个字符串的大小。

(4) 在字符比较中，字符的 ASCII 码大的字符为大，而字符的 ASCII 码小的字符为小。

(5) 移位运算符在移位操作中，无论左移还是右移，对移出的空位一律补 0。

(6) 某个变量的类型高是指该变量被存放在内存中的高地址处。

(7) 隐式类型转换都是保值的，强制类型转换都是不保值的。

(8) 类型定义是用来定义一种 C++语言中原来没有的新类型。

(9) 表达式的类型只取决于运算符，与操作数无关。

(10) 运算符的优先级和结合性决定了表达式中各操作数的计算顺序。

3.4 分析下列程序的输出结果。

(1)
```
#include <iostream.h>
void main( )
{
     unsigned int a=026,b=0x3b;
```

```
        cout<<(a|b)<<','<<(a^b)<<endl;
        cout<<(a&b)<<','<<(~a^~b)<<endl;
        cout<<(a<<=2)<<','<<(b>>=4)<<endl;
    }
```

(2)
```
#include <iostream.h>
void main( )
{
    int i(10),j(8);
    cout<<++i-j--<<endl;
    i=10,j=8;
    cout<<(i=i*=j)<<endl;
    i=10,j=8;
    cout<<(i=3/2* (j=3-2))<<endl;
    i=10,j=8;
    cout<<(i&j|1)<<','<<(i+i&0xff)<<endl;
}
```

(3)
```
#include <iostream.h>
void main( )
{
    cout<<3+2<<2+1<<','<<(2*9|3<<1)<<endl;
    cout<<5%3*2/6-2<<','<<(8==3<=2&6)<<endl;
    cout<<(!('3'>'6')||4<9)<<endl;
    cout<<(6>=3+2-('0'-6))<<endl;
}
```

3.5 已知：int a(8), b(4);，求出下列各表达式的值以及 a 和 b 的值。

（1）!a&&++b

（2）b||a-4&&a/b

（3）a=2, b=3, a>b?a++:b++

（4）++b, a=10, a+6

（5）a+=b%=a+b

（6）a!=b>2<=a+1

3.6 按下列要求编写程序。

（1）从键盘上输入两个 float 型数，比较其大小，并输出显示其中小者。

（2）从键盘上输入一个 int 型数，一个 double 型数，进行比较后输出大者。

（3）华氏温度转换为摄氏温度的计算公式如下：

$$c=(f-32)\times 5/9$$

其中，c 表示摄氏温度，f 表示华氏温度。输入一个摄氏温度，编程输出华氏温度。

（4）已知：1 英里=1.60934 千米，编程实现：输入千米数，输出显示所转换的英里数。

（5）输入一个 int 型数，将它的低 4 位（右 4 位）都置 1。低 4 位是二进制位。

第 4 章　语句和预处理

C++程序是由若干个文件组成的，每个文件又是由若干个函数组成的，每个函数是由若干条语句组成的。语句是 C++程序中最小的可执行单元。每条语句实现一种操作，它是由若干个单词组成的。本章讲述组成 C++程序的各种语句。这些语句组成结构化程序设计所需要的三种基本结构：连续结构、选择结构和循环结构。

本章讲述的 C++语言的语句包括以下 4 种：

- 表达式语句和复合语句
- 选择语句
- 循环语句
- 转向语句

此外，本章还讲述 C++语言所提供的预处理功能，包括：

- 宏定义命令
- 文件包含命令
- 条件编译命令

4.1　表达式语句和复合语句

4.1.1　表达式语句和空语句

1. 表达式语句

任何一个表达式语句末尾加上一个分号“；”，便组成一条表达式语句。

已知：int a=3, b=5, x=6, y=8; 且 fun 是一个函数名。

```
x=a+5;
y=a|b&c;
x=a>3;
a=6, b=5, a+b;
a>b? a+b: a-b;
!x&y||z;
y=fun(a, b);
```

这些都是表达式语句。

表达式语句主要用来计算表达式的值和确定表达式功能。许多算术操作和逻辑操作都需要用表达式语句来实现。在 C++程序中，赋值也需要用一种赋值表达式语句来实现。表达式语句是在 C++程序中使用较多的一种语句。

2. 空语句

空语句是指只有分号的一种语句。在空语句中是没有表达式的，因此，它是一种不做任何操作的语句。该语句是一种特殊的语句，也是最简单的语句。它在程序中出现得不多，它只出现在需要一条什么操作也不做的语句的地方。例如，有时循环语句的循环体可以用空语句，有时 goto 语句要转向一条空语句等。关于空语句出现的例子后面将会看到。

4.1.2 复合语句和分程序

1. 复合语句

复合语句是由两条或两条以上的语句组成，并由一对花括号“{ }”括起来的语句。复合语句是相对于简单语句而言的，简单语句一般指的是一条语句。

复合语句在语法上相当于一条语句。一般说来，在可以出现一条语句的地方都可以出现复合语句。

复合语句出现在函数体内，可以并行形式出现多个复合语句，也可以嵌套形式出现多个复合语句。复合语句可以作为条件语句的 if 体、else 体，也可作为循环语句的循环体，这些内容在本章后面讲述。

2. 分程序

分程序是一种复合语句，它是含有一条或多条说明语句的复合语句。分程序又称程序块。

语句可分为说明语句和执行语句两大类。说明语句用来定义或说明变量和函数，执行语句用来对定义或说明的变量或函数进行操作。

含有说明语句的复合语句是分程序，不含有说明语句的仍是复合语句。后面在讲述作用域时要用到分程序的概念。

值得一提的是，函数体与复合语句是不同的。函数体也是用花括号括起来的若干条语句，它可以是一条语句或没有语句，它被用来实现某个函数的功能。复合语句可作为函数体内的一部分。一个函数体内可以有多个复合语句。关于函数体将在第 5 章中讲述。

4.2 选择语句

选择语句是 C++程序中用来构成选择结构的一类语句。

选择语句有两种：一种是条件语句，又称 if 语句；另一种是开关语句，又称 switch 语句。它们都是选择语句，都可实现多路分支。

选择语句的特点是具有一定的判断功能，它可以根据给定的条件来决定执行哪路分支中的语句。

4.2.1 条件语句

条件语句具有如下格式：

```
if （〈条件 1〉）
    〈语句 1〉
else if （〈条件 2〉）
    〈语句 2〉
else if （〈条件 3〉）
    〈语句 3〉
    …
else if （〈条件 n〉）
    〈语句 n〉
else
    〈语句 n+1〉
```

其中，if，else if，else 都是关键字。〈条件 1〉，〈条件 2〉，…，〈条件 n〉作为判断的条件，它们多是关系表达式或逻辑表达式，其他表达式也可以。在使用赋值表达式时，往往会出现编译错。〈语句 1〉，〈语句 2〉，…，〈语句 n+1〉可以是一条语句，也可以是复合语句。

该语句功能描述如下：

先计算〈条件 1〉给出的表达式的值，如果该值为非 0，则执行〈语句 1〉，执行完毕后转到该条件语句后面，继续执行其后面语句；如果该值为 0，则计算〈条件 2〉给出的表达式的值。如果该值为非 0，则执行〈语句 2〉，执行完毕后转到该条件语句后面，继续执行其后面语句；如果该值为 0，再计算〈条件 3〉给出的表达式的值。依次类推。

如果所有的条件中给出的表达式的值都为 0 时，则执行 else 子句后面的〈语句 n+1〉。如果该条件语句中没有 else 子句，则什么也不做，转到该条件语句后面继续执行。

在上述格式中，if 子句是唯一不可省略的；else if 子句可以有一个，也可以有多个，或者一个都没有；else 子句可以有一个，也可以没有。当省略 else if 和 else 子句时，上述 if 语句格式如下：

```
if (〈条件〉)
   〈语句〉
```

这是最简单的 if 语句，它的功能是当〈条件〉中给出的表达式的值为非 0 时，执行该 if 体，即〈语句〉；否则不执行〈语句〉，转去执行该条件语句后面的语句。

在复杂的 if 语句格式中，省略了 else if 子句，则变成如下格式：

```
if (〈条件〉)
   〈语句 1〉
else
   〈语句 2〉
```

这是 if-else 语句格式。该种格式的功能是进行两路分支选择。当〈条件〉中给出的表达式值为非 0 时，则执行〈语句 1〉，执行后退出该条件语句，即执行其后语句；否则执行〈语句 2〉，执行后退出该条件语句，即执行其后语句。

if 语句可以嵌套，即在 if 体、else if 体或 else 体中还可以包含 if 语句。可用嵌套形式实现多路分支。

在 if 语句嵌套使用的情况下，else 只能与最近的一个没有与 else 配对的 if 短语配对，因为一个 if 子句最多只能有一个 else 子句。

图 4.1 给出了 if 语句的功能框图。

【例 4.1】 从键盘上输入两个浮点数，编程比较大小，输出显示相等、大于、小于等情况。

```
#include <iostream.h>
void main( )
{
    double x,y;
    cout<<"Input x,y: ";
    cin>>x>>y;
    if(x!=y)
        if(x>y)
            cout<<"x>y\n";
        else
            cout<<"x<y\n";
    else
        cout<<"x=y\n";
}
```

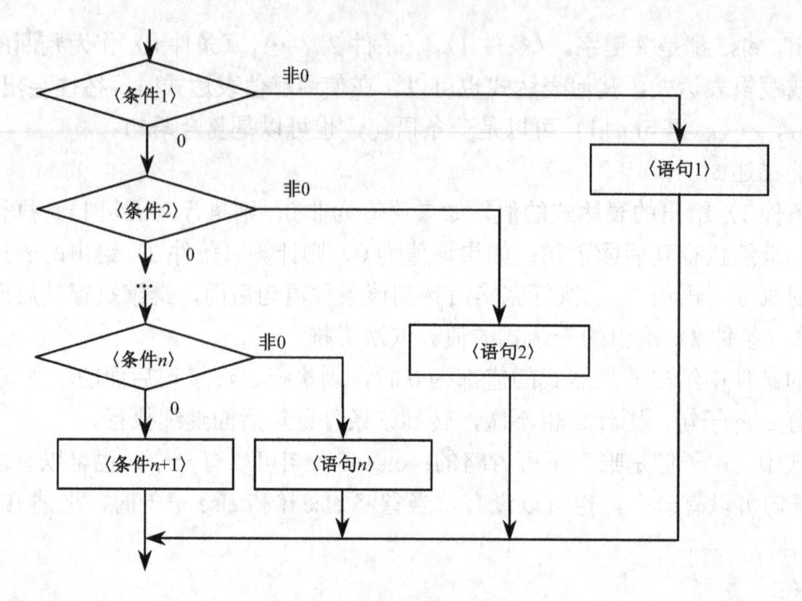

图 4.1　if 语句的功能框图

执行该程序，屏幕上显示如下信息：

```
Input x, y:
```

当输入两个用空格符分隔的浮点数并按回车键后，程序将根据输入的两个浮点数的比较结果，输出显示：x<y，x>y 和 x=y 三种情况之一。读者可以试一下这三种不同情况，看输出结果是否正确。

请读者思考：还可以用其他形式来实现上述结果吗？上机编程试一试。

【例 4.2】　分析下列程序的输出结果，指出该程序中的 else 子句与哪个 if 配对。

```
#include <iostream.h>
void main( )
{
    int i(7),j(5);
    if(i!=j)
    if(i==j)
    {
        i+=8;
        cout<<i<<endl;
    }
    else
    {
        j-=2;
        cout<<j<<endl;
    }
    cout<<i+j<<endl;
}
```

请读者自己分析，执行该程序后，输出结果应该是什么？

【例 4.3】　分析下列程序的输出结果，并且指出该程序中的 else 子句与哪个 if 配对。

```
#include <iostream.h>
void main( )
{
```

```
    int i(7),j(5);
    if(i!=j)
    {
       if(i>=j)
       {
           i+=8;
           cout<<i<<endl;
       }
    }
    else
    {
       j-=2;
       cout<<j<<endl;
    }
    cout<<i+j<<endl;
}
```

该程序的执行结果请读者自己分析，并上机验证。

4.2.2 开关语句

开关语句格式如下：

```
switch (〈整型表达式〉)
{
  case   〈整常型表达式 1〉：〈语句序列 1〉
  case   〈整常型表达式 2〉：〈语句序列 2〉
         …
  case   〈整常型表达式 n〉：〈语句序列 n〉
  default：〈语句序列 n+1〉
}
```

其中，switch 是开关语句的关键字，case 和 default 是子句关键字。〈整型表达式〉是指一个其值为 int 型数值的表达式。〈整常型表达式 1〉，〈整常型表达式 2〉，…，〈整常型表达式 *n*〉是指其值为整常型数值的表达式，通常为整型数值或字符常量。〈语句序列 1〉，〈语句序列 2〉，…，〈语句序列 *n*+1〉是由一条或多条语句组成的程序段，也可以是空，即无任何语句。

开关语句的功能描述如下。

先计算 switch 后面括号内的表达式的值，然后将该值与花括号内 case 后面的〈整常型表达式〉的值进行比较。先与〈整常型表达式 1〉比较，如果不相等，再与〈整常型表达式 2〉比较；如果还不相等，则按顺序向后，依次进行比较，直到〈整常型表达式 *n*〉；如果都不相等，则执行 default 后面的〈语句序列 *n*+1〉；如果没有 default，或执行完〈语句序列 *n*+1〉后，则退出 switch 语句并转去执行开关语句后面的语句。在用〈整型表达式〉依次与子句中的各个〈整常型表达式〉比较时，一旦有相等的，则转去执行那个〈整常型表达式〉后面的〈语句序列〉。在执行〈语句序列〉中的各条语句时，遇到 break 语句，则退出 switch 语句，执行开关语句后面的语句。如果执行完了某个〈语句序列〉的所有语句，而没有遇到 break 语句时，则依次执行下一个〈语句序列〉，直到遇到开关语句的右花括号，再退出该开关语句。如果遇到 break 语句，则退出该开关语句。

在使用开关语句时，应该注意如下事项。

① 开关语句中 case 后面的表达式只能是整型、字符型或枚举型常量表达式。

② 开关语句中 case 子句起标号作用，要求 case 后面的〈整常型表达式〉的值不能相同，否则将出现编译错。

③ 在通常情况下，〈语句序列〉中最后一条语句是 break 语句，表示退出开关语句。但是，根据需要，可以没有 break 语句，〈语句序列〉也可以是空。当某个〈语句序列〉为空时，则执行该〈语句序列〉下面的一个〈语句序列〉。因此，可以出现多个 case 子句公用一个〈语句序列〉。

④ 当 case 子句的〈语句序列〉和 default 子句的〈语句序列〉带有 break 语句时，它们出现的顺序可以是任意的。

⑤ default 子句是可选的。它可以被省略，也可以出现在花括号内的任意位置。

⑥ 开关语句可以嵌套，即在〈语句序列〉中还可以出现开关语句。

⑦ 使用 switch 语句的地方也可使用 if 语句，反过来，在使用 if 语句的地方使用 switch 语句时，要看是否能满足 case 后面的〈整常型表达式〉的条件。

⑧ switch 语句的右花括号具有 break 语句的作用。因此，最后一个〈语句序列〉常常不加 break 语句，也可以退出该开关语句。

【例 4.4】 编程实现两个浮点数的四则运算。

```
#include <iostream.h>
void main( )
{
    double d1,d2;
    char op;
    cout<<"Input d1 op d2: ";
    cin>>d1>>op>>d2;
    switch(op)
    {
        double temp;
        case '+':      temp=d1+d2;
            cout<<d1<<op<<d2<<'='<<temp<<endl;
            break;
        case '-':     temp=d1-d2;
            cout<<d1<<op<<d2<<'='<<temp<<endl;
            break;
        case '*':      temp=d1*d2;
            cout<<d1<<op<<d2<<'='<<temp<<endl;
            break;
        case '/':     temp=d1/d2;
            cout<<d1<<op<<d2<<'='<<temp<<endl;
            break;
        default:  cout<<"error!\n";
    }
}
```

执行该程序输出如下信息：

```
Input d1 op d2 : 4.6*5.2↙
```

输出结果为：

```
4.6*5.2=23.92
```

【程序分析】 当输入的运算符不是+，-，*，/时，则输出如下信息：

```
error!
```

【例 4.5】 编程统计从键盘上输入的每种数字字符的个数和其他字符的个数，并以字符 '#' 作为输入结束符。

```
#include <iostream.h>
```

```
void main( )
{
    char ch;
    int nother(0),ndigit[10];
    for(int i=0;i<10;i++)
        ndigit[i]=0;
    cout<<"Input some characters:\n";
    cin>>ch;
    while(ch!='#')
    {
        switch(ch)
        {
            case '0':
            case '1':
            case '2':
            case '3':
            case '4':
            case '5':
            case '6':
            case '7':
            case '8':
            case '9': ++ndigit[ch-'0'];
                  break;
            default:  ++nother;
        }
        cin>>ch;
    }
    cout<<"digit=";
    for(i=0;i<10;i++)
        cout<<ndigit[i]<<' ';
    cout<<"\nother="<<nother<<endl;
}
```

执行该程序。输入如下字符序列：

```
dsgy43646190jhdwutg#↙
```

输出结果如下：

```
digit=1 1 0 1 2 0 2 0 0 1
other=11
```

【程序分析】 在该程序的开关语句中，使用了多个 case 子句公用一个〈语句序列〉。

【例 4.6】 分析下列程序的输出结果，该程序中出现了开关语句的嵌套使用。

```
#include <iostream.h>
void main( )
{
    int a(1),b(6),c(4),d(2);
    switch(a++)
    {
        case 1: c++;d++;
        case 2: switch(++b)
        {
            case 7: c++;
            case 8: d++;
```

```
        }
        case 3: c++;d++;
              break;
        case 4: c++;
              d++;
    }
    cout<<c<<','<<d<<endl;
}
```

执行该程序输出结果如下：

```
7，5
```

4.3 循环语句

C++语言提供三种循环语句：while 循环语句，do-while 循环语句和 for 循环语句。这三种循环语句各有特点，可根据需要和习惯进行选择。它们之间可以相互替代。循环语句的特点是根据给定的条件来判断是否执行循环体，因此，条件和循环体是循环语句必备的内容。

4.3.1 while 循环语句

while 循环语句的格式如下：

```
while (〈条件〉)
        〈语句〉
```

其中，while 是关键字；〈语句〉是该循环语句的循环体，它可以是一条语句，也可以是复合语句，还可以是空语句；〈条件〉是用来判断是否执行循环体的条件，它是一个给定的表达式，通过计算该表达式的值来确定是否执行循环体。当该表达式的值为非 0 时，执行循环体〈语句〉；否则退出循环体，执行该循环语句后面的语句。

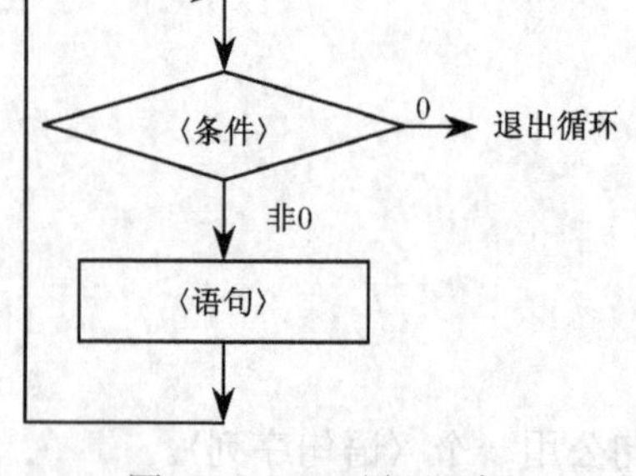

图 4.2　while 循环语句

该循环语句的功能如下所述。

先计算〈条件〉中给出的表达式的值，如果其值为非 0，则执行循环体〈语句〉；否则退出循环，执行该循环语句后面的语句。每当执行完一次循环体后，再计算〈条件〉中给出的表达式的值。如果该值为非 0，则再次执行循环体。直到计算出的表达式值为 0 时，则退出循环。该功能表示为框图形式，如图 4.2 所示。

使用 while 循环语句时应注意如下事项。

① 执行该循环语句必须先计算给定表达式的值。如果第一次计算该表达式的值就为 0，则该循环语句一次循环体都不执行，直接退出循环。

② 如果该循环语句给定的循环条件表达式的值永远为非 0，则无限制地执行循环体。这种循环称为死循环。死循环一般是没有意义的，编程时应避免出现死循环。

③ 该循环是允许嵌套的。所谓嵌套，就是在该循环的循环体中可以出现循环语句，可以是 while 循环语句，也可以是其他循环语句。

【例 4.7】　编程求出自然数 51～100 之和。

```
#include <iostream.h>
void main( )
```

```
{
    int i(51),sum(0);
    while(i<=100)
    {
        sum+=i;
        i++;
    }
    cout<<"sum="<<sum<<endl;
}
```

执行该程序输出结果如下：

```
sum=3775
```

如果将该循环语句的循环体写成如下形式：

```
sum+=i++;
```

是否可行？请上机验证。

4.3.2 do-while 循环语句

do-while 循环语句格式如下：

```
do 〈语句〉
while (〈条件〉);
```

其中，do 和 while 是关键字；〈语句〉是该循环语句的循环体，它可以是一条语句，也可以是复合语句；〈条件〉是用来判断是否执行循环体的一种表达式。

该循环语句功能如下所述。

先执行一次循环体〈语句〉，再计算〈条件〉中所给出的表达式的值。如果该表达式的值为非0，则再执行循环体，直到其值为0，则退出循环，继续执行循环语句后面的语句。

将该循环语句的功能用框图表示，如图 4.3 所示。

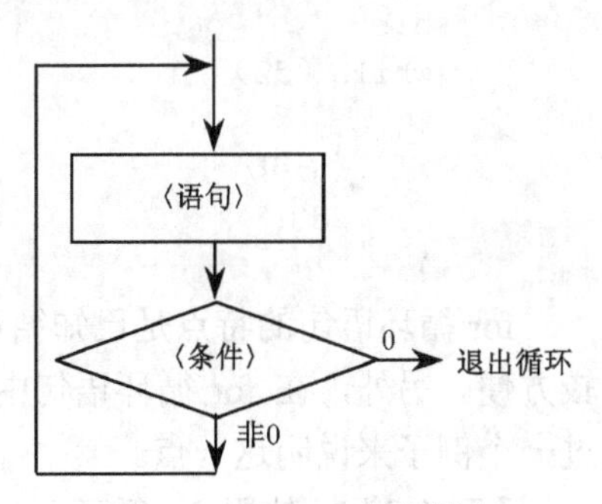

图 4.3　do-while 循环语句

do-while 循环语句也可写成 while 循环语句的形式，如下所示：

```
〈语句〉
while (〈条件〉)
      〈语句〉
```

该循环语句的特点是先执行一次循环体，然后再判断是否继续循环。

【例 4.8】　用 do-while 循环语句编程，求 51～100 自然数之和。

```
#include <iostream.h>
void main( )
{
    int i(51),sum(0);
    do {
        sum+=i++;
    }while(i<=100);
    cout<<"sum="<<sum<<endl;
}
```

执行该程序输出结果如下：

```
sum=3775
```

【程序分析】 为了增加程序的可读性，当 do-while 循环语句的循环体为一条语句时，通常也用花括号括起来。

4.3.3 for 循环语句

for 循环语句格式如下：

```
for (d1; d2; d3)
    〈语句〉
```

其中，for 是关键字；〈语句〉是该循环语句的循环体，它可以是一条语句，也可以是多条语句的复合语句，也可以是空语句。d1，d2 和 d3 分别是一个表达式，它们之间用分号“;”隔开。在一般情况下，d1 表达式用来给循环变量初始化；d2 表达式用来表示循环是否结束的条件，若该表达式值为非 0，则执行循环体，否则退出该循环；d3 表达式用来对循环变量进行增/减量。

该循环语句功能如下所述。

先计算表达式 d1 的值，再计算表达式 d2 的值，然后判断是否执行循环体。如果表达式 d2 的值为 0，则退出该循环，执行该循环语句后面的语句；如果表达式 d2 的值不为 0，则执行循环体〈语句〉，再计算表达式 d3 的值，即改变循环变量的值。接着，再计算表达式 d2 的值，仍然判断是否执行循环体，重复前面的操作。将这一功能用框图表示，如图 4.4 所示。

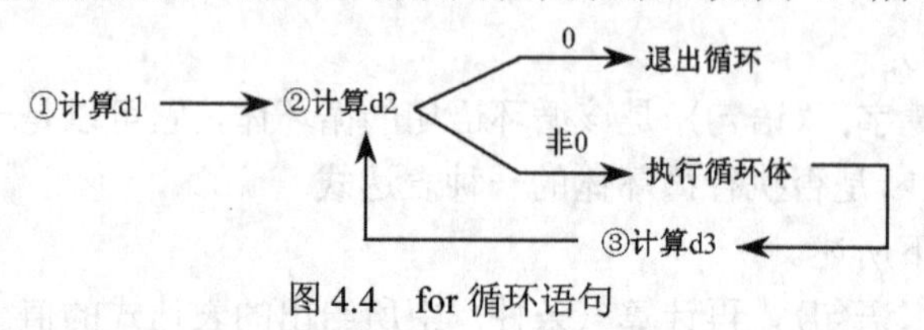

图 4.4 for 循环语句

for 循环语句也可以用 while 循环语句来替代，具体形式如下：

```
d1;
while (d2)
{
    〈语句〉
    d3;
}
```

for 循环语句的特点是已知循环的初值、终止值及每次循环的改变量，这时使用该循环语句比较方便。另外，在 for 循环语句中，for 关键字后面括号内的三个表达式的使用比较灵活。下面通过一个例子来说明这一点。

【例 4.9】 使用 for 循环语句编写程序，求 51～100 自然数之和。

该程序可编写为如下 5 种形式。

形式 1：

```
#include <iostream.h>
void main( )
{
    int sum(0);
    for(int i=51;i<=100;i++)
        sum+=i;
    cout<<"sum="<<sum<<endl;
}
```

形式 2：

```
#include <iostream.h>
void main( )
```

```
{
    int i(51),sum(0);
    for(;i<=100;i++)
        sum+=i;
    cout<<"sum="<<sum<<endl;
}
```

形式 3:

```
#include <iostream.h>
void main( )
{
    int i(51),sum(0);
    for(;i<=100;)
        sum+=i++;
    cout<<"sum="<<sum<<endl;
}
```

形式 4:

```
#include <iostream.h>
void main( )
{
    int i(51),sum(0);
    for(;;)
    {
        sum+=i;
        if(i==100)
            break;
        i++;
    }
    cout<<"sum="<<sum<<endl;
}
```

形式 5:

```
#include <iostream.h>
void main( )
{
    for(int i=51,sum(0);i<=100;sum+=i,i++)
        ;
    cout<<"sum="<<sum<<endl;
}
```

这 5 个程序分别执行后结果相同:

```
sum=3775
```

【程序分析】 在形式 3 中，for 后面的括号内的分号分隔的三个表达式的功能都被移到括号外面了，对循环变量初始化的功能移到循环之前实现，d2 和 d3 位置的表达式的功能都被移到循环体内了。但是，括号内的两个分号不可省略。

在形式 5 中，d1 和 d3 位置的表达式都是逗号表达式，循环体是一个空语句。因为求和操作放在 d3 位置的表达式中了。

【例 4.10】 编程求π值。使用如下公式:

$$\pi/4=1-1/3+1/5-1/7+\cdots$$

直到最后一项的绝对值小于 1e-8 为止。

```
#include <iostream.h>
#include <math.h>
void main( )
{
    double x(1),s(0);
    for(int i(1);fabs(x)>1e-8;i++)
    {
        x*=(-1.0) *(2*i-3)/(2*i-1);
        s+=x;
    }
    s*=4;
    cout<<"pi is "<<s<<endl;
}
```

执行该程序时间较长，需要耐心等待，输出结果如下：

```
pi is 3.14159
```

【程序分析】 该程序是使用一个已知公式求出π的近似值。从已知公式中可知，假设第 i 项为 x，则第 i+1 项为 x*(-1.0)*(2*i-3)/(2*i-1)。于是，可以使用 for 循环语句来实现求π/4 值，直到第末项值小于 1e-8 为止。程序中 fabs()是求浮点数绝对值函数，它包含在 math.h 文件中。

【例 4.11】 分析下列程序的输出结果。

```
#include <iostream.h>
void main( )
{
    for(int i=0;++i;i<9)
    {
        if(i==3)
        {
            cout<<i<<endl;
            break;
        }
        cout<<++i<<endl;
    }
}
```

执行该程序输出结果如下：

```
2
3
```

【程序分析】 该程序看上去好像是 for 后面括号内的三个表达式中 d2 和 d3 的位置写颠倒了。这种写法虽然现实意义不大，但是，在语法上并没有错。通过该程序可以训练 for 循环语句的执行顺序。按照 for 循环语句所规定的执行顺序，计算出该程序的输出结果应如上所示。

4.3.4 多重循环

多重循环是指在某个循环语句的循环体内还有循环语句，又称为循环的嵌套。

前面讲过的三种循环语句不仅可以自身嵌套，还允许相互嵌套。在嵌套时要注意，在一个循环体内应包含另一个完整的循环结构。下面列举几种合法的嵌套格式。

① do-while 循环的自身嵌套

```
do {
     …
     do {
          …
     }while(…);
     …
}while(…);
```

② for 循环内嵌套 while 循环

```
for(…)
{
   …
   while(…)
   {
      …
   }
      …
 }
```

③ while 循环内嵌套 for 循环，for 循环又自身嵌套

```
while(…)
{
   …
   for(…)
   {
      …
      for(…)
      {
         …
      }
      …
   }
   …
}
```

④ while 循环内嵌套 do-while 循环

```
while(…)
{
   …
   do  {
          …
   }while(…);
   …
}
```

⑤ for 循环内嵌套 while 循环和 do-while 循环

```
for(…)
{
   …
   while(…)
   {
```

```
        ...
    }
    do  {
        ...
    }while(…);
    ...
}
```

其他各种循环嵌套不再一一列举。

【例 4.12】 编程求 51～100 之内的所有素数。

素数是一种只能被 1 和本身整除的自然数。求素数的方法很多，这里使用一种效率不高，但算法简单的方法。

```
#include <iostream.h>
const int MIN=51;
const int MAX=100;
void main( )
{
    int i,j,n(0);
    for(i=MIN;i<MAX;i+=2)
    {
        for(j=2;j<i;j++)
            if(i%j==0)
                break;
        if(j==i)
        {
            if(n%6==0)
                cout<<endl;
            n++;
            cout<<' '<<i;
        }
    }
    cout<<endl;
}
```

执行该程序后，将 51～100 内的所有素数按每行 6 列的输出格式显示在屏幕上。

【例 4.13】 编程打印如下图案：

```
                  1
                2   2
              3   3   3
            4   4   4   4
          5   5   5   5   5
        6   6   6   6   6   6
      7   7   7   7   7   7   7
    8   8   8   8   8   8   8   8
  9   9   9   9   9   9   9   9   9
10  10  10  10  10  10  10  10  10  10
```

编程内容如下：

```
#include <iostream.h>
void main( )
{
    for(int i=1;i<=10;i++)
    {
      for(int j=0;j<=25-2*i;j++)
          cout<<' ';
      for(j=1;j<=i;j++)
      {
          if(i==10)
              cout<<i<<"  ";
          else
              cout<<i<<"   ";
      }
      cout<<endl;
    }
}
```

【例 4.14】 分析下列程序的输出结果。

```
#include <iostream.h>
void main( )
{
   for(int i=5;i>=1;i--)
   {
      for(int j(1);j<=i;j++)
          cout<<'&';
      for(j=1;j<=5-i;j++)
          cout<<'?';
      cout<<endl;
   }
}
```

程序的输出结果请读者自己分析。在程序内，在 for 循环语句的循环体内并行嵌套了两条 for 循环语句。

4.4 转向语句

C++语言提供的常用转向语句有下述三种：

- goto　　无条件转向语句
- break　　退出语句
- continue　结束本次循环语句

转向语句是用来改变语句的执行顺序的。其中，goto 语句是一种非结构化控制语句，使用它将在一定程度上破坏结构化。因此，应在程序中尽量少用这种语句。

4.4.1 goto 语句

该语句格式如下：

goto 〈语句标号〉;

其中，goto 是关键字；〈语句标号〉是一种用来标识语句的标识符，按标识符的规定给语句标号起名字。语句标号可以放在语句的最左边，用“:”与语句分隔；也可放在语句的上一行，即独占一行，也要用“:”分隔。

C++程序中，限制 goto 语句的使用范围，规定该语句只能在一个函数体内转向。这就保证了函数是结构化程序的最小模块。在一个函数体内，语句标号是唯一的。

在 C++程序中，最好不用 goto 语句。在极少数情况下，为了简化程序，增强可读性可以使用 goto 语句。

【例 4.15】 编写程序，从一个已知的二维数组中查找出第一次出现的负元素。

```
#include <iostream.h>
void main( )
{
    int j,num[2][3];
    cout<<"Enter 6 digits: ";
    for(int i=0;i<2;i++)
        for(j=0;j<3;j++)
            cin>>num[i][j];
    for(i=0;i<2;i++)
        for(j=0;j<3;j++)
            if(num[i][j]<0)
                goto found;
    cout<<"no find!\n";
    goto end;
found: cout<<"num["<<i<<"]["<<j<<"]="<<num[i][j]<<endl;
end: ;
}
```

执行该程序，先从键盘上输入 6 个或正或负的 int 型数，作为二维数组 num 的元素。由于 num 是二维数组，因此给数组元素赋值是使用双重 for 循环语句实现的。该程序又通过双重 for 循环语句查找出数组 num 中第一个负元素。

该程序中，使用了两条 goto 语句。其中，found 和 end 是语句标号。用 end 标识的语句是一个空语句。

该程序输出结果读者自己上机实现。

4.4.2 break 语句

该语句格式如下：

```
break;
```

其中，break 是关键字。

该语句在程序中可用于下述两种情况。

① 用在开关语句的语句序列中，其功能是退出该开关语句。

② 用在循环语句的循环体中，其功能是用来退出该重循环。在多重循环中，break 只能退出它所在的那重循环。例如，内重循环体中的 break，只能退出内重循环到外重循环中。

【例 4.16】 编程求出从键盘上输入的正数之和，遇到负数时终止输入求和，输入数不超过 10 个。

编程内容如下：

```
#include <iostream.h>
void main( )
{
```

```
    const int M=10;
    int num,sum(0);
    cout<<"Input number: ";
    for(int i=0;i<M;i++)
    {
        cin>>num;
        if(num<0)
            break;
        sum+=num;
    }
    cout<<"sum="<<sum<<endl;
}
```

【程序分析】 在该程序的 for 循环语句的循环体内，if 语句中出现了 break 语句。当输入的数为负数时，满足 if 条件，执行 break 语句，退出 for 循环，然后将求和的结果输出显示。

4.4.3 continue 语句

该语句格式如下：

```
continue;
```

其中，continue 是关键字。

该语句只能用在循环语句的循环体内，用来结束本次循环。它与 break 语句一样，常用在 if 语句中。在循环体中遇到 continue 语句时，本次循环结束，接着再判断是否执行下一次循环。

【例 4.17】 编程求出从键盘输入的 10 个数中所有的正数之和，负数不进行求和计算，并输出其结果。

编程内容如下：

```
#include <iostream.h>
void main( )
{
    const int N=10;
    int num,sum(0);
    cout<<"Input number: ";
    for(int i=0;i<N;i++)
    {
        cin>>num;
        if(num<0)
            continue;
        sum+=num;
    }
    cout<<"sum="<<sum<<endl;
}
```

该程序的输出结果请读者自己分析。

4.5 预处理功能

预处理功能是由一些预处理命令组成的。由于这些命令在程序正常编译之前被执行，故得此名。由这些命令实现的功能称为预处理功能。

本节讲述三条常用的预处理命令，它们是：

- 宏定义命令
- 文件包含命令
- 条件编译命令

预处理命令具有如下特点。

① 预处理命令是在正常编译之前执行的，即执行该命令后再进行正常的编译操作。

② 预处理命令左边加一个井号“#”，作为该命令的标志。

③ 预处理命令不是语句，该命令结束不加分号。

④ 预处理命令可以放在程序头、中间和末尾等任何位置。

⑤ 一般来说，预处理命令单独占一行。如果写成多行，要加续行符“\”，加在前一行的末尾。

4.5.1 宏定义命令

宏定义命令可分为两种：简单宏定义命令和带参数宏定义命令。

1. 简单宏定义命令

简单宏定义命令用来将一个标识符定义为一个字符串。该标识符被称为宏名，被定义的字符串称为替换文本。

格式如下：

```
#define 〈宏名〉  〈字符串〉
```

其中，define 是关键字，〈宏名〉是一个标识符，〈字符串〉是一个字符序列。例如：

```
#define  PI  3.14159
#define  EPS  1.0 e-8
#define  SIZE  80
```

宏定义命令被执行时，将程序中出现的宏名用被定义的字符串替换，称为宏替换，替换后再进行编译。宏替换是一种简单的代换，不进行语法检查。

【例 4.18】 已知半径，编程计算圆的周长、面积和球的体积。

程序内容如下：

```
#include <iostream.h>
#define PI 3.14159265
void main( )
{
    double r,l,s,v;
    cout<<"Input radius: ";
    cin>>r;
    l=2*PI*r;
    s=PI*r*r;
    v=4.0/3.0*PI*r*r*r;
    cout<<"l="<<l<<'\n'<<"S="<<s<<'\n'<<"V="<<v<<endl;
}
```

执行该程序时，先输入半径：

```
Input radius: 6.5↙
```

输出结果如下：

```
l = 40.8407
s = 132.732
v = 1150.35
```

在 C 语言中，使用简单宏定义来定义符号常量。在 C++语言中，使用常类型符 const 来定义常量，很少再用宏定义来定义符号常量。因为使用 const 可以定义具有类型的常量，还可以定义不同存储类的常量，这是宏定义命令做不到的。

2. 带参数宏定义命令

带参数宏定义是指在宏名后面跟有参数表，在替换时，仅替换宏体中与参数表中相同的标识符。

格式如下：

```
#define  〈宏名〉(〈参数表〉) 〈宏体〉
```

其中，〈宏名〉是一个标识符；〈参数表〉中可以有一个参数，也可以有多个参数，多个参数之间用逗号分隔；〈宏体〉是被替换的字符序列，在替换时，只替换〈宏体〉中与〈参数表〉中有相同标识符的字符序列，即用程序中引用该宏定义时所提供的参数的字符序列来替换宏体中的参数，宏体中没有被替换部分保持不变。例如：

```
#define ADD(x,y) (x)+(y)
```

这是一个带参数的宏定义，ADD 是宏名，有两个参数：x 和 y，宏体是(x)+(y)。

如果在程序中，出现下述语句：

```
s=ADD(a+1, b+5);
```

被替换后，应为：

```
s=(a+1)+(b+5);
```

这里，使用 a+1 来替换宏体中的 x，使用 b+5 来替换宏体中的 y。于是，宏体

```
(x)+(y)
```

被替换后，成为：

```
(a+1)+(b+5)
```

其中与参数无关的部分保持不变。

带参数的宏定义可以这样理解：宏定义时出现的参数称为形参，如上例中的 x 和 y；程序中引用宏定义时出现的参数称为实参，如上例中 a+1 和 b+5。在进行宏替换时，将用实参来替换〈宏体〉中所出现的形参，其余部分保持不变。

【例 4.19】 使用带参数的宏定义编程，实现两个数相加。

程序内容如下：

```
#include <iostream.h>
#define ADD(x,y) (x)+(y)
void main( )
{
    int a(89),b(53);
    int s=ADD(a+2,b-3);
    cout<<"S="<<s<<endl;
}
```

执行该程序输出结果如下：

```
S=141
```

在定义带参数的宏定义时，宏体中与参数名相同的字符序列适当地加上括号是十分重要的，否则有可能发生优先级的问题。例如：

```
#define  SQ(x)  x*x
```

这是一个带参数的宏定义，其形参为 x，其功能是求其形参的平方。

在程序中出现下述对 SQ 宏定义的引用：

```
s=SQ(a+b);
```

替换后，应为：

```
s=a+b*a+b
```

而不能写成：

```
s=(a+b)*(a+b)
```

可是这样一来，所出现的替换结果与原来定义时含义不同。发生这一问题的原因在于宏替换只是简单的代换。为了避免这一现象的发生，应该在定义宏体时对出现的形参加上圆括号。

对 SQ 重新定义如下：

```
#define  SQ(x)  (x) * (x)
```

这样就可以避免上述所发生的问题。因此，在宏体中对出现的形参加上圆括号是很重要的。

在 C++程序中，带参数的宏定义很少出现。因为它所体现出的优越性已被内联函数所替代。关于内联函数将在第 5 章中讲述。又因为带参数的宏定义对于形参没有类型的要求，这在 C++这种强类型的语言中也是不合适的。

另外，与#define 命令相对应的还有一条取消宏定义的命令。其格式如下：

```
#undef  〈宏名〉
```

其中，undef 是关键字，〈宏名〉用来指出取消的已被宏定义的宏名。例如：

```
#define  N  10
```

表示已将 N 定义为 10，以后程序中出现的 N 表示常量 10。当出现下述宏定义：

```
#undef  N
```

则表示从此以后，N 不再是符号常量了。

宏定义的寿命或生存期为从定义时开始，到被取消时为止。如果始终没有被取消，则到该文件结束为止。

4.5.2　文件包含命令

该命令在前边的程序中已出现过，用来将一个已有的文件的全部内容插入程序的某个位置，以备使用。例如：

```
#include  <iostream.h>
#include  <math.h>
```

前一个文件包含命令是将头文件 iostream.h 包含在程序中，后一个文件包含命令是将头文件 math.h 包含在程序中。iostream.h 文件提供有关输入/输出的功能，math.h 文件提供许多数学计算的函数。

文件包含命令格式如下：

```
#include  〈文件名〉
```

或者

```
#include  "文件名"
```

其中，include 是关键字，〈文件名〉是被包含文件的全名。这里有两种格式：一种是将文件名用尖括号括起来，另一种是将文件用双撇号括起来。前一种用来包含系统提供的并存放在指定子目录下的头文件；后一种用来包含用户自己定义的头文件或其他源文件。

文件包含命令一般放在程序开头比较合适。因为文件包含命令所包含的文件内容是本程序所要用到的，并且文件包含命令出现的地方正是所包含的文件被插入的地方。这样做便于程序对被插入内容的引用。

在定义和使用文件包含命令时，应注意如下事项。

① 一条文件包含命令只能包含一个文件，如果要包含多个文件需使用多条文件包含命令。

② 定义的被包含文件中还可以使用文件包含命令，即文件包含命令可以嵌套使用。

③ 为使编译后的目标代码文件不宜过长，在定义被包含文件时应尽量短小，必要时可以定义

多个被包含文件。因为内容过多，可能会造成对被包含文件的利用率过低，而很多用不到的内容将增加目标文件的长度。

4.5.3 条件编译命令

该命令用来定义某些编译内容要在满足一定条件下才参与编译，否则不参与编译。因此，条件编译命令常用在下述两种情况。

① 使同一个源程序在不同的编译条件下产生不同的目标代码。

② 利用条件编译在调试程序时增加一些调试语句，以实现跟踪的目的。当程序编译完毕后，重新编译时，可以方便地使调试语句不参与编译。

常用的条件编译命令有如下三种格式。

格式 1：

```
#ifdef  〈标识符〉
        〈程序段 1〉
#else
        〈程序段 2〉
#endif
```

当 else 子句被省略后，成为下述格式：

```
#ifdef  〈标识符〉
         〈程序段 1〉
#endif
```

其中，ifdef，else，endif 都是关键字；〈程序段 1〉和〈程序段 2〉由若干条语句或预处理命令组成。其功能描述如下：

若〈标识符〉被宏定义，则〈程序段 1〉参与编译，否则〈程序段 2〉参与编译。

格式 2：

```
#ifndef  〈标识符〉
         〈程序段 1〉
#else
         〈程序段 2〉
#endif
```

或者

```
#ifndef  〈标识符〉
         〈程序段〉
#endif
```

其中，ifndef，else 和 endif 是关键字，其余同格式 1。其功能描述如下。

若〈标识符〉未被宏定义，则〈程序段 1〉参与编译，否则〈程序段 2〉参与编译。格式 2 与格式 1 的差别仅在于关键字 ifdef 和 ifndef，而参与编译的〈程序段〉与〈标识符〉是否被定义是不同的。

格式 3：

```
#if  〈常量表达式〉
     〈程序段 1〉
#else
     〈程序段 2〉
#endif
```

或者

```
#if  〈常量表达式〉
     〈程序段〉
```

```
#endif
```

其中，if，else 和 endif 是关键字。除使用 if 关键字和〈常量表达式〉外，其余与格式 1 相同。其功能描述如下：

当〈常量表达式〉的值为非 0 时，〈程序段 1〉参与编译，否则〈程序段 2〉参与编译。

上述三种格式可以根据实际问题的需要进行选择。

【例 4.20】　分析下列使用了三种预处理命令的程序输出结果。

```
#include <iostream.h>
#define T 1
#define ABC void main( )\
        {cout<<"hello!"<<s<<endl;}
#include "abc.h"
```

abc.h 文件内容如下：

```
#if T
   char s[ ]="good morning!";
   ABC
#endif
```

该程序中使用了三种预处理命令。先进行文件包含，再做条件编译，最后进行宏替换。该程序被替换后，内容如下：

```
#include <iostream.h>
char s[ ]="good morning! ";
void main( )
{
  cout<<"hello! "<<s<<endl;
}
```

这里，头文件 iostream.h 未被替换。

执行该程序输出结果如下：

```
hello ! good morning !
```

习题 4

4.1　简答题

（1）什么是表达式语句？它与表达式有何区别？

（2）什么是复合语句？什么是分程序？

（3）条件语句的格式是什么样的？else 子句如何与 if 配对？

（4）开关语句的格式是什么样的？break 语句在开关语句中起什么作用？

（5）C++语言提供了哪些循环语句？它们各自的特点是什么？

（6）while 循环语句与 do-while 循环语句有何区别？

（7）for 循环语句有何特点？

（8）break 语句和 continue 语句在循环体内出现有何不同？

（9）宏定义命令的功能是什么？C++语言中较少使用宏定义的原因是什么？

（10）文件包含命令有什么功能？使用时应注意些什么事项？

4.2　选择填空

（1）下列关于条件语句的描述中，（ ）是错误的。

A）if 语句中只能有一个 else 子句

B）if 语句中可以有多个 else if 子句

C）if 语句中的 if 体内不能有开关语句

D）if 语句中的 if 体内可以有循环语句

（2）下列关于开关语句的描述中，（ ）是正确的。

A）开关语句中 default 子句是可以省略的

B）开关语句中 case 子句的语句序列中必须包含 break 语句

C）开关语句中 case 子句后面的表达式可以是整型表达式

D）开关语句中 case 子句的个数不能过多

（3）下述关于循环语句的描述中，（ ）是错误的。

A）循环体内可以包含有循环语句

B）循环体内必须同时出现 break 语句和 continue 语句

C）循环体内可以出现选择语句

D）循环体可以是空语句

（4）已知：int i(5);，下列 do-while 循环语句的循环次数为（ ）。

```
do {
   cout <<i--<<endl;
   i--;
} while (i !=0);
```

A）0　　B）1　　C）5　　D）无限

（5）下列 for 循环语句的循环次数是（ ）。

```
for (int i(0), j(10); i=j=10; i++, j--)
;
```

A）0　　B）1　　C）10　　D）无限

（6）下列 while 循环语句的循环次数是（ ）。

```
while (int i=0)  i--;
```

A）0　　B）1　　C）5　　D）无限

（7）下述 break 语句的描述中，（ ）是不正确的。

A）break 语句用于循环体内，它将退出该重循环

B）break 语句用于开关语句，它表示退出该开关语句

C）break 语句用于 if 体内，它表示退出该 if 语句

D）break 语句在一个循环体内可使用多次

（8）已知：int a, b;，下列 switch 语句中，（ ）是正确的。

A）
```
switch (a)
{
   case a:  a++; break;
   case b:  b++; break;
}
```

B）
```
switch (a+b)
{
   case 1 :  a++;
   case 2 :  b++;
}
```

C）
```
switch (a*b)
{
   case 1,2 :  a+b;
```

D）
```
switch (a/10+b)
{
   case a+b :  ++a; break;
```

```
        case 3,4 :  a-b;                    case a-b :  --b;
    }                                       }
```

(9) 预处理命令在程序中是以（　）开头的。

A）*　　B）#　　C）?　　D）/

(10) 已知：int a,b;，下列表示中，（　）是语句。

A）cout << '\n'　　B）a=17　　C）a+b　　D）;

4.3　判断下列描述的正确性，对者画√，错者画×。

(1) 复合语句就是分程序。

(2) 条件语句是可以实现多路分支的。

(3) 开关语句是不可以嵌套的。

(4) 任何循环语句的循环体至少都可执行一次。

(5) for 循环语句是可以使用 while 循环语句来替代的。

(6) 循环语句是可以嵌套的，不仅相同的循环语句可以嵌套，不同的循环语句也可以嵌套。

(7) break 语句可以出现在各种不同循环语句的循环体中。

(8) continue 语句只能出现在循环体中。

(9) 宏定义命令末尾是不带分号的。

(10) 文件包含命令所包含的文件是不受任何限制的。

4.4　分析下列程序的输出结果。

(1)
```
#include <iostream.h>
void main( )
{
     int a(50);
     while(--a)
     {
       if(a==40)
          break;
       if(a%2==0||a%3==0)
          continue;
       cout<<a<<endl;
     }
}
```

(2)
```
#include <iostream.h>
void main( )
{
    int a(5);
    do {
         a++;
         cout<<++a<<endl;
         if(a==10) break;
    }while(a==9);
    cout<<"ok\n";
}
```

(3)
```
#include <iostream.h>
void main( )
{
    int a(1),b(2),c(3),d(10);
    if(!a)
```

```
        d--;
    else if(b)
        if(c)
            d=5;
        else
            d=6;
    d++;
    cout<<d<<endl;
    if(a<b)
        if(a!=3)
            if(!c)
                a=1;
            else if(c)
                a=5;
    d+=2;
    cout<<d<<endl;
}
```

(4)
```
#include <iostream.h>
void main( )
{
    int a(7);
    do {
        switch(a%2)
        {
            case 1: a--;
                    break;
            case 0: a++;
                    break;
        }
        a--;
        cout<<a<<endl;
    }while(a>0);
}
```

(5)
```
#include <iostream.h>
void main( )
{
    int a(5),b(6),i(0),j(0);
    switch(a)
    {
        case 5: switch(b)
        {
                case 5: i++;break;
                case 6: j++;break;
                default:i++;j++;
        }
        case 6: i++;
                j++;
                break;
        default:  i++; j ++;
    }
    cout<<i<<','<<j<<endl;
}
```

(6)
```
#include <iostream.h>
char input[ ]="SSSWILTECH1\1\11W\1WALLMP1";
void main( )
{
    char c;
    for(int i=2;(c=input[i])!='\0';i++)
    {
        switch(c)
        {
          case 'a':  cout<<'i';continue;
          case '1':  break;
          case 1:   while((c=input[++i])!='\1'&&c!='\0');
          case 'E':
          case 'L': continue;
          default:  cout<<c;
                continue;
        }
        cout<<' ␣ ';
    }
    cout<<endl;
}
```

(7)
```
#include <iostream.h>
#define MAX(a,b) (a)>(b)?(a):(b)
void main( )
{
    int m(1),n(2),p(0),q;
    q=MAX(m,n+p)*10;
    cout<<q<<endl;
}
```

4.5 按下列要求编程，并上机调试。

（1）求 100 之内的自然数中奇数之和。

（2）编程输出下列图案。

```
      *
    * * *
  * * * * *
* * * * * * *
  * * * * *
    * * *
      *
```

（3）求两个整数的最大公约数和最小公倍数。

（4）求下列分数序列的前面 15 项之和。

2/1，3/2，5/3，8/5，13/8，21/13，…

（5）输入 4 个 int 型数，按由大到小顺序输出。

第 5 章　函数和存储类

C++程序是函数的集合，函数在 C++语言中处于十分重要的地位。C++语言中的函数实现了更高级的抽象，它封装或隐藏了一些程序的代码和数据，这样就可以使用户的精力集中在函数的接口上。函数的高级抽象实现了参数化和结构化，这将有利于数据共享，节省开发时间，增强可靠性等。本章将讲述函数的定义格式和说明方法，函数的参数和返回值，重载函数和内联函数及函数的调用方式等重要内容。另外，本章还讲述了作用域和存储类，着重分析变量和函数的作用域及寿命，进而提高对变量和函数使用的灵活性。

5.1　函数的定义和说明

讲述函数的具体定义格式和说明方法之前，先讲述如何从一个程序中分离函数的例子，从而提高对函数抽象的认识。

【例 5.1】　从键盘上输入两个浮点数，编程求出它们的和。

```
#include <iostream.h>
void main( )
{
    double x,y;
    cout<<"Input double x and y: ";
    cin>>x>>y;
    double z=x+y;
    cout<<"x+y="<<z<<endl;
}
```

这是一个求两个浮点数之和的程序。下面使用一个标识符 sum_double 来对求两个浮点数之和的功能进行抽象。这种抽象是用若干条语句来实现的，所获取的抽象称为函数，而标识符 sum_double 称为函数名。具体抽象的实现如下：

```
double sum_double(double x, double y)
{
    return x+y;
}
```

函数 sum_double( )的功能用来求得两个参数 x 和 y 的和。这种抽象给使用者带来方便。使用者只需关心一个函数是做什么的，而不必关心这个函数是如何实现的。本例中，只要知道函数 sum_double( )是求两个 double 型浮点数之和就可以了，至于如何求和，使用者不必关心。这就是函数的抽象。

主函数中要调用这个函数，便可以实现求两个浮点数之和。具体程序如下：

```
#include <iostream.h>
void main()
{
    double a, b;
    cout <<"Input double a and b: ";
    cin >> a >> b;
```

```
    double sum=sum_double (a, b) ;
    cout << "sum="<<sum<<endl;
}
```

主函数中调用 sum_double () 函数时，可以直接引用这个函数名字，并给出函数的实参，这样便实现了参数化。

5.1.1 函数的定义格式

前面例子中给出了函数的定义方法。下面给出函数的一般定义格式：

```
〈类型说明符〉〈函数名〉(〈参数表〉)
{
    〈函数体内若干语句〉
}
```

其中，〈类型说明符〉指出函数的类型，即该函数返回值的类型，它包括 C++语言中所允许的各种类型。如果某个函数没有返回值，只是一个过程调用，则该函数类型被说明为 void。〈函数名〉是一个标识符。一般在给函数命名时，最好做到“见名知意”。例如，求两个 int 型数之和的函数，可起名为 sum_int。〈参数表〉是由一个或多个参数组成的，多个参数之间用逗号分隔，也可以没有参数。在定义函数时，参数表中给定的参数是形参，需要指出参数的类型。有些编译系统要求〈参数表〉中只给出参数名字，而参数的类型需要另行说明。用花括号括起来的是函数体，函数体内由若干条语句组成，这里包含说明语句和执行语句。C++语言中函数体内的说明语句不像 C 语言中那样要求放在前面，而是可以根据需要随时定义或说明变量，这一点比 C 语言更加方便。函数体中允许无语句。这种函数称为空函数。空函数是一种不做任何操作的函数，例如：

```
void nothing( )
{ }
```

这里，函数 nothing( )是一个空函数。

下面是一个求两个 int 型数之和的函数，定义格式如下：

```
int sum_int(int x, int y)
{
    return x+y;
}
```

函数 sum_int()是一个求两个 int 型数之和的函数，该函数有两个形参 x 和 y，它们都是 int 型的。该函数的类型也是 int 型的，具有返回 int 型数的返回值。

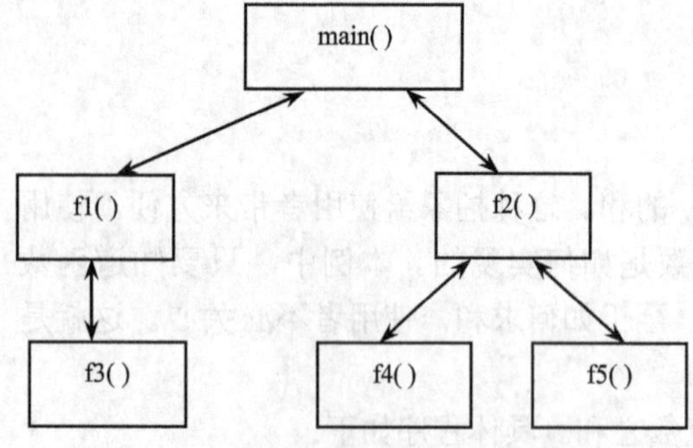

图 5.1　主函数与调用函数之间的关系

在 C++程序中可以定义很多个函数，而这些函数都是并行的，不允许在一个函数中再定义一个函数，即函数的嵌套定义是非法的。C++程序中的若干函数之间的关系不是包含关系，而是调用关系。主函数可以调用程序中的某个或某些函数，在被调用的函数中也可以再调用程序中的某个或某些函数，而且采用层次式的调用关系。例如，图 5.1 表示了一个程序中主函数与其 5 个被调用函数之间的关系。

主函数 main( )调用了两个函数 f1( )和 f2( )，被调用的函数 f1( )又调用了函数 f3( )，被调用的函数 f2( )又调用了函数 f4( )和 f5( )。

下面的函数定义是非法的。

```
void fun1( )
```

```
{
   ...
   void f1( )
   {
      ...
   }
   ...
}
```

因为在函数 fun1( )中又定义了函数 f1( )，这是不允许的。

5.1.2 函数的说明方法

前面讲了函数的定义，这里讲函数的说明，函数定义和说明（或称声明）是两回事。函数的定义是由语句来描述该函数的功能，定义格式由函数头和函数体两部分构成；函数说明是在调用该函数之前，说明该函数的类型和所有参数的类型。

C++语言中规定，定义函数时必须指出该函数的类型。没有返回值时，用 void 进行类型说明；有返回值时，用返回值的类型进行说明。在说明函数时，要求用原型说明，不可用简单说明。原型说明包含函数名、函数类型和函数参数类型。例如，前面定义过的函数 sum_double( )的原型说明格式如下：

```
double sum_double(double x, double y);
```

或者

```
double sum_double(double, double);
```

后一种说明中省略了参数名。

函数说明格式如下：

〈类型说明符〉 〈函数名〉(〈参数表〉);

其中，〈参数表〉中可以只有参数的类型，也可以包含参数类型和参数名。

在程序中，先定义的函数，后面调用时可以省略说明；但是，后定义而先调用的函数，在调用前必须说明。在通常情况下，为了不考虑函数定义的顺序，在程序的开头将该程序中的被调用函数都作说明，这样可以避免一些不必要的错误。

函数说明时要与函数定义时一致，否则将出现错误信息。

5.2 函数的参数和返回值

5.2.1 函数参数的求值顺序

当一个函数带有多个参数时，C++语言没有规定在函数调用时实参的求值顺序，并允许不同的编译系统根据对代码优化的需要，自行规定对实参的求值顺序。有些编译系统规定参数求值顺序自右至左，而有些编译系统规定参数求值顺序自左至右。不同的求值顺序对一般表达式来讲是没有影响的。但是，对于那些带有副作用运算符的表达式来讲，不同的求值顺序将会造成不同的计算结果，于是同一个程序会在对求值顺序规定不同的编译系统下产生二义性。下面举一个由于使用不同求值顺序的编译器而造成二义性的例子。

【例 5.2】 分析下列程序输出结果，并说明由于不同的求值顺序而产生的两种不同结果。

```
#include <iostream.h>
int sum_int(int i,int j)
{
   return i+j;
}
```

```
void main( )
{
    int x(56),y(13);
    int s=sum_int(++x,x+y);
    cout<<s<<endl;
}
```

【程序分析】 在主函数 main( )中，调用函数 sum_int( )来求两个 int 型数的和，该调用函数的两个实参中，有一个是由带有副作用的表达式++x 组成的。当编译系统对实参求值顺序为自左至右时，两个实参表达式值分别是 57 和 70；当编译系统对实参求值顺序为自右至左时，两个实参表达式值分别为 57 和 69。实参值不同，将直接影响求和结果。于是在不同编译系统下输出的结果会出现二义性。

避免出现二义性的方法是改变对函数 sum_int( )的两个实参表达式的写法，使之不会出现二义性。结合本例，可将主函数中部分程序修改如下：

```
...
int x(56),y(13);
int temp=++x;
int s=sum_int(temp,x+y);
cout<<s<<endl;
...
```

这种编程方法避免了二义性，也就是让实参表中的表达式不出现带副作用的运算符。

5.2.2 设置函数参数的默认值

C++语言允许在函数被说明或定义时给一个或多个参数指定默认值。这一点与 C 语言不同，这将会给函数调用时带来方便性和灵活性。例如：

```
int fun1(int a,int b=5,int c=8);
```

这是一条对函数 fun1( )的说明语句。在该说明中，对 fun1( )函数三个参数中的两个设置了默认值。

在设置和使用参数默认值时应注意如下事项。

① 指定默认值时，要从参数表的右端开始，在指定了默认值的参数的右边不允许出现没有指定默认值的参数。

② 在函数调用时，给定的实参值将取代参数的默认值，没有给定实参值将使用参数的默认值。

③ 如果一个函数需要说明，默认的参数值应设置在函数的说明中，而不是在函数的定义中。当没有函数说明时，默认的参数值可设置在函数的定义中。

④ 在给参数设置默认值时，可以是数值，也可以是表达式。默认值一般是全局变量，可以是函数，但不可以是局部变量。因为默认参数的函数调用是在编译时确定的，而局部变量在编译时无法确定。

下面举例说明参数默认值的用法。

【例 5.3】 分析下列程序的输出结果，熟悉参数默认值的用法。

```
#include <iostream.h>
void fun(int a=1,int b=2,int c=3)
{
    cout<<"a="<<a<<','<<"b="<<b<<','<<"c="<<c<<endl;
}

void main( )
{
```

```
        fun( );
        fun(9);
        fun(4,5);
        fun(7,8,9);
    }
```

执行该程序输出结果如下：

```
    a=1, b=2, c=3
    a=9, b=2, c=3
    a=4, b=5, c=3
    a=7, b=8, c=9
```

【程序分析】　该程序中，在定义函数 fun( )的函数头中设置了三个参数默认值。因为该函数在程序中没有说明语句。

在主函数中 4 次调用 fun( )函数，每次调用时，实参的个数不同。第 1 次调用时，无实参，表明三个参数都将采用默认值；第 2 次调用时，有一个实参，表明除第一个参数用给定的实参值外，其余两个参数采用默认值；第 3 次调用时，有两个实参，表明前两个参数采用实参值，第 3 个参数用默认值；第 4 次调用时，有三个实参，表明三个参数都采用实参值，而默认值无效。

【例 5.4】　分析下列程序的输出结果，并分析设置参数默认值的特点。

```
    #include <iostream.h>
    int q(5),p(7);
    int sum_int(int a,int b=p+q,int c=q*p);
    void main( )
    {
        int x(5),y(10);
        int s1=sum_int(x);
        int s2=sum_int(x,y);
        cout<<"s1="<<s1<<'\n'<<"s2="<<s2<<endl;
    }
    int sum_int(int a,int b,int c)
    {
        return a+b+c;
    }
```

执行该程序，输出结果如下：

```
    s1=52
    s2=50
```

【程序分析】　该程序在设置默认参数中具有如下特点：

① 在函数的说明语句中设置参数默认值，而不是在函数定义中。

② sum_int( )函数有三个参数，这里设置了两个参数默认值，它们是从右端开始设置的。

③ 设置的参数默认值中使用了表达式，并且在表达式中使用的是全局变量。

5.2.3　函数的返回值

在 C++程序中，有些函数具有返回值，有些函数没有返回值。在带有返回值的函数中需要使用 return 语句来返回一个表达式的值。其格式如下：

```
    return 〈表达式〉;
```

return 语句是一条转向语句，它的作用是将语句的执行顺序返回给调用该函数的语句，然后去执行调用函数语句下面的语句。在有返回值时，还需将返回值传递给调用函数。带有返回值的 return 语句的实现机制如下。

① 执行带有返回值的 return 语句时，先计算 return 语句后面的表达式的值。

② 根据该函数的类型来确定表达式的类型，如果表达式的类型与函数的类型不一致，强行将表达式类型转换为函数类型。这里可能出现精度受损失的问题。

③ 将表达式值作为函数的返回值传递给调用函数，作为调用函数的值，再赋给相应的变量或输出显示。

④ 将程序的执行顺序转向调用函数语句，接着执行调用函数下面的语句。

如果没有返回值的 return 语句，执行起来比较简单，只返回语句执行的控制权。其格式如下：

```
return;
```

在一个无返回值的函数中，可以不出现 return 语句，在执行完所有函数体内的语句后，将自动返回。实际上，函数体定界符的右花括号具有 return 功能。在一个函数中也可出现多个 return 语句，这时它们多出现在选择语句中。

关于 return 语句的使用，在前面的例子中已出现过，以后还会用到，这里不再举例。

5.3 函数的调用方式

在 C 语言中，函数采用传值调用方式。在 C++语言中，除采用传值调用方式外，还可采用引用调用方式。

函数的调用过程实际上是对栈空间的操作过程，因为调用函数是使用栈空间来保存信息的。函数调用过程大致描述如下：

① 建立被调用函数的栈空间；

② 保护调用函数的运行状态和返回地址；

③ 传递函数实参给形参；

④ 执行被调用函数的函数体内语句；

⑤ 将控制权和返回值转交给调用函数。

存放不同函数的栈区是相互独立的，函数之间只能通过参数传递、返回值或其他方式进行数据传递。

函数在返回时，如果有返回值，可将它保存在临时变量中。然后恢复调用函数的运行状态，释放被调用函数的栈空间，按其返回地址返回到调用函数。

5.3.1 函数的传值调用

函数传值调用的特点是将调用函数实参表中的实参值依次对应地传递给被调用函数形参表中的形参。要求函数的实参与形参个数相等，并且类型相同。

在函数的传值调用中，称传递实参数据值的调用为传值调用，而称传递实参变量地址值的调用为传址调用。这两种传值调用的方式各有特点。

（1）传值调用方式

传值调用方式是将实参的数据值传递给形参，即将实参值复制一个副本存放在被调用函数的栈区中。在被调用函数中，改变形参的值不会影响调用函数实参值。这是这种传值调用的特点。前面讲过的函数调用都属于这种方式。

（2）传址调用方式

传址调用方式是将实参变量的地址值传递给形参，这时形参应是指针，即让形参指针指向实参地址，这里不再是将实参复制一个副本给形参，而是让形参直接指向实参。于是，这就提供了一种可以改变实参变量的值的方法：在被调用函数中改变形参所指向的变量值。这便是传址调用的特点，它与传值调用在这一点上是不同的。这是由它们在传值机制上的不同决定的。传值调用时，实参用表达式值，形参用变量，将表达式值赋给变量。传址调用时，实参用变量的地址值，形参用指针，让形参指针直接指向实参变量。关于指针的概念和应用将在第 6 章中讲述，有关传址调用的例子也将在第 6 章中出现。

5.3.2 函数的引用调用

引用是 C++语言中引进的概念。简单地讲，引用是给一个已知变量起别名，对引用的操作也就是对被它引用的变量的操作。引用的主要用途是作为函数的参数或返回值。有关引用概念的详细讲述参见第 6 章。

使用引用作为函数参数时，要求实参用变量名，将实参变量名赋给形参引用，即形参实际上成了实参的别名。

引用调用起到了传址调用的作用，即不仅可以不传递实参的副本，还可以在被调用函数中通过形参改变实参的值。在引用调用时，实参直接用变量名，形参用引用名，免去使用指针带来的麻烦。因此使用引用调用比传址调用更为简单，并且可读性好。所以，在 C++语言中，较多地使用引用调用来替代传址调用，以简捷的方式达到了传址调用的效果。

引用调用从表面上看是简单地传递变量，而不是它的地址值，但实际上，引用调用传递的还是变量的地址值。当使用引用时，实际上是去求该引用所含地址值中的变量值。

另外，引用调用和传址调用也都是 C++程序中函数之间传递数据信息的方式。返回值方法只能传递一个值，而引用调用和传址调用可以通过引用参数和指针参数传递多个值。

有关引用调用的例子将在第 6 章中列举。

5.4 函数的嵌套调用和递归调用

5.4.1 函数的嵌套调用

函数的嵌套调用是指一个函数调用另一个函数，而被调用函数又可再调用其他函数。例如，在调用 A 函数的过程中，可以调用 B 函数，在调用 B 函数的过程中，还可以调用 C 函数……当 C 函数调用结束后，返回 B 函数，当 B 函数调用结束后，再返回 A 函数。这就是函数的嵌套调用过程。下面通过一个例子来说明这一过程。

【例 5.5】 分析下列函数嵌套的结果。

```
#include <iostream.h>
void fun1( ),fun2( ),fun3( );
void main( )
{
    cout<<"It is in main( )."<<endl;
    fun2( );
    cout<<"It is back in main( ).\n";
}
void fun1( )
{
    cout<<"It's in fun1( ).\n";
    fun3( );
    cout<<"It's back in fun1( ).\n";
```

```
}
void fun2( )
{
    cout<<"It's in fun2( ).\n";
    fun1( );
    cout<<"It's back in fun2( ).\n";
}
void fun3( )
{
    cout<<"It's in fun3( ).\n";
}
```

执行该程序，输出结果如下：

```
It is in main( ).
It's in fun2( ).
It's in fun1( ).
It's in fun3( ).
It's back in fun1( ).
It's back in fun2( ).
It is back in main( ).
```

【程序分析】 该程序由一个主函数和三个被调用函数组成，具体调用过程如下：main( )中调用 fun2( )函数，在 fun2( )函数中又调用 fun1( )，在 fun1( )函数中再调用 fun3( )函数，这便是函数的嵌套调用。返回过程如下：执行完 fun3( )函数返回 fun1( )函数，执行完 fun1( )函数再返回 fun2( )函数，执行完 fun2( )函数后再返回主函数 main( )，直到程序结束。

【例 5.6】 编写程序求下列式子的和。假定：K 为 5，N 为 6。

$$1^K+2^K+3^K+\cdots+N^K$$

编程如下：

```
#include <iostream.h>
const int K(5),N(6);
int sum_of_powers(int k,int n),powers(int m,int n);
void main( )
{
   cout<<"sum of "<<K<<"powers of integers from 1 to "<<N<<"=";
   cout<<sum_of_powers(K,N)<<endl;
}
int sum_of_powers(int k,int n)
{
   int sum(0);
   for(int i(1);i<=N;i++)
      sum+=powers(i,K);
   return sum;
}
int powers(int m,int n)
{
   int product(1);
   for(int i(1);i<=n;i++)
      product*=m;
   return product;
}
```

执行该程序，输出结果如下：

```
sum of 5 powers of integers of 1 to 6 = 12201
```

【程序分析】 该程序由main( )和两个被调用函数组成。先由main( )函数调用sum_of_powers( )函数，再由sum_of_powers( )函数调用powers( )函数，这也是函数嵌套调用的例子。

5.4.2 函数的递归调用

C++语言编程中，允许使用函数的递归调用，即允许使用递归函数。

1. 递归调用的特点

函数的递归调用指的是在调用一个函数的过程中直接地或间接地调用该函数自身。例如，在调用fun1( )函数的过程中，又调用了fun1( )函数，这称为直接递归调用；如果在调用fun1( )函数过程中，调用了fun2( )函数，又在调用fun2( )函数过程中再调用fun1( )函数，这称为间接递归调用。

在实际问题中，有的问题可采用递归调用的方法来解决。例如，求正整数的阶乘问题，如5!，5!可化为5×4!，而4!又可化为4×3!，而3!又可化为3×2!，而2!又可化为2×1!，而1!又可化为1×0!。这里，0!是已知的，0!=1。于是，5!便可表示为：

```
5×4×3×2×1×1
```

其值为120。

通过上述求阶乘的例子，归纳出使用递归调用解决问题的特点如下。

将原有的问题能够分解为一个新问题，而新问题又要用原有问题的解决方法，这便出现了递归。按照这一特点将问题分解下去，每次出现的新问题都是原问题简化的子问题，而最终分解出来的新问题是具有已知解的问题。这便可使用有限的递归调用。实际中，只有有限的递归调用才是有意义的。

使用递归调用方法编写的程序简洁清晰，可读性强。因此，递归算法是编程中的一个重要算法之一。但是，使用这种方法编程也有不足的一面，就是程序执行起来在时间和空间上开销比较大，既要花费较长的时间，又要占用较多的内存单元。因此，在一些速度较慢，内存较小的机器上使用递归是有困难的。

2. 递归调用的过程

递归调用的过程可分为两个阶段。

“递推”阶段：先将原问题不断分解为新的子问题，逐渐地从未知向已知的方向推测，最后到达已知的条件，即递归结束条件。

“回归”阶段：该阶段从已知条件出发，按递推的逆过程，逐一求值回归，最后到达递推的开始处，结束回归阶段，完成递归调用。

下面以求3!的递归算法的求值过程说明上述两个阶段，如图5.2所示。

3. 实现递归调用的方法

以求n!为例，说明实现递归调用的方法。该函数定义如下：

```
long fact(int n)
{
    if(n==0)
       return 1;
    return fact(n-1)*n;
}
```

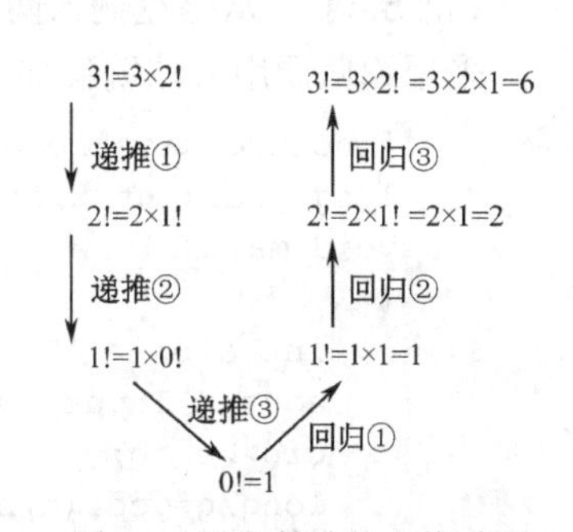

图5.2 递归算法的求值过程

递归调用是通过递归函数来实现的。这里，fact( )函数就是一个求 *n*!的递归函数。

在递归函数中应包括以下内容。

① 递归结束条件，即用来测试是否满足递归调用的结束条件。在有限递归中，必须有一个测试满足递归调用的结束条件，即当满足该条件时，不再递归。而在递归函数中，应该是先测试，后进行递归调用。在上例中，if 语句就是这种测试条件，当 n 等于 0 时，则不再递归，即退出该递归函数。

② 在递归函数中，至少要有一个递归调用的语句，并且该语句的参数应该逐渐逼近递归结束的条件。上例中，递归调用的语句：

```
return  fact(n-1)*n;
```

其中，该语句参数 n-1 是逐次减 1 的。当 n 为 0 时，则不再调用递归函数。

递归函数中还应有一些完成该函数功能的语句。

4. 递归调用的应用举例

下面列举几个递归调用的例子。

【例 5.7】 从键盘输入一个正整数，编程求该数的阶乘（用递归函数方法）。

程序内容如下：

```
#include <iostream.h>
long int fact(int n);
void main( )
{
    int n;
    cout<<"Input a positive integer: ";
    cin>>n;
    long fa=fact(n);
    cout<<n<<"!="<<fa<<endl;
}
long int fact(int n)
{
    long int p;
    if(n==0)
        p=1;
    else
        p=n*fact(n-1);
    return p;
}
```

执行该程序输出结果如下（当输入为 9 时）：

```
9!=362880
```

【例 5.8】 从键盘输入两个整数，编程求它们的最大公约数，用递归或非递归两种方法。

采用递归调用方法编程如下：

```
#include <iostream.h>
long gcd1(int x,int y);
void main( )
{
    int a,b;
    cout<<"Input two numbers: ";
    cin>>a>>b;
    long g=gcd1(a,b);
```

```
    cout<<g<<endl;
}
long gcd1(int x,int y)
{
    if(x%y==0)
        return y;
    return gcd1(y,x%y);
}
```

采用非递归调用方法编写程序如下：

```
#include <iostream.h>
long gcd2(int x,int y);
void main( )
{
    int a,b;
    cout<<"Input two numbers: ";
    cin>>a>>b;
    long g=gcd2(a,b);
    cout<<g<<endl;
}
long gcd2(int x,int y)
{
    int temp;
    while(y!=0)
    {
        temp=x%y;
        x=y;
        y=temp;
    }
    return x;
}
```

这两个程序功能完全相同。当执行程序时，提示要输入两个整数：

```
Input two numbers: 56 70↙
```

输出结果如下：

```
14
```

【程序分析】 一般来讲，凡是用递归调用方法编写的程序都可以使用非递归调用方法编写，如穷举法，迭代法等。但是，使用递归调用方法编写的程序一般要比其他方法简短，可读性好。因此，很多编程者喜欢用递归方法。

【例 5.9】 编程求出 Fibonacci 数列的第 n 项。

Fibonacci 数列定义如下：

$$\text{Fibonacci 数列的第 } n \text{ 项}=\begin{cases} 1 & \text{当 } n=1 \text{ 时} \\ 1 & \text{当 } n=2 \text{ 时} \\ F(n-1)+F(n-2) & \text{当 } n>2 \text{ 时} \end{cases}$$

假定求该数列的第 10 项。

编程内容如下：

```
#include <iostream.h>
const int N(10);
long fibo(int n);
void main( )
```

```
{
    long f=fibo(N);
    cout<<f<<endl;
}
long fibo(int n)
{
    if(n==1)
        return 1L;
    else if(n==2)
        return 1L;
    else
        return fibo(n-1)+fibo(n-2);
}
```

执行该程序输出结果如下：

```
55
```

读者如有兴趣，请用非递归调用方法编写此程序。

5.5 内联函数和重载函数

5.5.1 内联函数

1. 内联函数引入的原因

前面讲了函数，它是一种高级的抽象。引进函数的目的有两个：

① 为了减少程序的目标代码，实现程序代码和数据的共享；

② 让使用者只关心函数的功能和用法，而不必关心函数功能的具体实现，以减轻使用者的负担。

但是，函数调用是以降低效率为代价的，因为函数调用是要花费一定的时间和空间的。特别是对于调用频繁，并且函数代码又不大的函数来讲，解决其效率问题更为重要。为此引进内联函数来解决这一问题。

编译时，编译系统将程序中出现的内联函数的调用表达式用该内联函数的函数体进行替换。这样处理虽然会增加目标代码量，但是不会产生由于函数调用而引起的在时间和空间上的额外开销。

在C++编程中，通常将代码短，访问频率高的函数定义为内联函数，这样可以提高其效率。

2. 内联函数的定义方法

定义内联函数的方法是在一般函数的函数头前加关键字 inline。例如，定义一个求两个数之和的函数为内联函数，可用如下方法：

```
inline int sum_int(int x, int y)
{
    return x+y;
}
```

那么，函数 sum_int( )就是一个内联函数。

【例 5.10】 编程求出自然数 1～10 中各个数的立方值。

程序内容如下：

```
#include <iostream.h>
inline int cube_int(int n);
void main( )
```

```
{
    for (int i=1;i<=10;i++)
    {
        int p=cube_int(i);
        cout<<i<<'*'<<i<<'*'<<i<<'='<<p<<endl;
    }
}
inline int cube_int(int n)
{
    return n*n*n;
}
```

执行该程序后的输出结果请读者自己分析。该程序中，函数 cube_int( )是一个内联函数。

3. 使用内联函数应注意的事项

内联函数与一般函数的区别，简单地讲，是用替换代替了调用，从而提高了效率。在使用内联函数时，应注意下述事项：

① 内联函数内不允许有循环语句和开关语句。如果内联函数中含有这些语句，则按一般函数处理。

② 内联函数的函数体一般不宜过大，以 1～5 行为宜。

③ 在类结构中，在类体内定义的成员函数都是内联函数。

5.5.2 重载函数

1. 引进重载函数的原因

在 C 语言中，一个程序中的每个函数必须有其唯一的名字。例如，求一个数的绝对值的函数，由于不同类型的需要，则有下述一些不同的名字：

```
int abs(int);
long labs(long);
double fabs(double);
```

这些函数的功能是相同的，即求一个数的绝对值。由于名字不同，给使用带来不方便。如果能用一个名字，使用起来将会更加方便。

C++语言中引进了重载函数，使得一个函数名可以对应不同的函数实现。上述求绝对值的函数可以使用一个名字，例如，该名字为 abs，上述三个函数可分别表示为：

```
int abs(int);
long abs(long);
double abs(double);
```

如何从相同的函数名字中选择出所对应的不同函数实现呢？因为这些重载函数存在着一些不同之处，系统将根据这些不同之处来选择对应的函数。这些不同之处表现在函数返回值类型、函数参数的类型、函数参数的个数和函数参数的顺序上。因此，在定义重载函数时，要在函数名相同的前提下，表现出参数上的不同来。

2. 调用重载函数时选择的原则

在调用一个重载函数时，编译的选择原则如下。

① 重载函数至少要在参数类型、参数个数或参数顺序上有所不同。仅仅在返回值类型上不同是不够的。例如：

```
int fun(int,double);
int fun(double,int);
```

```
void fun(int,double);
```

这里，第二个函数可以与其余两个同名函数重载，因为它们在参数顺序上是不同的。而第一个函数和第三个函数仅在返回值类型上不同，它们是不可重载的。

② 重载函数的选择是按下述先后顺序查找的，将实参类型与所有被调用的重载函数的形参类型一一比较：

- 先查找一个严格匹配的，如果找到了，就调用那个函数；
- 再通过内部数据转换查找一个匹配的，如果找到了，就调用那个函数；
- 最后通过用户所定义的强制转换来查找一个匹配的，如果找到了，便可调用那个函数。

例如，重载函数 f1( )有如下两种：

```
void f1(int);
void f1(double);
```

对于下列调用函数 f1( )匹配情况如下：

```
f1(1);                  //匹配 void f1(int)，这是严格匹配
f1(1.5);                //匹配 void f1(double)，这也是严格匹配
f1('m');                //匹配 void f1(int)，这是内部转换后匹配
f1((double)5);          //匹配 void f1(double)，这是强制转换后匹配
```

在具体使用重载函数时应注意如下事项。

① 不能使用类型定义 typedef 语句定义的类型名来区分重载函数的参数，例如：

```
typedef int INT;
void fun(int)
{…}
void fun(INT)
{…}                     //函数重复定义
```

这样定义重载函数是不行的。

② 在定义重载函数时，应注意同名函数要具有相同的功能。让重载函数去执行不同的功能，这是不好的编程风格。

3. 重载函数应用举例

【例 5.11】 编程求一个数的平方。

程序内容如下：

```
#include <iostream.h>
void print(int);
void print(double);
void main( )
{
   print(8);
   print('m');
   print(2.987);
   print(12.78f);
   print((int)3.876);
}
void print(int n)
{
   cout<<n*n<<endl;
}
void print(double n)
{
```

```
    cout<<n*n<<endl;
}
```

执行该程序，输出结果如下：

```
64
11881
8.92217
163.328
9
```

【例 5.12】 编程输出几个 int 型数中最大的一个。

程序内容如下：

```
#include <iostream.h>
int max(int,int),max(int,int,int),max(int,int,int,int);
void main( )
{
    cout<<max(67,90)<<endl;
    cout<<max(34,65,51)<<endl;
    cout<<max(56,93,89,37)<<endl;
}
int max(int a,int b)
{
    return a>b?a:b;
}
int max(int a,int b,int c)
{
    int t=max(a,b);
    return max(t,c);
}
int max(int a,int b,int c,int d)
{
    int t1=max(a,b);
    int t2=max(c,d);
    return max(t1,t2);
}
```

执行该程序输出结果如下：

```
90
65
93
```

输出结果请读者自己分析。

5.6 标识符的作用域

标识符的作用域是指某种标识符的作用范围。在 C++程序中出现的各种标识符，它们有着不同的作用域。本节讲述不同标识符的作用域问题。

5.6.1 作用域规则

标识符的作用域规则规定：标识符只能在说明它或定义它的范围内是可见的，而在该范围之外是不可见的。

此规则解释如下：

① 对大多数标识符来讲，说明和定义是一回事；只有少数标识符的说明和定义是两回事，例如，外部变量和函数等。

② 标识符包含了常量名、变量名、函数名、类名、对象名、语句标号、类型定义名、宏名等。它们都遵循标识符的定义规则，它们是各种不同种类的单词。

③ 不同标识符的可见范围作用域是有大有小的。最大的作用范围是整个程序，包括该程序所包含的若干文件；最小作用范围是由几条语句组成的程序段，又称块；此外，还有介于二者之间的范围，如文件和函数。

④ 所谓可见，是指可以对所定义的标识符进行访问，即可以进行存取等操作；而不可见与之相反。

5.6.2 作用域种类

不同的标识符有着不同的作用域。按作用域的大小可分为如下5种，从大到小依次为：

程序级→文件级→类级→函数级→块级

程序级的作用域最大，包括组成该程序的若干文件。属于程序级作用域的有外部变量或对象和外部函数，在定义它的整个程序中都是可见的。

属于文件级作用域的有内部函数和外部静态变量或对象。这种作用域的范围是在定义它的文件内，并且从定义时开始到该文件结束时为止。另外，宏名的作用范围也是文件级的，它从定义时开始，一直到文件结束时结束，除非文件中出现了undef取消定义。

类级作用域通常在其类体内。类中私有成员的作用范围仅在其类体内，而公有成员在类体外也是可见的。类的对象的作用域要看其定义范围。关于类的作用域在后面章节中再讨论。

函数级作用域是在该函数的函数体内，包括函数的形参、函数体内定义的某些自动类变量或对象、内部静态类变量或对象及语句标号等。但是，需要指出的是，不包含在函数体内的分程序中，或if语句和switch语句中及循环体内所定义的变量或对象。

块级作用域包含那些定义在分程序中、if语句和switch语句及循环语句中的自动类和内部静态类的变量或对象。它们的作用范围仅在定义它的相应范围内，从定义时起可见。

5.6.3 关于重新定义标识符的作用域规定

一般，在相同的作用域内，变量和函数是不能重复定义的。一旦出现重复定义的情况，编译系统将报错。在不同的作用域内，可以定义同名变量或函数。例如，在一个函数体内，定义了一个int型变量a，不能直接再定义一个float型变量a。但是，可以在该函数体内的某个分程序中对变量a进行重新定义。下列程序段是合法的。

```
void f1( )
{
   int a;
   …
   {
    float a;
    …
   }
   …
}
```

在这段程序中，有两个不同类型的a是允许的，因为它们分别在不同的作用范围内。

重新定义的标识符的作用域规定如下：在某个作用范围内，定义的标识符可以在该范围内的子范围中重新定义该标识符。这时，原定义的标识符在子范围内是不可见的，但它仍然是存在的。当退出子范围后，它又是可见的。而在其子范围内，重新定义的标识符是可见的，一旦退出了该子范围，重新定义的标识符不可见。

在上述例子中，在函数体内 int 型 a 是可见的，但在分程序中，它是不可见的，即暂时隐藏起来；在分程序中，float 型 a 是可见的。当退出了分程序后，float 型 a 变成不可见了，int 型 a 又可见了，直到该函数结束。这就是重新定义变量的作用域的有关规定。这一规定与前面讲述的标识符作用域规则是不相矛盾的，它是对标识符作用域规则的一个补充。另外，需要指出的是，可见与存在有时是一致的，有时又是不一致的。例如，float 型 a 在分程序中是可见的，又是存在的；当退出该分程序后，float 型 a 是不可见的，也是不存在的。而 int 型 a，在函数体内被定义后它就是可见的，当然也是存在的；但是在分程序内，int 型 a 是不可见的，而是存在的；一旦退出分程序后，int 型 a，既可见，又存在，直到函数结束。

【例 5.13】 分析下列程序的输出结果。

```
#include <iostream.h>
void main( )
{
    int x(7),y(9),z(11);
    cout<<"x="<<x<<",y="<<y<<",z="<<z<<endl;
    {
        double z=5.67;
        cout<<"x="<<x<<",y="<<y<<",z="<<z<<endl;
        x=8;
        {
            int y=x;
            cout<<"x="<<x<<",y="<<y<<",z="<<z<<endl;
        }
        cout<<"x="<<x<<",y="<<y<<",z="<<z<<endl;
    }
    cout<<"x="<<x<<",y="<<y<<",z="<<z<<endl;
}
```

执行该程序后输出结果如下：

```
x=7, y=19, z=11
x=7, y=9, z=5.67
x=8, y=8, z=5.67
x=8, y=9, z=5.67
x=8, y=9, z=11
```

请读者自行分析上述结果。

【例 5.14】 分析下列程序的输出结果。

```
#include <iostream.h>
void main( )
{
    int i(5);
    for(;i>0;i--)
    {
        int i(25);
        cout<<i<<'\t';
    }
```

```
    cout<<'\n'<<i<<'\n';
}
```

执行该程序输出结果如下：

```
25    25    25    25    25
0
```

【程序分析】 该程序中，对变量 i 进行了重新定义，开始定义的 int 型变量 i 的作用域是函数级的。在 for 循环语句的循环体内又重新定义了变量 i，重新定义的变量 i 的作用域是块级的。因此，在循环体内输出的 i 是块级的，而最后输出的 i 是函数级的。

请读者思考：当去掉函数体内对 i 变量的重新定义时，该程序输出结果如何？

5.7 变量的存储类

变量的存储类有如下 4 种：

- 自动类
- 寄存器类
- 外部类
- 静态类，包含内部静态类和外部静态类

5.7.1 自动类变量和寄存器类变量

自动类变量和寄存器类变量都是局部变量，它们被定义在函数体内或分程序中，它们的作用域在定义它的函数体内或分程序中。

定义或说明自动类变量时，可加 auto 说明符，也可以省略。通常定义自动类变量时是省略说明符的。

定义或说明寄存器类变量时，必须加 register 说明符，该说明符不可省略。寄存器类变量有可能被存放在 CPU 的通用寄存器中，故得此名。当被定义的寄存器类变量存放在通用寄存器中时，可提高存取速度。如果没有被存放在通用寄存器中，则按自动类变量处理。

自动类变量通常被存放在内存的栈区里，因此，自动类变量的寿命短。自动类变量和寄存器类变量在作用域内是可见的，也是存在的；退出其作用域则是不可见的，也是不存在的。这两类变量的可见性与存在性是一致的。

在使用寄存器类变量时应注意如下事项：

① 寄存器类变量的数据长度与通用寄存器的长度相当。一般只能用 char 型和 int 型变量。

② 寄存器类变量不宜定义过多。因为 CPU 的通用寄存器的个数有限，只有暂时空闲的通用寄存器才允许存放变量。定义过多的寄存器类变量只能按自动类变量处理。

③ 要选择一些使用频度高的变量定义为寄存器类变量，这样可以提高运行效率。例如，多重循环的内重循环变量等。

自动类变量和寄存器类变量定义或说明后没有默认值，只有被初始化或赋值后才可使用，否则其变量值是无意义的。例如，下列程序段是不可采用的。

```
{
    …
    int sum;
    for(int i=1; i<=10; i++)
        sum+=i;
```

```
        cout<<sum<<endl;
        …
    }
```

由于自动类变量 sum 没有确定值，因此用它来求和所得到的和值是无意义的。正确的做法应该将 int sum;改为 int sum=0;，即对 sum 进行初始化。

【例 5.15】 分析下列程序的输出结果，并分析程序中出现的变量的存储类。

```
#include <iostream.h>
void main( )
{
    int sum=0;
    for(register int i=1;i<=10;i++)
    {
        sum+=i;
        int j=5;
        sum+=j;
    }
    cout<<"sum="<<sum<<",i="<<i<<endl;
}
```

执行该程序输出结果如下：

```
sum=105, i=11
```

【程序分析】 该程序中共定义了三个变量，其中 sum 和 j 是自动类的 int 型变量，而 i 是寄存器类的 int 型变量。sum 和 i 这两个变量的作用域是主函数体内，j 变量的作用域是 for 循环的循环体内。如果在输出语句中，将变量 i 改为变量 j，会出现什么结果呢？请读者自己分析。

5.7.2 外部类变量

外部类变量的作用域最大，它的作用域是整个程序，包含该程序的所有文件。外部类变量被定义在程序的某个文件的函数体之外，它在该程序的各个文件中都是可见的，也是存在的。外部类变量的可见性和存在性是一致的。

外部类变量的定义和说明是两回事，这是它的一个特点。外部类变量在一个程序中只能定义一次，但是可以说明多次。定义外部类变量时，不需要加任何存储类说明符，只要写在函数体外就可以了。它可以定义在程序头，也可以定义在程序中间或结尾。外部类变量说明时，必须加说明符 extern。一般来说，定义的外部类变量，在引用前需要说明，特别是下述两种情况必须说明：

① 同一个文件中的外部类变量，如果定义在后，引用在先，引用前必须说明；

② 在程序的一个文件中定义的外部类变量，要在该程序中的另一个文件中引用，则引用之前必须说明。

如果一个外部类变量在同一文件中，先定义，后引用，则可以不必说明。

外部类变量被定义后，它具有默认值：char 型变量为空，int 型变量为 0，浮点型变量为 0.0。因此，在程序中用 0 来初始化 int 型的外部类变量就显得有些多余了。

【例 5.16】 分析下列程序的输出结果，并分析程序中各变量的存储类。

```
#include <iostream.h>
void main( )
{
    extern int a;
    int fun(int);
    int y=fun(a);
```

```
    cout<<y<<endl;
}
int a=5;
int fun(int x)
{
    int b=6;
    return (a+b) *x;
}
```

执行该程序输出结果如下：

```
55
```

【程序分析】 该程序中有三个 int 型变量。其中，变量 y 是自动类的，作用域在主函数体内；变量 a 是外部类的，作用域在整个程序中，即该文件的两个函数中；变量 b 是自动类的，其作用域在函数 fun( )中。

在 main( )中，引用外部类变量 a 之前必须说明，因为变量 a 定义在引用之后。说明外部类变量 a，使用下述语句：

```
extern int a;
```

函数 fun( )中引用外部类变量 a 可以不说明，因为在引用前已对变量 a 进行了定义。

5.7.3 静态类变量

静态存储类又分为内部静态类和外部静态类两种。

内部静态类变量的作用域同自动类变量，即作用域在定义或说明它的函数体内或分程序中。内部静态类变量的寿命是长的，因为它被存放在内存的静态工作区，程序结束后它才被释放。这类变量具有可见性与存在性不一致的特点。因为内部静态类变量在它的作用域内是可见的，也是存在的；当超出它的作用域后，虽然不可见，但是它还是存在的。内部静态类变量的这一特点为它的特殊使用带来方便。这也是它与自动类变量不同之处。例如，在一个函数体内，同时定义了一个自动类变量和一个内部静态类变量。当这个函数被反复调用，并且每次调用都在改变这两个不同存储类变量的值时，可以发现自动类变量每次调用都被重新初始化，而静态类变量每次都保留改变后的值。

外部静态类变量的作用域是在定义或说明它的文件中，并且从定义或说明时起有效，直到该文件结束。外部静态类的作用域介于外部类变量和自动类（或内部静态类）变量之间。它的寿命与外部类变量相同。因此，外部静态类变量与外部类变量的寿命都是长的，都被存放在内存的静态工作区。外部静态类变量的可见性与存在性也是不一致的。可见性与存在性不一致是静态类变量的特点。

静态类变量被定义或说明后具有默认值，这一点与外部类变量相同。因此，对于 int 型内部静态类变量用 0 值初始化也是多余的。

静态类变量在定义或说明时，都在其前面加存储类说明符 static，内部静态类与外部静态类的区别是前者定义在函数体内或分程序内，后者定义在函数体外。

归纳静态类变量的特点如下：

① 定义或说明时需加 static 说明符；

② 可见性与存在性不一致，可见范围小，但寿命很长；

③ 定义或说明后具有默认值。

【例 5.17】 分析下列程序的输出结果，并说明程序中各变量的存储类。

```
#include <iostream.h>
```

```
int fun(int);
void main( )
{
    int a(3);
    static int b;
    b+=fun(a);
    cout<<"a="<<a<<",b="<<b<<endl;
    b+=fun(a);
    cout<<"a="<<a<<",b="<<b<<endl;
}
static int a(10);
int fun(int x)
{
    static int b(5);
    b+=a;
    cout<<"a="<<a<<",b="<<b<<endl;
    return b;
}
```

执行该程序输出如下结果：

```
a=10, b=15
a=3, b=15
a=10, b=25
a=3, b=40
```

【程序分析】 该程序中共有4个变量，在main( )函数中定义一个自动类int型变量a和内部静态类int型变量b，b的默认值为0。在main( )函数和fun( )函数之间定义一个外部静态类变量a。在fun( )函数中定义一个内部静态类变量b。另外还有一个函数形参x，它是int型的，函数形参x的作用域是fun( )函数体内。两个名字相同的变量a和两个名字相同的变量b，它们都各自在不同的作用域内。

【例5.18】 分析下列程序输出结果，并分析程序中各变量的存储类。

该程序由三个文件组成。

main.cpp文件内容如下：

```
#include <iostream.h>
void fun1( ),fun2( ),fun3( );
int i(5);
void main( )
{
    i=10;
    fun1( );
    cout<<"main( ):i="<<i<<endl;
    fun2( );
    cout<<"main( ):i="<<i<<endl;
    fun3( );
    cout<<"main( ):i="<<i<<endl;
}
```

file1.cpp文件内容如下：

```
#include <iostream.h>
static int i;
void fun1( )
{
```

```
    i=20;
    cout<<"fun1( ):i(static)="<<i<<endl;
}
```

file2.cpp 文件内容如下：

```
#include <iostream.h>
void fun2( )
{
    int i(10);
    cout<<"fun2( ):i(auto)="<<i<<endl;
    if(i)
    {
        extern int i;
        cout<<"fun2( ):i(extern)="<<i<<endl;
    }
}
extern int i;
void fun3( )
{
    i=20;
    cout<<"fun3( ):i(extern)="<<i<<endl;
    if(i)
    {
        int i(5);
        cout<<"fun3( ):i(auto)="<<i<<endl;
    }
}
```

执行该程序，输出结果如下：

```
fun1( ):i(static)=20
main( ):i=10
fun2( ):i(auto)=10
fun2( ):i(extern)=10
main( ):i=10
fun3( ):i(extern)=20
fun3( ):i(auto)=5
main( ):i=20
```

【程序分析】　该程序中，在文件 main.cpp 中只定义一个外部类变量 i，它的作用域是整个程序的三个文件。在 main( )函数中出现的变量 i 都是外部类的。在文件 file1.cpp 中，重新定义变量 i，它被定义为外部静态类，在函数 fun1( )中的变量 i 是外部静态类的。在文件 file2.cpp 的 fun2( )函数中，重新定义变量 i 为自动类，而在该函数体内的 if 体中，说明了外部类变量 i，说明后的变量 i 为外部类的。接着，在 fun3( )函数前说明了外部类变量 i，i 在 fun3( )函数体内没有重新定义时，i 为外部类的。在 fun3( )函数体内的 if 体内又重新定义了 i 为自动类，定义后的 i 为自动类的。

该程序中，虽然只有一个变量名 i，但实际上，它是具有相同名字的不同存储类的变量。在 C++程序中允许在不同作用域内定义相同名字的不同变量。分析程序时，应该搞清楚在不同作用域中，哪种存储类变量 i 是可见的。例如，在文件 file2.cpp 的函数 fun2( )中，第一个输出语句中的 i 应该是自动类变量，第二个输出语句中的 i 应该是外部类变量。该程序中对不同变量 i 输出时都标有存储类，而主函数中输出的变量 i 都是外部的。

5.8 函数的存储类

函数的存储类可分为两类：一类是内部函数，另一类是外部函数。

5.8.1 内部函数

内部函数在定义它的文件中可以被调用，而在同一程序的其他文件中不可以被调用。

内部函数的定义格式如下：

```
static〈数据类型〉〈函数名〉(〈参数表及说明〉)
{
    〈函数体的若干条语句〉
}
```

其中，static 用来说明该函数是静态的，即为内部函数。

【例 5.19】 分析下列程序的输出结果，并说明变量 i 在不同函数中的存储类及内部函数的特点。

```
#include <iostream.h>
static int reset( ),next(int),last(int),other(int);
int i(5);
void main( )
{
    int i=reset( );
     for(int j(1);j<=3;j++)
     {
       cout<<i<<','<<j<<',';
       cout<<next(i)<<',';
       cout<<last(i)<<',';
       cout<<other(i+j)<<endl;
     }
}
static int reset( )
{
    return i;
}
static int next(int j)
{
    j=i++;
    return j;
}
static int last(int j)
{
    static int i(10);
    j=i--;
    return j;
}
static int other(int i)
{
    int j(15);
    return i=j+=i;
}
```

执行该程序输出结果如下：

```
5, 1, 5, 10, 21
5, 2, 6, 9, 22
5, 3, 7, 8, 23
```

【程序分析】 ① 该程序中有5个函数，除一个主函数外，其余4个函数都是内部函数。内部函数的特点是只能在定义它的文件内调用，定义和说明时都应加关键字 static。

② 将程序中出现的变量 i 和 j 在各函数中的存储类列表如下：

变量	函数				
	main( )	reset ( )	next ( )	last ( )	other( )
i	自动类	外部类	外部类	内部静态类	局部变量
j	自动类	无	局部变量	局部变量	自动类

5.8.2 外部函数

外部函数是一种作用域在整个程序中的函数，包含该程序中的所有文件都可以调用它。

外部函数的定义格式如下：

```
[extern]〈类型说明符〉〈函数名〉(〈参数表及说明〉)
{
    〈函数体的若干条语句〉
}
```

其中，外部函数的说明符 extern 可以省略，在前面列举的所有程序中，对外部函数的说明符都进行了省略。这里举一个加 extern 的外部函数的例子，但是实际中很少加 extern。

【例 5.20】 分析下列程序的输出结果，并说明变量 i 和 j 在不同函数中的存储类。

该程序由下列三个文件组成。

f1.cpp 文件内容如下：

```
#include <iostream.h>
int i(5);
extern int reset( ),next( ),last( ),other(int);
void main( )
{
    int i=reset( );
    for(int j(1);j<=3;j++)
    {
      cout<<i<<','<<j<<',';
      cout<<next( )<<',';
      cout<<last( )<<',';
      cout<<other(i+j)<<endl;
    }
}
```

f2.cpp 文件内容如下：

```
static int i(10);
extern int  next( )
{
   return i+=1;
}
extern int last( )
{
   return i-=1;
```

```
    }
    extern int other(int i)
    {
        static int j(6);
        return i=j+=1;
    }
```

f3.cpp 文件内容如下：

```
    extern int i;
    extern int reset( )
    {
      return i;
    }
```

该程序执行后的输出结果由读者自己分析，并上机验证。请读者自己写出该程序中，变量 i 和 j 在不同函数中的存储类，可参考例 5.19。

习题 5

5.1 简答题

（1）函数的定义格式是如何规定的？函数定义格式中有哪些组成部分是可以省略的？

（2）在什么情况下，函数在调用之前必须说明？在 C++程序中如何说明函数？

（3）如何避免由函数参数求值顺序不同而带来的二义性？

（4）在设置函数参数的默认值时应该注意些什么问题？

（5）如何实现函数的返回值？使用返回值方法进行函数间数据传递有什么局限性？

（6）C++程序中除传值调用外，还有什么调用方式？

（7）什么是函数的嵌套调用？什么是递归调用？

（8）什么是内联函数？为什么要引进内联函数？

（9）什么是重载函数？定义重载函数时应注意些什么问题？

（10）标识符的作用域规则是什么？作用域种类有哪些？

（11）关于重新定义标识符的作用域的规定是什么？

（12）变量的存储类有哪几种？不同种类的存储类变量在作用域和寿命上有什么不同？

（13）自动类变量与外部类变量在定义上有何区别？内部静态类变量和外部静态类变量在定义和说明上有何区别？

（14）外部类变量的定义和说明是一回事吗？为什么？

（15）函数的存储类有哪些种类？不同存储类的函数在作用域上和定义格式上有何不同？

5.2 选择填空

（1）在函数的定义格式中，下面各组成部分中，（　）是可以省略的。

A）函数名　　B）函数体　　C）函数数据类型说明　　D）函数参数

（2）下面对函数的有关描述中，（　）是错的。

A）函数的定义可以嵌套

B）函数的调用可以嵌套

C）函数的参数可以设置默认值

D）可以定义内联函数

（3）如果一个函数没有返回值，则应选择下列说明符中的（　）。

A）double　　B）void　　C）int　　D）char

（4）关于函数参数求值顺序的不同而造成二义性的原因是（　）。

A）参数个数过多

B）不同编译系统

C）函数参数中带有有副作用的运算符

D）在对函数参数有不同求值顺序的编译系统中，函数参数又带有有副作用的运算符

（5）下列有关设置函数参数默认值的描述中，（　）是正确的。

A）对设置函数参数默认值的顺序没有任何规定

B）函数具有一个参数时不能设置默认值

C）默认参数要设置在函数的定义语句中，而不能设置在函数的说明语句中

D）设置默认参数可使用表达式，但表达式中不可用局部变量

（6）在函数的引用调用时，实参和形参应该使用（　）。

A）变量值和变量　　B）地址值和指针　　C）变量值和引用　　D）地址值和引用

（7）函数重载要求函数参数的类型、个数及顺序上有所不同，下列描述中，（　）是错的。

A）参数的个数不同

B）参数个数、类型、顺序都相同，但函数的返回值不同

C）参数的个数相同，对应参数的类型不同

D）参数的个数不同，类型也不同

（8）外部静态类变量的作用域是（　）级的。

A）文件　　B）程序　　C）函数　　D）程序块

（9）存储类不同的变量中，（　）类变量的存在性与可见性不同。

A）寄存器　　B）自动　　C）静态　　D）外部

（10）下列各种不同存储类的变量，（　）类变量定义时需要初始化或赋值，否则其变量值是无意义的。

A）内部静态　　B）自动　　C）外部静态　　D）外部

5.3　判断下列描述的正确性，对者画√，错者画×。

（1）函数的定义是不允许嵌套的。

（2）函数的说明应使用原型。

（3）函数没有返回值时可以不加任何类型说明符。

（4）函数可以没有参数，也可以没有返回值。

（5）函数可以没有函数体。

（6）没有参数的两个函数是不能重载的。

（7）函数可以设置默认参数，但是不允许将一个函数的所有参数都设置为默认参数。

（8）函数的传址调用和引用调用都可以在被调用函数中改变调用函数的参数值。

（9）内部静态类变量的作用域小，因此它的寿命短。

（10）在不同作用域内，允许定义相同名字的变量。

5.4　分析下列程序的输出结果。

（1）
```
#include <iostream.h>
void fun( );
void main( )
{
    for(int i(1);i<5;i++)
        fun( );
```

```
}
void fun( )
{
    static int a;
    int b(5);
    a+=2;
    cout<<a+b<<endl;
}
```

(2)
```
#include <iostream.h>
int sum(int,int);
void main( )
{
    extern int x,y;
    cout<<sum(x,y)<<endl;
}
int x(10),y(5);
int sum(int i,int j)
{
    return i+j;
}
```

(3)
```
#include <iostream.h>
void f(int n)
{
    int x(5);
    static int y;
    if(n>0)
    {
        x++;
        y++;
        cout<<x<<','<<y<<endl;
    }
}
void main( )
{
    int a(8);
    f(a);
}
```

(4)
```
#include <iostream.h>
int fac(int);
void main( )
{
    int s(0);
    for(int i(1);i<=5;i++)
        s+=fac(i);
    cout<<"5!+4!+3!+2!+1!="<<s<<endl;
}
int fac(int a)
{
    static int b=1;
    b*=a;
    return b;
}
```

(5)
```
#include <iostream.h>
```

```
void fun(int,int,int *);
void main( )
{
    int a,b,c;
    fun(7,8,&a);
    fun(9,a,&b);
    fun(a,b,&c);
    cout<<a<<','<<b<<','<<c<<endl;
}
void fun(int i,int j,int *k)
{
    j+=i;
    *k=j-i;
}
```

(6)
```
#include <iostream.h>
int add(int a,int b=5);
void main( )
{
    int m(5);
    cout<<"sum1="<<add(m)<<endl;
    cout<<"sum2="<<add(m,add(m))<<endl;
    cout<<"sum3="<<add(m,add(m,add(m)))<<endl;
}
int add(int x,int y)
{
    return x+y;
}
```

(7)
```
#include <iostream.h>
void swap(int &,int &);
void main( )
{
    int a(5),b(10);
    swap(a,b);
    cout<<"a="<<a<<",b="<<b<<endl;
}
void swap(int &x,int &y)
{
    int temp;
    temp=x;
    x=y;
    y=temp;
}
```

(8)
```
#include <iostream.h>
void print(int),print(char),print(char *);
void main( )
{
    int m(2000);
    print('m');
    print(m);
    print("good");
}
void print(char x)
{
```

```
    cout<<x<<endl;
}
void print(char *x)
{
    cout<<x<<endl;
}
void print(int x)
{
    cout<<x<<endl;
}
```

5.5　按下列要求编程，并上机验证。

（1）从键盘输入 10 个浮点数，求出它们的和及平均值。要求写出求和及求平均值的函数。

（2）从键盘输入 10 个 int 型数，去掉重复的，将剩余的由大到小排序输出。要求写出一个排序函数。

（3）给定某个日期（年、月、日），例如，2000 年 7 月 25 日，计算出这一日期是该年的第几天。要求写出计算闰年的函数和计算日期的函数。

（4）写出一个函数，将输入的十六进制数转换成十进制数。要求函数形参用指针或引用。

（5）输入 5 个学生 4 门功课的成绩，然后求出：

① 每个学生的总分；

② 每门课程的平均分；

③ 输出总分最高的学生的姓名和总分数。

（6）使用递归方法将一个 *n* 位整数转换为一个字符串。

（7）使用重载函数的方法定义两个函数，用来分别求出两个 int 型数的点间距离和浮点型数的点间距离。

（8）编写一个程序，验证：任何一个充分大的偶数（大于等于 6）总可以表示成两个素数之和。要求编写一个求素数的函数 prime( )，它有一个 int 型参数，当参数值为素数时返回 1，否则返回为 0。

第 6 章　指针与引用

指针是一种特殊类型的变量。在 C 语言中，指针的应用比较多，除用它来表示数组元素外，还用它来作为函数的参数和返回值。在 C++语言中，指针的使用不如 C 语言中那么多，因为 C++语言中引进了引用概念，使用引用作为函数参数同样可达到指针作为函数的作用，并且使用引用比使用指针更加方便简练。

本章主要讲述指针和引用这两个概念及它们在 C++程序中的应用。在 C++程序中，常用指针表示数组元素，而且用引用作为函数参数实现引用调用。

6.1　指针

本节讲述什么是指针，如何定义指针，如何给指针赋初值和赋值，以及指针所具有的各种运算等概念及操作。

6.1.1　指针的概念

指针是一种特殊的变量。指针具有一般变量的三个要素：名字、类型和值。指针的命名与一般变量的命名是相同的，它与一般变量的区别在于类型和值上。

1. 指针的值

指针是一种用来存放某个变量的地址值的变量。指针这种变量与一般变量不同，它所存放的值是某个变量在内存中的地址值。因为任何一种变量（包括指针）被定义或说明后，它就被分配一个内存单元，用来存放该变量的值，于是被定义或说明的变量都有一个内存地址值。

一个指针存放了某个变量的地址值，就称这个指针指向被存放地址值的变量。一个指针存放了哪个变量的地址值，该指针就指向哪个变量。可见，指针本身具有一个内存地址值，另外，它还存放有它所指向的变量的地址值，这便是对指针的一种理解。

2. 指针的类型

指针的类型不是它所存放的某个变量的地址值的类型（这一类型应是 int 型或 long int 型），而是该指针所指向的变量的类型。例如，一个指针指向 int 型变量，则该指针为 int 型；另一个指针指向 double 型变量，则该指针为 double 型。

指针可以指向所有基本数据类型的变量，因此，指针可以具有所有基本数据类型。另外，指针还可以指向数组、函数、指针及文件等。指针的类型是丰富多样的。

3. 指针与它所指向变量的关系

下面通过一个例子来说明指针与它所指向的变量之间的关系。

例如，分析下列语句：

```
int a(5);
int *pa = &a;
```

前一条语句定义了一个 int 型变量 a，并给它赋了初值，于是 a 变量将有两个值：一个是该变量本身值，即存放在内存单元中的值 5；另一个值是变量 a 在内存中的地址值，它被表示为&a。

后一条语句定义了一个指针 pa，它的数据类型是 int 型的。变量 a 的地址值&a 被赋给了指针

pa，于是指针 pa 便指向了变量 a，即 pa 是一个指向变量 a 的指针。指针 pa 也有两个值：一个是它在内存中所存放的值，即&a；另一个是它放在内存中的地址值，即&pa。这里，&是一个取地址的运算符，它右边跟一个变量名表示取该变量的内存地址值。

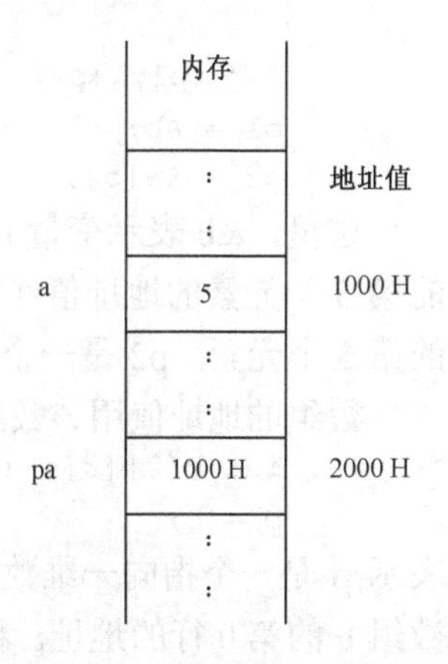

图 6.1　变量与指针的关系

变量 a 与指针 pa 的关系如图 6.1 所示。

图 6.1 中表示变量 a 的地址值为 1000 H（H 表示此数为十六进制数），指针 pa 的地址值为 2000 H，这两个地址值的数值是假定的。变量 a 的值为 5，指针 pa 的值为 1000 H，即变量 a 的地址值。变量 a 与指针 pa 的关系是，指针 pa 指向变量 a。

通过指针可以间接地获得它所指向的变量的值。指针的内容就是它所指向的变量的值。在此例中，*pa 的值是 5，即为变量 a 的值。这里，*是取内容运算符，它作用在某个指针上表示取该指针的内容，即*pa 与 a 是等价的。下列语句

```
*pa = 10;
```

表示将指针 pa 所指向的变量的值改变为 10。即，与语句

```
a = 10;
```

是等价的。

总结指针的概念如下：

指针是一种用来存放某种变量地址值的变量；一个指针存放了哪个变量的地址值，该指针就指向哪个变量；指针的类型是它所指向变量的类型；指针的内容便是它所指向变量的值。

另外，这里使用了专门为指针准备的两个运算符：&和*。前者表示取其所作用变量的地址值，后者表示取其所作用的指针所指向的变量值。

6.1.2　指针定义格式

定义指针与定义一般变量一样，先要确定指针名字，指出指针类型，并在指针名前冠以*，表示后面的名字为指针名，可以赋初值，也可以不赋初值。具体格式如下：

```
〈类型〉 *〈指针名 1〉,*〈指针名 2〉,…;
```

下面给出一些常用指针的例子。

```
int *pi;              // pi 是一个指向 int 型变量的指针
char *pc;             // pc 是一个指向 char 型变量的指针
float *pl;            // pl 是一个指向 float 型变量的指针
double *pd;           // pd 是一个指向 double 型变量的指针
int (*pa) [3];        // pa 是一个指向一个具有三个 int 型元素的一维数组的指针
int (*pf) ( ):        // pf 是一个指向返回值为 int 型值的函数的指针
int **pp;             // pp 是一个指向指针的指针，即二级指针
```

定义一个指针后，系统将为该指针分配一个内存单元。不同类型的指针所分配的内存单元的大小是相同的，因为它们所存放的数据值都是内存地址值。

6.1.3　指针的赋值

指针与一般变量一样，也可以被赋值或赋初值，只是所赋值为地址值。

不同类型的变量的地址值表示方法有所不同。一般变量、数组元素、结构成员等地址值都表示为变量名前加运算符& 。例如：

```
int b, a[10];
```

```
int *p1, *p2;
p1 = &b;
p2 = &a[5];
```

这里，&b 表示变量 b 的地址值，将它赋值给 p1，即让指针 p1 指向变量 b；&a[5]表示数组 a 的第 5 个元素的地址值（数组元素从第 0 个开始），将它赋值给 p2，也就是让指针 p2 指向数组 a 的第 5 个元素，p2 是一个指向数组元素的指针。

数组的地址值用该数组的数组名表示。例如：

```
int b[2][3], (*p)[3];
p = b;
```

表示 p 是一个指向一维数组（三个元素）的指针，而 b 是一个二维数组的数组名，它本身是二维数组 b 的第 0 行的地址。将 b 赋值给 p，即让指针 p 指向二维数组 b 的首行。一个二维数组可以看成由若干行组成的数组，每一个行对应一个一维数组。这个一维数组又由若干个列元素组成。b[2][3]就是一个 2 行 3 列的数组。p 指针指向该数组的第 0 行，这一行是由三个元素组成的一维数组。

函数的地址值由该函数的名字来表示。例如：

```
double sin(double x);
double (*pf) ( );
pf = sin;
```

表明指向函数的指针 pf 被赋值为 sin。因此，pf 指针便指向 sin( )函数，sin( )函数是系统在 math.h 头文件中提供的求正弦值的数学函数。

还有一些指针，如指向文件的指针等，在本书后面章节中讲述。

6.1.4 指针的运算

指针是一种特殊的变量，指针的运算是有限的，它仅允许 4 种运算。

1. 指针所允许的 4 种运算

（1）赋值运算。给指针赋值或赋初值都是允许的。

在给指针赋值时，应注意如下事项。

① 给指针所赋的值应该是它所指向的变量的地址值。

② 要求指针的类型应与它所指向的变量的类型相同，并且级别一致。这里所讲的类型相同是指：int 型指针只能接收 int 型变量的地址值，而不能接收 double 型变量的地址值。级别一致是指：一级指针只能接收一般变量和数组元素的地址值，而不能接收一个二维数组的数组名，因为二维数组的数组名相当于二级指针。

③ 一个暂时不用的指针可将 0 值赋给它，使它变为一个空指针。

④ 定义的任何指针在没有给它确定的地址值前是绝对不可使用的，因为这样做会造成一定的危害。

⑤ 可将一个已被赋值的指针赋给另外一个相同类型的指针。例如：

```
int a, *p1 = &a, *p2;
p2 = p1;
```

表明指针 p1 被赋了初值&a，即 p1 指向变量 a；p2 也是一个指向 int 型变量的指针，通过赋值语句，使指针 p2 也指向变量 a。这里，将 p1 的值&a 转赋给 p2 是允许的，于是指针 p1 和 p2 都指向同一个变量 a。

（2）一个指针可以加减一个整数，包括加 1 或减 1 运算。

（3）两个指针在一定条件下可以相减。

（4）两个指针在一定条件下可以相比较。

这里讲的一定条件是指在有意义的情况下才允许两个指针相减和相比较。例如，指向同一个数组的两个不同指针可以相减，也可以相比较，这样的运算是有意义的。两个指针相减表明这两个指针所指向的数组元素之间间隔元素的个数。如果是任意指向两个变量的指针相减，其差值是没有意义的。相比较运算也与此类同。

【例 6.1】 把一个字符串中字符按逆序输出。

程序内容如下：

```
#include <iostream.h>
int strlen1(char a[ ]);
void main( )
{
    char s[ ]="abcdefg";
    char *p;
    int n=strlen1(s);
    for(p=s+n-1;p+1!=s;p--)
        cout<<*p;
    cout<<endl;
}
int strlen1(char a[ ])
{
    char *p=a;
    int i=0;
    while(a[i++]!='\0')
        p++;
    return p-a;
}
```

执行该程序输出如下结果：

```
gfedcba
```

【程序分析】 该程序中出现如下几种指针运算：

① 指针赋值运算。例如：

```
p=s+n-1;
```

② 指针减 1 运算。例如：

```
p--;
```

③ 指针比较运算。例如：

```
p+1!=s;
```

④ 指针相减运算。例如：

```
p-a;
```

2. 指针运算和地址运算

指针运算实际上是地址运算，但是指针运算又不同于地址运算。例如：

```
int a[10], *p = a;
```

指针 p 指向数组 a 的首元素，因为数组的数组名是一个指向该数组首元素的常量指针。实际上，a 与&a[0]是等价的。

p+1 表示指针 p 加 1，原来 p 指向 a[0]元素，p+1 则指向 a[1]元素。a[0]元素地址值为&a[0]，a[1]元素的地址值为&a[1]，p+1 不等于地址值加 1，而是地址值加上&a[1]-&a[0]。由于该数组是 int 型数组，存放一个数组元素值占 4 个字节（32 位机），内存是按字节编址的，相邻两个元素的地址值差为 4，因此指针加 1 实际上是地址值加 4。一般，指针加 1 是加上该指针所指向的变量在内存中所占的字节数。

(int) p+1 表示地址值加 1，这种表示方法与指针加 1 的表示方法不同。地址值加 1 是在原地址值上加 1。例如，原地址值为 1000 H，加 1 后为 1001 H。

【例 6.2】 分析下列程序的输出结果，分析指针加 1 与地址值加 1 的不同。

```
#include <iostream.h>
void main( )
{
    int i, *pi1=&i, *pi2;
    double d, *pd1=&d, *pd2;
    pi2=pi1+1;
    pd2=pd1+1;
    cout<<pi2-pi1<<','<<pd2-pd1<<endl;
    cout<<(int)pi2-(int)pi1<<','<<(int)pd2-(int)pd1<<endl;
}
```

执行该程序输出结果如下：

```
1, 1
4, 8
```

【程序分析】 该程序中，有指针定义和赋初值及赋值。程序中第一个输出语句是输出两个指针相减的值，由于是相邻指针，相减值为 1。第二个输出语句是输出两个地址相减的值，一个是 int 型指针，另一个是 double 型指针，它们之差分别为一个 int 型数和一个 double 型数在内存中占的字节数。

6.2 指针与数组

本节主要讲述指针在数组方面的应用。使用指针表示数组元素，可使数组运算变得更方便。

6.2.1 数组名是一个指针常量

规定数组名是一个指针常量，一个数组的数组名便是该数组的首元素地址值。这一规定将为使用指针来表示数组元素提供方便。

指针常量不同于指针变量，指针常量的值不能改变，而指针变量的值可以改变。

例如：

```
int a[5], *p;
p = a;
```

这里，p 是一个指向 int 型指针变量，经赋值后，使 p 指针指向数组 a 的首元素。a 是数组名，它是一个指针常量，其值为数组 a 首元素的地址值。实际上，p 和 a 都指向数组 a 的首元素。由于 p 是指针变量，p++，p--，p+=2，p-=2 等运算都是合法的；而 a++，a--，a+=2，a-=2 等运算都是非法的。这就表现出了指针变量 p 与指针常量 a 的区别。

在例 6.1 的求字符串长度的函数 strlen1(char a[])中，p 是一个指针变量，而 a 是一个指针常量。程序中的 p++不能换成 a++。函数体中的 while 循环的作用是不断地将指针 p 从指向首元素逐渐移动到指向字符串的结束符，每向后移动一个字符，指针 p 增 1。表达式 p-a 是两个指针相减，p 指向字符串的结束符，a 是数组的首元素地址，其差表示该字符数组中所有字符的个数(不含结束符)，即该字符串的长度。

6.2.2 数组元素的指针表示

在 C++程序中，和 C 语言程序一样，数组可以用下标表示，也可以用指针表示。系统规定，用指针表示要比用下标表示的运行效率高。因此，在程序中应该尽量使用指针表示数组元素。

1. 一维数组元素的指针表示

假定 a 是一个一维数组，其定义格式如下：

int a[10];

则该数组元素的下标表示为 a[i]，其中 i=0,1,2,…,9。该数组元素的指针表示为* (a+i)，其中 i=0,1,2,…,9，这里，a 是该数组首元素地址值，a+i 为该数组第 i 个元素的地址值，而*(a+i)则为该数组的第 i 个元素的值。

【例 6.3】 分析下列程序的输出结果，分析一维数组元素的指针表示。

```
#include <iostream.h>
int a[ ]={1,3,5,7,9};
void main( )
{
    int *p=a;
    for(int i(0);p+i<=a+4;p++,i++)
        cout<<* (p+i)<<',';
    cout<<'\b'<<endl;
    for(p=a+4,i=0;i<5;i++)
        cout<<p[-i]<<',';
    cout<<endl;
}
```

执行该程序输出结果如下：

```
1, 5, 9
9, 7, 5, 3, 1,
```

【程序分析】 该程序中定义了一个一维数组，它是一个具有 5 个元素的 int 型数组。还定义了一个指针 p。第一个 for 循环时，指针 p 指向数组首元素；第二个 for 循环时，指针 p 指向数组的最末一个元素。将数组元素用指针方式表示，或者用指针名将数组元素用下标方式表示，通过循环输出数组元素的值。值得注意的是，p[-i]等价于* (p-i)，前一种是用指针名的下标表示，而后一种为指针表示。

2. 二维数组元素的指针表示

假定二维数组 b 被定义为：

```
int b[3][5];
```

则该数组的下标表示为：b[i][j]，其中 i=0,1,2;j=0,1,2,3,4。

根据二维数组各元素存放在内存中的顺序，可由首地址表示数组各元素如下：

```
* (&b[0][0]+5*i+j)
```

其中，i 和 j 取值同上。&b[0][0]为该数组首元素地址。当 i=j=0 时，上式表示为 b[0][0]，即为数组的首元素；当 i=0，j=1 时，上式表示为* (&b[0][0]+1)，即为首元素后面的一个元素；当 i=2，j=4 时，上式表示为* (b[0][0]+14)，即为该数组首元素后的第 14 个元素，即该数组的最末一个元素。因此，上式表示为数组 b 的第 i 行第 j 列元素。

一个二维数组可以看成是由行数组和列数组组成的，行数组和列数组都是一维数组。例如，b[3][5]可看成是由三个元素的行数组和 5 个元素的列数组组成的。由于数组下标都是从 0 开始的，

b 表示该数组第 0 行的地址，b+1 表示该数组第 1 行的地址，b[0]表示该数组第 0 行的首列地址，b[1]表示该数组第 1 行的首列地址等，因此，b+i 表示第 i 行的地址，b[i]表示第 i 行的首列地址，b[i]+j 表示第 i 行第 j 列的地址。对该地址取内容即为第 i 行第 j 列的元素，即∗(b[i]+j)表示第 i 行第 j 列的元素。这是行用下标，列用指针表示二维数组 b 元素的一种形式。

将数组 b[3][5]的元素各种表示形式归纳如下：

下标表示	`b[i][j]`
一级指针表示	`*(&b[0][0]+5*i+j)`
二级指针表示	`*(*(b+i)+j)`
行用指针、列用下标表示	`(*(b+i))[j]`
行用下标、列用指针表示	`*(b[i]+j)`

【例 6.4】　分析下列程序输出结果，并分析二维数组各种表示方法。

```
#include <iostream.h>
int a[2][3]={1,3,5,7,9,11};
void main( )
{
    cout<<a<<','<<*a<<','<<**a<<endl;
    cout<<a[0]<<','<<&a[0]<<','<<* (a+0)<<endl;
    cout<<a[1]<<','<<a+1<<','<<* (a+1)<<endl;
    cout<<&a[1]<<','<<** (a+1)<<','<<(* (a+1))[0]<<endl;
    cout<<a[1][1]<<','<<* (* (a+1)+1)<<','<<* (a[1]+1)<<endl;
}
```

执行该程序输出结果如下：

地址 1，地址 1，1

（说明：前一个“地址 1”是数组 a 的首行地址，后一个“地址 1”是数组 a 的首元素地址，两者值是相同的）

地址 2，地址 2，地址 2

（说明：前一个“地址 2”是数组 a 的首元素地址，中间“地址 2”是数组 a 的首行地址，最后一个“地址 2”是数组 a 的首元素地址，这三个地址值是相同的）

地址 3，地址 3，地址 3

（说明：前一个“地址 3”是数组 a 的第 1 行首列元素的地址，中间的“地址 3”是数组 a 的第 1 行的地址，最后一个“地址 3”是数组 a 的第 1 行首列元素的地址，这三个地址值是相同的）

地址 4，7，7

（说明：“地址 4”是数组 a 的第 1 行的地址，与 a+1 等价）

9，9，9

【程序分析】　① a 是该数组的第 0 行的地址，其值为该行首列地址，即首元素地址。

∗a 是该数组的第 0 行第 0 列的地址，它与 a[0]是等价的，其值为首元素地址。

a[0]可表示为∗(a+0)，即与∗a 是等价的，其值为首元素地址。

&a[0]可表示为&(∗(a+0))，即为 a，其值为首元素地址。

∗(a+0)可表示为∗a，即为首元素地址。

因此，a，∗a，a[0]，&a[0]和∗(a+0)的地址值是相同的，都是首元素地址。而这里，a 与&a[0]是等价的，∗a，a[0]和∗(a+0)都是等价的。

② a[1]是该数组第 1 行第 0 列地址值。

a+1 是该数组第 1 行地址，其值为第 1 行第 0 列地址值。

*(a+1)可表示 a[1]，即第 1 行第 0 列地址值。

&a[1]可表示为&(*(a+1))，即为 a+1，其值为第 1 行第 0 列地址值。

因此，a[1]，a+1，*(a+1)和&a[1]的地址值是相同的，都是第 1 行第 0 列元素的地址值。而这里，a[1]和*(a+1)是等价的，a+1 和&a[1]是等价的。

③**a 是该数组第 0 行第 0 列元素值，即首元素值。

**(a+1)和(*(a+1))[0]都是该数组第 1 行第 0 列的值。

a[1][1]，*(*(a+1)+1)和*(a[1]+1)都是该数组第 1 行第 1 列的元素值。

3. 三维数组元素的指针表示

三维数组可以看成是一个二维数组，该二维数组的每个元素是一个一维数组。因此，三维数组可在二维数组的基础上将其元素看成是一个一维数组。三维数组的元素表示方法如下。

假设 c 是一个三维数组，其定义格式如下：

```
c[3][5][7]
```

则该数组元素的下标表示为：c[i][j][k]，其中，i=0,1,2，j=0,1,2,3,4，k=0,1,2,3,4,5,6。

根据数组元素按其内存存放顺序，用一级指针表示数组元素为：

```
(&c[0][0][0]+5*7*i+7*j+k)
```

将三维数组看成是由行、列、组构成的，该数组可看成为 3 行 5 列 7 组，行、列、组都是一维数组。

```
行、列和组都用指针        *(*(*(c+i)+j)+k)
行、列用指针，组用下标    (*(*(c+i)+j))[k]
行、组用指针，列用下标    *((*(c+i))[j]+k)
行用下标，列、组用指针    *(*(c[i]+j)+k)
行用指针，列、组用下标    (*(c+i))[j][k]
行、列用下标，组用指针    *(c[i][j]+k)
行、组用下标，列用指针    (*(c[i]+j))[k]
```

三维数组中各种地址值表示如下：

```
行地址表示          c+i 或&c[i]等
行列地址表示        * (c+i)+j, c[i]+j, &c[i][j]等
行列组地址表示      * (* (c+i)+j)+k, * (c[i]+j)+k, &c[i][j][k]等
```

关于三维数组元素各种表示的例子这里就不列举了。

6.2.3 字符数组、字符指针和字符串处理函数

1. 字符数组和字符串

字符数组和字符串不是一回事。它们之间的关系描述如下。

字符串一般放在一维字符数组中，而一维字符数组并不一定就是字符串。因为一维字符数组中可存放若干个字符。例如：

```
char s1[ ] = {'a', 'b', 'c'};
char s2[ ] = "abc";
```

这里，s1 和 s2 都是一维字符数组，其中 s1 存放了三个字符，s2 中存放了一个字符串"abc"。它们的区别在于：s2 中存放了一个字符串的结束符，而 s1 中没有。

因此，判断一个一维字符数组是不是字符串，主要看它存放的内容中是否有字符串结束符。

二维字符数组可以存放若干个字符，也可以存放若干个字符串。例如：

```
char s3[2][4] = {"abc", "xyz"};
char s4[2][3] = {'a', 'b', 'c', 'd', 'e', 'f'};
```

字符数组 s3 中存放了两个字符串，而字符数组 s4 中存放了 6 个字符。

在实际应用程序中，字符数组中存放字符还是字符串，其赋值和输出方法都是不同的，下面通过一个例子进行说明。

【例 6.5】 分析下列程序的输出结果，并分析字符与字符串在存放和输出上的不同。

```
#include <iostream.h>
void main( )
{
    char s1[]="abcd",s2[5];
    for(int i(0);i<5;i++)
        s2[i]='e'+i;
    cout<<s1<<endl;
    for(i=0;i<5;i++)
        cout<<* (s2+i);
    cout<<endl;
}
```

执行该程序输出结果如下：

```
abcd
efghi
```

【程序分析】 程序中，s1 和 s2 是两个一维字符数组。s1 被赋初值，其中存放的是一个字符串。s2 被赋值，其中存放的是 5 个字符。在输出字符串时，使用数组名可将该字符串中的所有字符一起输出；输出字符时，使用循环语句将字符数组中的字符逐一输出。

2. 字符指针

字符指针是用来指向字符串的指针，使用字符指针可以更加方便地对字符串进行处理。

用字符指针存放字符串要比用字符数组存放字符串更加方便。可以直接用一个字符串给字符指针赋值或赋初值，让这个字符指针指向这个字符串，并且可以通过字符指针很方便地对字符串进行操作。字符指针的定义格式如下：

```
char *〈指针名〉;
```

例如：

```
char *p1, *p2 = "ijkl";
p1 = "efgh";
```

其中，p1 和 p2 分别是两个字符指针，经过赋值或赋初值后，它们分别指向一个字符串的首元素。p1 和 p2 的值分别是两个字符串的首元素字符的地址值。

【例 6.6】 使用字符指针编程，将一个字符串中的每个字符加 1 后生成一个新字符串，再将它们还原为原字符串。

程序内容如下：

```
#include <iostream.h>
void main( )
{
    char *p1,a[16],b[16];
    p1="I am a teacher.";
    for(int i(0);i<15;i++)
        a[i]= *p1+++1;
    a[i]='\0';
    cout<<a<<endl;
    for(i=0;i<15;i++)
        b[i]= * (a+i)-1;
```

```
    b[i]='\0';
    cout<<b<<endl;
}
```

执行该程序，输出结果如下：

```
J!bn!b!ufbdifs/
I am a teacher.
```

【程序分析】 使用上述方法可以简单地为一个字符串加密，然后再对它解密。程序中使用了字符指针。

3. 字符串处理函数

系统提供了一些字符串处理函数，便于用户进行字符串的运算。现将一些常用的字符串处理函数介绍如下。它们被存放在 string.h 文件中。

（1）字符串长度函数 strlen( )

该函数的功能是求出已知字符串的长度。字符串长度是指字符串中有效字符的个数。

该函数格式如下：

```
int strlen (char *s)
```

其中，s 可以是字符指针、字符数组或字符串常量，例如：

```
char *p = "abcde";
strlen (p);
strlen ("abc");
```

其中，前一个 strlen( )函数返回值为 5，后一个 strlen( )函数返回值为 3。

（2）字符串比较函数 strcmp( )和 strncmp( )

该函数的功能是对两个字符串进行比较，并返回一个 int 型值。两个字符串比较的方法是从头向尾逐个字符进行比较，当遇到两个字符不同时，便停止比较，并用前面字符串中的字符与后面字符串中对应的字符相减，得到一个或大于 0 或小于 0 的 int 型值。返回值为 0，表明两个字符串相等；返回值大于 0 或小于 0，表明两个字符串不等。

格式如下：

```
int strcmp (char *p1, char *p2)
int strncmp (char *p1, char *p2, int n)
```

其中，p1 和 p2 是字符指针，也可以用字符数组，n 是 int 型变量。进行字符串比较操作时，则将 p1 所指向的字符串与 p2 所指向的字符串进行比较，然后返回一个 int 型值。函数 strncmp( )与 strcmp( )的区别是：前者只比较前 *n* 个字符后便返回 int 型值，后者比较全部字符。

（3）检索字符串函数 index( )和 rindex( )

该函数的功能是检索在指定的字符串中第一次出现指定字符的位置。该函数返回一个指针，该指针给出指定字符在字符串中出现的位置。如果字符串不含有指定字符时，返回值为 NULL。

格式如下：

```
char *index (char *p, char c)
char *rindex (char *p, char c)
```

其中，p 是字符指针，用来存放指定的字符串，c 是用来存放指定字符的变量。该函数是在 p 指针所指向的字符串中查找第一次出现的变量 c 的位置，并返回该地址值。index( )和 rindex( )函数的区别是：前者按从左向右（即从头到尾）方向检索，而后者则从右向左（即从尾到头）检索。

（4）字符串连接函数 strcat( )和 strncat( )

该函数的功能是将参数中给定的两个字符串连接成一个字符串，即将第二个参数给定的字符串连接在第一个参数给定的字符串的后边。该函数返回值是字符指针，该指针指向新字符串的首元素。

格式如下：

```
char * strcat (char s1[ ], char s2[ ])
char * strncat (char s1[ ], char s2[ ], int n)
```

其中，s1 和 s2 是字符数组，也可以用字符指针，n 是 int 型变量。该函数是将 s2 字符数组中存放的字符串连接到 s1 字符数组中的字符串的后边，合成一个由两个字符串组成的新字符串。strncat( )和 strcat( )函数的区别是：前者只将 s2 中前 *n* 个字符连接到 s1 的后面，而后者将 s2 中全部字符连接到 s1 的后面。在操作中，要保证 s1 数组有足够大的空间，否则容纳不下 s2 数组中所要被连接的字符，而造成数据混乱。因为数组一般是不做动态边界检查的。

（5）字符串复制函数 strcpy( )和 strncpy( )

该函数的功能是将一个指定的字符串复制到另一个指定的字符数组或字符指针中。该函数返回值是字符指针，该指针指向复制后的字符串。

格式如下：

```
char * strcpy (char s1[ ], char s2[ ])
char * strncpy (char s1[ ], char s2[ ], int n)
```

其中，s1 和 s2 是字符数组，也可以用字符指针，n 是 int 型变量。该函数将字符数组 s2 中的字符串作为源，将字符数组 s1 作为目标，即将 s2 中的字符串复制到 s1 中。要求字符数组 s1 要有足够大的空间，应能够容纳下 s2 中的字符串，否则也会造成数据的混乱。执行完该函数后，s2 中保持原来字符串不变，s1 中是被复制的新字符串。如果 s1 中原来有字符串，则将被覆盖。strncpy( )和 strcpy( )函数的区别是：前者只将 s2 中前 *n* 个字符复制到 s1 中，而后者将 s2 中所有字符都复制到 s1 中。

【例 6.7】　已知三个字符串，编程求出它们中的最小者。

程序内容如下：

```
#include <string.h>
#include <iostream.h>
void main( )
{
    char *p1="one",*p2="two",*p3="three",s[8];
    if(strcmp(p1,p2)>0)
        strcpy(s,p2);
    else
        strcpy(s,p1);
    if(strcmp(s,p3)>0)
        strcpy(s,p3);
    cout<<"The least string is "<<s<<endl;
}
```

执行该程序输出结果如下：

```
The least string is one
```

【程序分析】　该程序中调用了 string.h 头文件中所包含的字符串处理函数 strcmp( )和 strcpy( )。

6.2.4　指向数组的指针和指针数组

指向数组的指针包括指向数组元素的一级指针、指向一维数组的二级指针及指向二维数组的三级指针等。这里只讲前两种指针。对于指针数组，仅介绍一级指针的一维数组。

1. 指向数组元素的指针

指向数组元素的指针是指向数组中的某个元素的指针，而数组元素是某种类型的变量，因此，指向数组元素的指针就是一个指向某种类型变量的指针，它是一个一级指针。

指向数组元素的指针可以指向数组中任何一个元素，即用数组中的哪个元素的地址值给指针赋值，该指针就指向哪个元素。例如：

```
int a[5], b[2][3];
int *p1, *p2;
p1 = &a[3];
p2 = &b[1][1];
```

这里，p1 指针指向数组 a 的第三个元素，p2 指针指向数组 b 的 b[1][1]元素，即第 1 行第 1 列的元素。

2. 指向一维数组的指针

指向一维数组的指针是一个二级指针，常用它来指向二维数组中的某一行。因为二维数组的行数组就是一个一维数组。例如：

```
int a[3][5], (*p)[5];
p = a + 1;
```

这里，a 是一个二维数组，p 是一个指向一维数组的指针，它所指向的一维数组是具有 5 个 int 型元素的数组。将 a+1 赋值给 p，使指针 p 指向数组 a 的第一行，这是一个具有 5 个 int 型元素的一维数组。

可以使用一个指向一维数组的指针对它所指向的那个二维数组的元素进行操作，这是使用指向一维数组指针的主要目的。指向一维数组的指针可以指向某个二维数组的某一行。一般来讲，要求指向一维数组的指针所指向的一维数组的元素个数与所指向的二维数组的列数相同，这样便于用指针对数组元素进行处理。

【例 6.8】 分析下列程序的输出结果，并分析程序中指向一维数组的指针的用法。

```
#include <iostream.h>
int a[3][4]={1,2,3,4,5,6,7,8,9,10,11,12};
void main( )
{
    int (*p)[4];
    p=a+1;
    cout<<p[0][1]<<','<<* (* (p+1)+1)<<','<<* (* (p-1)+2)<<endl;
}
```

执行该程序输出结果如下：

```
6，10，3
```

【程序分析】 该程序中定义了一个指针 p，它是一个指向一维数组的指针。赋值后，指针 p 指向数组 a 的第一行，这是一个具有 4 个 int 型元素的一维数组。然后，程序中使用 p 指针对数组 a 的元素进行操作。

3. 指针数组

指针数组是数组元素为指针的数组。数组元素是一级指针的称为一级指针数组，数组元素是二级指针的称为二级指针数组，等等。常用的指针数组有一维一级指针数组，即数组是一维的，元素是一级指针；还有一维二级指针数组和二维一级指针数组；更高维和更高级的数组很少使用。

这里仅讲述一维一级指针数组，因为它的使用比较广泛。一维一级指针数组实际是一个二维数组，可通过它对二维数组元素进行操作。

一维一级指针数组的定义格式如下：

〈类型说明〉 *〈数组名〉[〈大小〉]

例如：

```
int * ap[5];
```

其中，ap 是一维一级指针数组的数组名，该数组有 5 个元素，每个元素是一个一级指针。从定义形式上可以看出，它与指向一维数组的指针定义很相似，仅差一个括号。请读者注意这一区别，不要将它们搞混了。

在实际应用中，常常使用一维一级字符指针数组来存放若干个字符串，这样操作起来比较方便，并且比使用二维字符数组存放多个字符串节省内存空间。

【例 6.9】 编程实现：输入星期几的数字后，输出该数字对应的英文全名。例如，输入 3，则输出 Wednesday。

程序内容如下：

```
#include <iostream.h>
char *name[ ]={"","Monday","Tuesday","Wednesday","Thursday","Friday",
               "Saturday","Sunday"};
void main( )
{
    int week;
    while(1)
    {
        cout<<"Enter week No.: ";
        cin>>week;
        if(week<1||week>7) break;
        cout<<"Week No. "<<week<<" is "<<name[week]<<endl;
    }
}
```

执行该程序显示如下信息：

```
Enter week No. 3↙
Week No.3 is Wednesday
Enter week No. 7↙
Week No.7 is Sunday
Enter week No. 0↙
```

退出程序。

6.3 指针与函数

指针可以用作函数的参数和返回值，特别是在 C 语言中，指针用作函数参数显得特别重要。但是，在 C++语言中，指针用作函数参数已被引用替代，因此，在 C++语言中，指针与函数的关系就不像 C 语言中那么重要了。因此，本节简单介绍一些指针用作函数参数和用作函数返回值的内容。

6.3.1 指针用作函数参数

各种类型的指针都可以用作函数参数。指针用作函数参数具有下述两个特点：

① 对于复杂类型来讲，可以节省时间和空间，从而提高运行效率。

② 可以在被调用函数中改变调用函数的参数值，从而实现函数之间的信息交换。

各种类型的指针都可用作函数参数，包括基本数据类型的指针、数组名、指向数组的指针、字符指针、指向指针的指针及指针数组等。

下面举一个指针数组用作函数参数的例子。

指针数组可用作主函数 main( )的参数。在带有参数的 main( )中，它有两个参数，一个是 int 型参数，另一个是一维一级字符指针数组，其格式如下：

```
void main(int argc, char *argv[ ])
{
// 函数体
}
```

主函数 main( )的 int 型参数 argc 用来存放命令行参数的个数，实际上还包含了 1 个命令字；一维一级字符指针数组 argv 用来存放命令行中的命令字和各个参数的内容，该数组大小与 argc 大小相同，并规定 argv[0]存放命令字内容，argv[1]存放第一个参数内容，argv[2]存放第二个参数的内容……

【例 6.10】 编程验证主函数参数 argv 是用来存放命令行参数的内容的。

在实际应用中，当命令行需要带有参数时，编写该命令的 C++程序中的 main( )函数就要带有两个参数，如前面所描述的那样。

编程内容如下：

```
#include <iostream.h>
void main(int argc,char *argv[ ])
{
    for(int i(1);i<argc;i++)
        cout<<* (argv+i)<<' ';
    cout<<'\n';
}
```

假定该程序编译后的可执行文件名为 clp.exe。

当执行下列命令行时，

```
C:\lfz>clp prog1.cpp prog2.cpp prog3.cpp↙
```

输出结果如下：

```
prog1.cpp prog2.cpp prog3.cpp
```

6.3.2 指向函数的指针和指针函数

1. 指向函数的指针

指向函数的指针所指向的是某个函数的内存入口地址，可以通过它来执行它所指向的函数。

指向函数指针的定义格式如下：

〈类型说明符〉 (*〈指针名〉)( )

例如：

```
int (*pf)( );
```

其中，pf 是一个指向函数的指针名。该指针指向一个返回值为 int 型数的函数。

指向函数的指针可以被赋值或被赋初值，但需要用一个类型相同的函数名给它赋值。例如：

```
double (*p)( );
p = sin;
```

其中，p 是一个指向返回值为 double 型数的函数的指针，将函数名 sin 赋值给它，因此，指针 p 将指向 sin( )函数。其中 sin( )函数是 math.h 头文件中所包含的一个求正弦的函数，其格式如下：

```
double sin(double x);
```

其中，x 是一个表示角度的弧度值。

指向函数指针的调用格式如下：

```
(*〈指针名〉)(〈实参表〉)
```

例如：

```
int (*p)( ), add(int, int);
p=add;
int z=(*p)(x,y);
```

其中，add()是一个求两个 int 型数之和的函数，p 是指向函数的指针，赋值后，p 指向函数 add( )。使用指向函数的指针调用它所指向的函数，同时给出实参 x 和 y，并将该函数返回值赋给变量 z。

这里，语句

```
int z=(*p)(x,y);
```

等价于

```
int z=add(x,y);
```

指向函数指针通常用作函数的参数。当函数的形参是指向函数的指针时，该函数对应的实参应是函数名，从而实现通过函数调用来调用函数的功能。这是指向函数指针的主要用处。

【例 6.11】 分析下列程序的输出结果，并分析指向函数指针在该程序中的用法。

```
#include <iostream.h>
#include <math.h>
void main( )
{
    double sin(double),cos(double),tan(double);
    void fun(double y,double (*f)(double));
    int a;
    cout<<"Input a: ";
    cin>>a;
    double x=3.1415/180*a;
    cout<<"sin("<<a<<")=";
    fun(x,sin);
    cout<<"cos("<<a<<")=";
    fun(x,cos);
    cout<<"tan("<<a<<")=";
    fun(x,tan);
}
void fun(double y,double (*f)(double))
{
    cout<<(*f)(y)<<endl;
}
```

执行该程序显示如下信息：

```
Input a: 45↙
```

输出结果如下：

```
sin(45)=0.70709
cos(45)=0.707123
tan(45)=0.999954
```

【程序分析】 该程序使用了包含在 math.h 头文件中的三个数学函数：sin(double x)，cos(double x)和 tan(double x)。这三个函数的参数都是用弧度来表示角度的。

在该程序中，fun( )函数的参数 f 是一个指向函数的指针。它被定义为

```
double (*f)( );
```

它被赋的值为 sin，cos 和 tan 等函数名。

调用它的格式如下：

```
(*f)(y);
```

2. 指针函数

指针函数是指返回值为指针的函数。函数的返回值可以为不同类型的指针。前面介绍字符串处理函数时，讲过几个返回值为 char 型指针的函数，如 strcat( )，strcpy( )等，它们都是指针函数。

指针函数定义格式如下：

〈类型说明符〉 *〈函数名〉(〈参数表〉)

例如：

```
int *pf(int x, int y);
```

其中，pf 是指针函数的函数名，它有两个 int 型参数，它的返回值为 int *。

指针函数在定义形式上与指向函数的指针有相似之处，它们的区别在于一个有括号，一个没括号。没有括号的是指针函数。

指针函数的例子这里不再列举。

6.4 引用

6.4.1 引用的概念

1. 什么是引用

简单地说，引用是某个变量或对象的别名。建立引用时，要用某个变量名或对象名对它初始化，于是它便绑定在该变量或对象上。引用只作为某个变量或对象的别名来使用，对引用的改动就是对用来对它初始化的变量或对象的改动。

引用不是变量或对象，它不占用内存空间。引用只是替代某个变量或对象的别名。引用有值，它的值是被引用的变量的值；引用有类型，它的类型也是被引用的变量的类型。

2. 引用的建立格式

建立引用的格式如下：

〈类型说明符〉 &〈引用名〉=〈变量名或对象名〉

例如：

```
int a;
int &ra=a;
```

其中，ra 是一个引用名，即 ra 是变量 a 的别名，ra 和 a 都是 int 型的。符号&是说明符，它用在引用名前，说明 ra 是一个引用名。它与运算符&不同，运算符&是表示取地址，作用在变量名前面。

符号&的下述三种使用方法都是等价的：

```
int& ra=a;
int &ra=a;
int & ra=a;
```

【例 6.12】 分析下列程序的输出结果，并分析引用的说明和用法。

```
#include <iostream.h>
void main( )
{
    int val(10);
    int &refv=val;
    cout<<"val:"<<val<<','<<"refv:"<<refv<<endl;
    val+=5;
```

```
        cout<<"val:"<<val<<','<<"refv:"<<refv<<endl;
        refv+=8;
        cout<<"val:"<<val<<','<<"refv:"<<refv<<endl;
    }
```

执行该程序输出结果如下：

```
val : 10, refv : 10
val : 15, refv : 15
val : 23, refv : 23
```

【程序分析】 该程序中建立了一个引用 ra，它是变量 a 的别名。于是，ra 被绑定在 a 上，改变 ra，则 a 也被改变；改变 a，则 ra 也被改变。

3. 引用与指针的区别

引用是 C++语言中引进的概念，在 C 语言中没有这一概念。引用与指针不同，不要将它们混淆起来。

（1）指针是变量，引用不是变量

引用不是变量，它本身没有地址值，它的地址值是它被绑定的变量或对象的地址值。

【例 6.13】 分析下列程序的输出结果，并分析该程序中引用的地址值。

```
#include <iostream.h>
void main( )
{
    int val1(10);
    int &refv=val1;
    val1=15;
    cout<<"val1="<<val1<<','<<"refv="<<refv<<endl;
    cout<<"&val1="<<&val1<<','<<"&refv="<<&refv<<endl;
    int val2(20);
    refv=val2;
    cout<<"val1="<<val1<<','<<"val2="<<val2<<','<<"refv="<<refv<<endl;
    cout<<"&val1="<<&val1<<','<<"&val2="<<&val2<<','<<"&refv="
        <<&refv<<endl;
}
```

执行该程序输出结果如下：

```
valt =15, refv =15
&val1 =0x0064DF4, &refv =0x0064FDF4
val1 =20, val2 =20, refv =20
&val1 =0x0064FDF4, &val2 =0x0064FDF0, &refv =0x0064FDF4
```

【程序分析】 该程序中建立了一个引用 refv，它被初始化后，是 val1 变量的别名。

由于 refv 不是变量，它本身没有地址值，它的地址值&refv 与变量 val1 的地址值是相同的，可见，refv 被绑定在 val1 变量上。

再对引用 refv 赋以新值，即 val2 的值，这时 refv 的值改变为 val2 的值，但是它的地址值仍然是 val1 的地址值，而不是 val2 的地址值。可见，一个引用一旦被初始化后，它就被绑定在被初始化的那个变量或对象上，并且不再改变。而它不像指针那样可以赋给其他变量地址值，便指向其他变量。

（2）指针可以引用，而引用不可以引用

指针是变量可以有指针的引用。例如：

```
int *p;         // p 是一个指针
```

```
int *&rp =p;     // rp是一个指针的引用
int m=10;
rp=&m;           // 给引用 rp 赋一个变量的地址值
```

这时，*rp 与*p 应该都是 10。

（3）指针可作为数组元素，引用不可以作为数组元素

指针作为数组元素，该数组称为指针数组。例如：

```
int *pa[5];
```

这里，pa 是一个指针数组，该数组有 5 个元素，每个元素是一个指向 int 型变量的指针。

而

```
int a[5];
int & refa[5]=a;    // 错误
```

因为数组名不是一个变量，而是一个地址值。引用只能是变量或对象的引用，不能是其他别的引用。

（4）可以有空指针，但不能有空引用

下列语句是合法的，

```
int *p=NULL;
```

其中，p 是一个空指针。而

```
int &refp=NULL;
```

是无意义的。

6.4.2 引用的应用

引用在 C++程序中通常用作函数参数和函数的返回值。

1. 引用作为函数参数

引用通常在 C++程序中作为函数参数。引用作为函数参数可以达到指针作为函数参数的相同目的：传递参数不拷贝副本，在被调用函数中改变调用函数参数值。但是，引用作为函数参数时，调用函数的可读性好。因为引用作为函数形参时，调用函数的实参用变量名或对象名，与一般传值调用相同；指针作为函数形参时，调用函数的实参需要用地址值，这将给用户带来一些费解。在 C++程序中，用户关心的是调用函数的形式，而对被调用函数就不那么关心。只要调用函数的可读性好就可满足用户要求。因此，在 C++程序中，引用作为函数参数大有取代指针作为函数的参数之势。

【例 6.14】 分析下列程序的输出结果，并分析引用作为函数形参的使用方法。

```
#include <iostream.h>
#include <math.h>
int fun(int,double &,double &);
void main( )
{
    int x,test;
    cout<<"Enter a number(0--100): ";
    cin>>x;
    double square_root,square;
    test=fun(x,square_root,square);
    if(test)
        cout<<"Enter error!\n";
    else
```

```
    {
        cout<<"number="<<x<<endl;
        cout<<"square_root="<<square_root<<endl;
        cout<<"square="<<square<<endl;
    }
}
int fun(int x,double &rsquare_root,double &rsquare)
{
    if(x>100||x<0)
        return 1;
    rsquare_root=sqrt(x);
    rsquare=x*x;
    return 0;
}
```

执行该程序，输出结果如下：

```
Enter a number (0--100): 50↙
number = 50
square_root = 0.707107
square = 2500
```

该程序中，fun( )函数中有两个形参是引用。引用作为形参和指针作为形参一样，都可以实现函数之间的数据传递。在该例中，通过引用作为形参，将被调用函数中对引用的改变传递给调用函数的实参，实现了被调用函数与调用函数之间的信息传递。

在引用调用中，用实参的变量名给形参的引用赋值，实际上传递的是实参变量的地址值，以此对形参的引用进行绑定。于是，在被调用函数中对引用的改变，也就是对被绑定的实参变量的改变。因此，引用达到传址调用的两个目的：不复制副本和传递数据。

2．引用作为函数的返回值

一般函数返回值时都要建立临时变量，即用来拷贝副本。具体实现是：先将返回表达式的值传递给临时变量，返回到主函数后，再将临时变量的值传递给接收函数返回值的变量。但是，返回引用时，并不产生副本，而是将其返回值直接传递给接收函数返回值的变量或对象。这里，应该避免返回值为局部变量的情况，否则容易出现问题。

【例 6.15】 分析下列程序的输出结果，并分析返回引用的使用方法。

```
#include <iostream.h>
int &square(int);
void main( )
{
    int s1=square(15);
    int s2=square(28);
    cout<<"s1="<<s1<<endl<<"s2="<<s2<<endl;
}
int t;
int &square(int i)
{
    t=i*i;
    return t;
}
```

执行该程序，输出结果如下：

```
s1 = 225
s2 = 784
```

【程序分析】 该程序中，函数 square( )是一个返回引用的函数，它将该函数的返回值 t 直接传递给调用函数中的变量。程序中定义一个外部变量作为返回值。

请读者思考：将该程序的 square( )函数的返回语句改写为如下形式：

```
return i*i;
```

将会出现什么现象呢？

返回引用的调用函数可作为左值。当一个函数返回引用时，它可以作为左值进行运算。这一点在 C++语言中有较多的应用。

【例 6.16】 从键盘输入一些数字和字符，编程统计其中数字字符的个数和非数字字符的个数。

```
#include <iostream.h>
int &fun(char cha,int &n,int &c);
void main( )
{
    int tn(0),tc(0);
    cout<<"Enter characters:";
    char ch;
    cin>>ch;
    while(ch!='#')
    {
        fun(ch,tn,tc)++;
        cin>>ch;
    }
    cout<<"Number character : "<<tn<<endl;
    cout<<"Other character : "<<tc<<endl;
}
int &fun(char cha,int &n,int &c)
{
    if(cha>='0'&&cha<='9')
        return n;
    else
        return c;
}
```

执行该程序，输出结果如下：

```
Enter characters : mn9045ab321xy#↙
Mumber character : 7
Other character : 6
```

【程序分析】 该程序中，fun()函数是一个返回引用的函数，该函数有三个参数：char 型变量 cha，int 型引用 n 和 c。调用函数形式如下：

```
fun(ch, tn, tc)++;
```

其中，实参 tn 和 tc 对应的形参是引用。当返回形参 n 时，对应的实参 tn++；当返回形参 c 时，对应的实参 tc++。于是，main( )中使用 tn 和 tc 来分别统计输入的数字字符和非数字字符的个数。

3. 用 const 限定引用保护实参不被修改

使用引用或指针作为函数参数，可以在函数调用时实参不产生副本，进而提高运行效率。但是，为了保护实参不被修改，需要对引用或指针使用 const 进行限制。

当一个函数的参数被设定为 const 类型时，它的值就不允许被改变。这时只有通过返回值和其他方法来进行函数间的数据传递。使用 const 来限定引用参数，则可以保护调用函数的实参不被改变。在某种意义上增加了安全性，又具有传递实参值时不复制副本的特点。

【例 6.17】 分析该程序的输出结果，并分析 const 类型引用作为函数参数的用法。

```
#include <iostream.h>
int& fun(const int &);
void main( )
{
    int x=10;
    int y=fun(x);
    cout<<"y="<<y<<endl;
    x=20;
    y=fun(x);
    cout<<"y="<<y<<endl;
}
int& fun(const int &a)
{
    static int b=5;
    b+=a;
    cout<<"a="<<a<<endl;
    return b;
}
```

执行该程序，输出结果如下：

```
a = 10
y = 15
a = 20
y = 35
```

【程序分析】 该程序中的 fun( )函数中有一个 const 类型的引用参数，这样将保证该参数的值不会被改变，因为试图改变常量值时都将会发出报错信息。fun( )函数是通过返回值来与 main( )传递信息的。

习题 6

6.1 简答题

（1）什么是指针？指针的值和类型与一般变量有何不同？

（2）如何确定指针的类型？指针类型有哪些？

（3）如何给指针赋值？使用没有赋过值的指针有什么危险？

（4）指针具有哪些运算？指针运算与地址运算有何区别？

（5）数组元素用指针表示和用下标表示有何不同？

（6）一维数组和二维数组的元素如何用指针表示？

（7）“字符串就是一维字符数组”这句话对吗？反过来说可以吗？

（8）什么是字符指针？引进它有何好处？

（9）常用的字符串处理函数有哪些？

（10）指向一维数组的指针如何表示？一维一级指针数组如何表示？

（11）指针作为函数参数有什么特点？

（12）什么是指针函数？

（13）如何使用指向函数的指针作为函数参数？

（14）什么是引用？它与指针有何区别？

（15）引用有何用处？

6.2 选择填空

（1）已知：int a, *pa=&a;，则&*pa 与（ ）一样。

A）pa　　B）a　　C）&a　　D）pa[0]

（2）已知：int m[3], *p=m;，则++*p 与（ ）相同。

A）*++p　　B）*++m　　C）*p++　　D）++m[0]

（3）已知：int a, *pa;char c, *pc;，下列赋值中（ ）是合法的。

A）pa=&c　　B）pa=a　　C）pa=pc　　D）pa=(int *)&c

（4）已知：int x=10, *px=&x;，下列表达式中（ ）是非法的。

A）x=20　　B）*px=10　　C）*&x=18　　D）px=x

（5）已知：int a[ ]={1,2,3,4,5},*p=a;，下列对数组元素地址的表示中（ ）是正确的。

A）&(a+1)　　B）&(p+1)　　C）&p[2]　　D）*p++

（6）已知：int b[3][5];，下列表示的数组元素中（ ）是错误的。

A）** (b+1)　　B）(* (b+1))[2]　　C）* (* (b+1)+2)　　D）* (b+2)

（7）已知：int a[3][4],(*p)[4];，下列赋值表达式中（ ）是正确的。

A）p=a+2　　B）p=a[1]　　C）p=*a　　D）p=*a+2

（8）已知：int b[3][4], *q[3];，下列赋值表达式中（ ）是正确的。

A）q=b　　B）q=*b　　C）q=* (b+1)　　D）q=&b[1][2]

（9）指向同一个数组的两个指针，进行（ ）运算是没有意义的。

A）相加　　B）相减　　C）比较　　D）赋值

（10）下面对引用的描述中（ ）是错误的。

A）引用是某个变量或对象的别名

B）建立引用时，要对它初始化

C）对引用初始化可以使用任意类型的变量

D）引用不是变量，它本身没有地址值

（11）已知：int a=3;int & ra=a;，当变量 a 值被更新为 10 时，引用 ra 的值是（ ）。

A）10　　B）3　　C）13　　D）7

（12）在引用和指针的描述中，（ ）是错误的。

A）指针是变量，引用不是变量

B）指针和引用都可以作为函数的参数

C）指针和引用在创建时都必须进行初始化

D）指针可以作为数组元素，而引用不可作为数组元素

（13）关于引用作为函数形参的描述中（ ）是错误的。

A）引用作为形参时，实参与一般传值调用时的实参一样

B）引用作为形参时，参数传递时不复制副本

C）引用作为形参时，可以在被调用函数中改变调用函数的实参值

D）引用作为形参时，该函数不得再使用返回语句

6.3 判断下列各种描述的正确性，对者画 √，错者画×。

（1）一个指针只能指向与它类型相同的变量。

（2）指向不同类型的指针所占用的内存单元大小是不同的。

（3）一维字符数组就是字符串。

（4）给一个指针赋值只要赋一个地址值就可以了。

（5）任何两个毫无相关的指针进行相减运算是没有意义的。

（6）字符数组不可以直接赋值字符串，而字符指针是可以的。

（7）使用数组名作为函数参数时，实参数组和形参数组公用内存单元。

（8）一个二维数组 b[3][5]中，b[0]和*b 是等价的，&b[1]和 b+1 也是等价的。

（9）指向函数的指针可作为函数参数。

（10）一维一级指针数组实际上都是二维数组。

（11）引用是变量或对象的引用，而不是类型的引用。

（12）引用被创建时可以用任意变量进行初始化。

（13）一个返回引用的调用函数可以作为左值。

6.4　分析下列程序的输出结果。

（1）
```
#include <iostream.h>
void main( )
{
    static int x[]={5,4,3,2,1};
    int *p=&x[1];
    int a=10,b;
    for(int i=3;i>=0;i--)
       b=(* (p+i)<a)? * (p+i):a;
    cout<<b<<endl;
}
```

（2）
```
#include <iostream.h>
int fun(char *,char *);
void main( )
{
    int n;
    char *p1, *p2;
    p1="abcxyr";
    p2="abcijh";
    n=fun(p1,p2);
    cout<<n<<endl;
}
int fun(char *s1,char *s2)
{
    while(*s1&&*s2&&*s2++==*s1++)
       ;
    return *s1-*s2;
}
```

（3）
```
#include <iostream.h>
void main( )
{
    static int a[10]={12,10,9,6,5,4,2,1};
    int n(7),i(7),x(3);
    while(x>* (a+i))
    {
       * (a+i+1)= * (a+i);
```

```
        i--;
    }
    * (a+i+1)=x;
    for(i=0;i<=n+1;i++)
        cout<<* (a+i)<<',';
    cout<<endl;
}
```

(4)
```
#include <iostream.h>
int a[ ][3]={1,2,3,4,5,6,7,8,9};
int *p[ ]={a[0],a[1],a[2]};
int **pp=p;
void main( )
{
    int (*s)[3]=a, *q=&a[0][0];
    for(int i(1);i<3;i++)
        for(int j(0);j<2;j++)
        {
            cout<<* (a[i]+j)<<','<<* (* (p+i)+j)<<','<<(* (pp+i))[j]<<',';
            cout<<* (q+3*i+j)<<','<<* (*s+3*i+j)<<endl;
        }
}
```

(5)
```
#include <iostream.h>
void main( )
{
    double g1(double,double),g2(double,double);
    double sum(double (*g1)(double,double),double (*g2)(double,double));
    cout<<"sum="<<sum(g1,g2)<<endl;
}
double sum(double(*g1)(double,double),double(*g2)(double,double))
{
    double a=4.8;
    double b=5.7;
    double c=(*g1)(a,b)+(*g2)(a,b);
    return c;
}
double g1(double x,double y)
{
    return x+y;
}
double g2(double x,double y)
{
    return x*y;
}
```

(6)
```
#include <iostream.h>
void main( )
{
    double d=3.98,e=1.34;
    double &rd=d,&re=e;
    cout<<rd+re<<','<<d+re<<endl;
    rd=2.56;
    cout<<rd+re<<','<<d+re<<endl;
    e=2.5;
```

```
        cout<<2*re<<endl;
    }
```

(7)
```
#include <iostream.h>
void main( )
{
    void fun(int,int&);
    int a,b;
    fun(5,a);
    fun(8,b);
    cout<<"a+b="<<a+b<<endl;
}
void fun(int i,int &j)
{
    j=i*3;
}
```

(8)
```
#include <iostream.h>
int &fun(int);
int aa[10];
void main( )
{
    int a=10;
    for(int i(0);i<10;i++)
        fun(i)=a+i;
    for(i=0;i<10;i++)
        cout<<aa[i]<<"  ";
    cout<<endl;
}
int &fun(int a)
{
    return aa[a];
}
```

6.5　使用指针或引用练习编程。

（1）给定三个字符串，按由大到小的顺序输出。

（2）将 10 个不等长的字符串放在一个指针数组中，对它实现如下操作：

① 查找某个字符串

② 修改某个字符串

③ 删除某个字符串

④ 复制某个字符串

⑤ 排序 10 个字符串

（3）对一个长度为 n 的字符串，用函数实现其逆序输出。

（4）有 n 个小孩按顺序号排成一圈。从第 1 个小孩开始 1 至 3 报数，凡报数为 3 的小孩从圈中出来，求最后出圈的小孩的顺序号是多少？

（5）编程实现两个字符串的交换。例如：

```
char *p1="hello";
char *p2="good";
```

使用引用作为函数参数，交换后为：

```
p1: "good"
p2: "hello"
```

第 7 章　结构和联合

结构是一种数据类型，结构变量是一种具有结构类型的变量。在 C 语言中，结构变量有较为广泛的应用。在 C++语言中，由于引进了类和对象的概念，类包含了结构类型，结构是类的一种特例。因此，C++语言中结构和结构变量使用较少，取而代之的是类和对象。

本章讲述结构和结构变量的定义格式、结构成员的表示、结构变量的赋初值和赋值、结构变量的运算。本章在讲述结构变量的基本概念的基础上，进一步讲述结构的应用，包含结构与指针、结构与数组、结构与函数等内容。本章还将介绍有关另一种构造数据类型——联合的概念和应用。

7.1 结构

结构与数组类似，它们都是数目固定的若干变量的集合，结构与数组的区别在于结构比数组更广泛。结构可以是不同数据类型变量的集合，而数组只能是相同类型变量的集合。在实际中，结构也可以是相同变量的集合。

7.1.1 结构和结构变量的定义

定义结构变量应该先定义结构，任何一个结构变量都具有某种结构模式。结构模式是结构变量所属的形式，一个结构模式可定义若干个结构变量。

1. 结构的定义格式

结构模式的定义格式如下：

```
struct 〈结构名〉
{
    〈若干成员说明〉
};
```

其中，struct 是定义结构的关键字，〈结构名〉是用来标识该结构模式的，同标识符。一对花括号内给出该结构若干个成员的说明，即给出每个成员的类型和名字。结构类型中包含的各个变量被称为成员，一个结构中的成员可以有不同的数据类型。这一点和数组有很大区别。数组类型中包含的各个变量被称为元素，一个数组中的元素只能有相同的数据类型。

例如：

```
struct card
{
  int pips;
  char suit;
};
```

该结构的名字是 card，它有两个成员，一个是 int 型的 pips，另一个是 char 型的 suit。

定义的结构在实际中都是用来描述某种客观事物的。例如，card 结构是用来描述一张扑克牌的。一张扑克牌可以用点数和花色来描述，点数为 1～13，花色有梅花、方块、红心和黑桃 4 种，分别用'c'、'd'、'h'和's'这 4 个字符来描述。又例如：

```
struct student
{
```

```
    char *name;
    char sex;
    int age;
    struct date birthday;
};
struct date
{
    int year, month, day;
};
```

这里有两个结构模式，其结构名分别为student和date。其中，结构student中有一个成员是结构date的结构变量birthday。一个结构的结构变量可以作为另一个结构的成员。

2. 结构变量的定义格式

在已有的结构模式下，定义结构变量的格式如下：

struct 〈结构名〉〈结构变量名表〉；

其中，〈结构变量名表〉中可以是一般的结构变量，也可以是指向结构变量的指针，还可以是结构数组。结构数组是数组元素为结构变量的数组。例如：

```
struct card c1, c2, *pc, cards[52];
```

其中，c1和c2是结构card的两个一般结构变量；pc是指向具有card结构模式的结构变量的指针；cards是一个一维数组名，该数组有52个元素，每个元素是一个具有结构模式card的结构变量。cards是一个结构数组名。

又如，

```
struct student s1, s2, *ps, stu[50];
```

这里，定义了4个具有student结构名的结构变量。

定义结构变量可以在定义结构模式后单独定义，也可以在定义结构模式的同时进行定义。前面例子中列举的是单独定义结构变量的情况，下面给出同时定义的例子，它们与单独定义是等价的。例如：

```
struct card
{
    int pips;
    char suit;
} c1, c2, *pc, cards[52];
```

又如，

```
struct student
{
    char *name;
    char sex;
    int age;
    struct date birthday;
} s1, s2, *ps, stu[50];
```

7.1.2 结构变量成员的表示

结构变量包含它所对应的结构模式中的若干个成员。下面介绍使用结构变量成员的表示方法。

一般结构变量的成员表示方法是，用运算符“.”将结构变量名与成员名连接起来，其格式如下：

〈结构变量名〉.〈成员名〉

例如，c1.pips和c1.suit分别表示结构变量c1的两个成员pips和suit。

指向结构变量指针的成员表示方法是，用运算符“->”将指向结构变量的指针名和成员名连接起来，其格式如下：

```
〈结构变量指针名〉->〈成员名〉
```

例如，pc->pips 和 pc->suit 分别表示指向结构变量指针 pc 的两个成员 pips 和 suit。

指向结构变量指针的成员表示也可以使用下述格式：

```
(*〈结构变量指针名〉).〈成员名〉
```

例如，(*pc).pips 和 pc->pips，(*pc).suit 和 pc->suit 都是等价的。

7.1.3　结构变量的赋值

结构变量与一般变量一样可以被赋值，也可以被赋初值。

1. 结构变量赋初值的方法

结构变量赋初值的方法与数组赋初值的方法相似，使用初始值表给结构变量各个成员初始化。在初始化时应注意：初始值表中给定的数据项的顺序应与定义结构时各成员的顺序一致。例如：

```
struct card c1={1, 'c'},c2={12, 's'};
```

表明结构变量 c1 被初始化为梅花 A，c2 被初始化为黑桃 Q。

```
struct card *pc = &c1;
```

表明指向结构变量指针 pc 初始化后，它将指向结构变量 c1。&c1 表示结构变量 c1 的地址值。

```
struct card cards[13] = {{1, 's'}, {2, 's'}, {3, 's'}, {4, 's'},
                         {5, 's'},{6, 's'}, {7, 's'}, {8, 's'}, {9, 's'},
                         {10, 's'}, {11, 's'}, {12, 's'}, {13, 's'}};
```

表明结构数组 cards 有 13 个元素，它被初始化为 13 个黑桃牌，点数为 1～13。

以上介绍了一般结构变量初始化、指向结构变量指针初始化以及结构数组初始化方法。

2. 结构变量赋值方法

给一个结构变量的赋值实际上是给该结构变量的各个成员赋值。例如：

```
struct student s1, *ps, stu[2];
s1.name ="Wang ping";
s1.old = 25;
s1.birthday.year = 1975;
s1.birthday.month = 5;
ps->birthday.day = 15;
stu[0].name = "Li ning";
stu[1].birthday.year = 1980;
```

上述表明了给一般结构变量赋值、给指向结构变量指针赋值及给结构数组的元素赋值的方法。还可以将一个结构变量整个赋值给另一个结构变量，但要求这两个结构变量具有相同的结构模式。这种方式赋值相当于将一个结构变量的所有成员分别赋给另一个结构变量的对应成员。例如：

```
struct card c1 = {5, 'h'}, c2;
c2 = c1;
```

表明结构变量 c2 的值与 c1 相同。

7.1.4　结构变量的运算

结构变量的运算主要是指结构变量成员的运算，结构变量成员具有该结构变量成员类型所允许的所有运算。结构变量在整体上只有赋值运算。

下面举例说明结构变量的赋值、输出及结构变量的运算。

【例 7.1】　结构变量的赋值及输出，分析下列程序的输出结果。

```
#include <iostream.h>
struct point
{
    double x[2];
    struct point *next;
};
void main( )
{
    struct point p1,p2, *top;
    top=&p1;
    p1.x[0]=12.5;
    top->x[1]=8.5;x
    p1.next=&p2;
    p2.x[0]=23.8;
    p1.next->x[1]=-9.3;
    p2.next=0;
    cout<<'('<<p1.x[0]<<','<<p1.x[1]<<')'<<endl;
    cout<<'('<<p2.x[0]<<','<<p2.x[1]<<')'<<endl;
}
```

执行该程序输出结果如下：

```
(12.5, 8.5)
(23.8, -9.3)
```

【程序分析】 程序中给出一个名为point的结构模式，它有两个成员：一个是double型数组x，该数组有两个元素；另一个是指向该结构的结构变量的指针next。在一个结构中，允许定义指向其自身结构的指针作为成员，而不允许定义自身结构变量作为成员，只可以定义另一个结构的结构变量作为该结构的成员。

在main( )中定义了point结构的两个一般结构变量p1、p2和一个指向结构变量的指针top，并通过赋值的方法给所定义的结构变量进行赋值。最后，将两个结构变量p1和p2的数组成员值输出显示。在输出显示一个结构变量的成员值时，一般编译系统要求表示出该结构变量的成员。

【例7.2】 分析该程序的输出结果，并分析结构变量的运算。

```
#include <iostream.h>
struct student
{
    char *name;
    long stu_no;
    float math;
    float english;
};
void main( )
{
    static struct student s1={"Ma jing",99012,89.0,78.5},
                          s2={"Lu ping",99023,90.0,85.5};
    float m1,m2;
    m1=(s1.math+s1.english)/2;
    m2=(s2.math+s2.english)/2;
    cout<<s1.name<<'\t'<<m1<<endl;
    cout<<s2.name<<'\t'<<m2<<endl;
}
```

执行该程序后，输出结果如下：

```
Ma jing 83.75
Lu ping 87.75
```

【程序分析】 该程序中定义了一个结构模式 student，它有 4 个成员。该结构用来描述一个学生的两门功课的成绩。

主函数中定义了两个结构变量 s1 和 s2，并且被初始化。程序中又对结构成员进行了运算操作。最后，输出结构变量中的某个成员值。

7.2 结构与数组

结构与数组是两种不同的数据类型，在实际应用中，数组可以作为结构成员，而结构变量又可作为数组元素，后者称为结构数组。

7.2.1 数组作为结构成员

举一个数组作为结构成员的例子。

```
struct student1
{
   char name[10];
   long student_no;
   float score[3];
}s1, s2, *ps;
```

结构 student1 有三个成员，其中两个成员是数组：一个是 char 型数组 name，表示某学生姓名；另一个是 float 型数组 score，表示三门功课的成绩。

结构成员是数组时，该数组的各元素实际上是该结构的成员。例如，student1 结构中数组成员 score 的各个元素，用结构变量 s1 表示如下：

```
s1.score[0]
s1.score[1]
s1.score[2]
```

可以直接给该数组各元素赋值：

```
s1.score[0] = 85.0
s1.score[1] = 92.5
s1.score[2] = 87.5
```

对数组成员也可以使用赋初值方法进行初始化。例如：

```
struct student1 s2 = {"Ma li", 99001, {80.5, 78.0, 92.5}};
```

数组作为结构成员，在实际中应用较多，应掌握其定义、赋值和使用方法。

7.2.2 结构变量作为数组元素

当一个数组的元素是结构变量时，该数组称为结构数组。实际中，结构数组应用较多。下面通过一个例子说明结构数组的定义、赋值和使用方法。

【例 7.3】 编程给 52 张扑克牌赋值，并将 13 张黑桃输出显示。

扑克牌的描述使用前面讲过的结构：

```
struct card
{
   int pips;
```

```
    char suit;
};
```

程序内容如下：

```
struct card
{
    int pips;
    char suit;
};
#include <iostream.h>
void assign_value(struct card *,int,char),print_value(struct card *),
           extract_value(struct card *,int *,char *);
void main( )
{
    struct card cards[52];
    for(int i=0;i<13;i++)
    {
        assign_value(cards+i,i+1,'c');
        assign_value(cards+i+13,i+1,'d');
        assign_value(cards+i+26,i+1,'h');
        assign_value(cards+i+39,i+1,'s');
    }
    for(i=0;i<13;i++)
        print_value(cards+i+39);
    cout<<'\n';
}
void assign_value(struct card *c_ptr,int p,char s)
{
    c_ptr->pips=p;
    c_ptr->suit=s;
}
void extract_value(struct card *c_ptr,int *p_ptr,char *s_ptr)
{
    *p_ptr=c_ptr->pips;
    *s_ptr=c_ptr->suit;
}
void print_value(struct card *c_ptr)
{
    int p;
    char s, *name;
    extract_value(c_ptr,&p,&s);
    name=(s=='c')?"clubs":(s=='d')?"diamonds":(s=='h')?"hearts":(s=='s')?"
spades":"error";
    cout<<"card: "<<p<<" of "<<name<<endl;
}
```

执行该程序输出结果如下：

```
card : 1 of spades
card : 2 of spades
card : 3 of spades
card : 4 of spades
card : 5 of spades
card : 6 of spades
```

```
card : 7 of spades
card : 8 of spades
card : 9 of spades
card : 10 of spades
card : 11 of spades
card : 12 of spades
card : 13 of spades
```

【程序分析】 该程序中有一个主函数和三个被调用函数。其中，函数 assign_value( )用来给扑克牌赋值；函数 extract_value( )用来给扑克牌析值，即将一张扑克牌中的点数和花色用两个一般变量表示出来；函数 print_value( )用来输出显示某张扑克牌的花色和点数。

主函数内，先定义一个结构数组 cards，然后，使用 for 循环给数组 cards 赋值，这里调用 assign_value( )函数。再通过 for 循环调用 print_value( )函数输出 13 张黑桃的点数值。

在 print_value( )函数中，又调用了 extract_value( )函数，用来将一张扑克牌的花色和点数分别存放在两个一般变量中，并将用单个字符表示的花色转换为该花色的英文单词表示。

【例 7.4】 给定某个月的英文单词中的前三个字符，输出该月的天数。假定 2 月为 28 天。

程序内容如下：

```
struct month
{
     int number_of_day;
     char name[4];
};
#include <iostream.h>
#include <string.h>
void main( )
{
     char *m;
    struct month months[12]={{31,"Jan"},{28,"Feb"},{31,"Mar"},
      {30,"Apr"},{31,"May"},{30,"Jun"},{31,"Jul"},{31,"Aug"},
      {30,"Sep"},{31,"Oct"},{30,"Nov"},{31,"Dec"}};
     cout<<"Input month's name(3 characters): ";
     cin>>m;
     for(int i=0;i<12;i++)
        if(strcmp(m,months[i].name)==0)
        {
            cout<<m<<':'<<months[i].number_of_day<<endl;
            break;
        }
}
```

执行程序，输出结果如下：

```
Input month's name (3 characters) : Nov↙
Nov: 30
```

【程序分析】 该程序中定义了一个名为 month 的结构，该结构中的一个成员 name 是一个 char 型数组。主函数中又定义了一个结构数组 months，它有 12 个元素。该程序中，既有数组作为结构成员，又有结构变量作为数组元素。结构数组 months 被初始化。

程序中还调用了字符串处理函数 strcmp( )，进行两个字符串是否相同的比较。

7.3 结构与函数

结构在函数方面的应用主要表现在以下两个方面：

- 结构变量和指向结构变量的指针作为函数参数
- 结构变量和指向结构变量的指针作为函数的返回值

7.3.1 结构变量和指向结构变量的指针作为函数参数

1. 结构变量作为函数参数

结构变量作为函数的形参，要求调用函数的实参也要用结构变量，并且应该是相同结构模式的结构变量。在函数调用时，系统将实参复制一个副本给形参。如果实参是一个较为复杂的结构变量，则在复制副本的过程中将会造成较大的时间和空间的开销。这种调用方式在被调用函数中无法改变调用函数的参数。

下面举一个结构变量作为函数参数的实例。

【例 7.5】 已知两个复数 5.6+i4.8 和 3.4+i1.2，求它们的和与乘积。

描述复数运算使用下述结构模式：

```
struct complex
{
  double re;
  double im;
};
```

程序内容如下：

```
struct complex
{
    double re,im;
};
#include <iostream.h>
void main( )
{
    struct complex x={5.6,4.8},y={3.4,1.2};
    struct complex z1,z2,add(struct complex,struct complex),
        multiply(struct complex,struct complex);
    z1=add(x,y);
    z2=multiply(x,y);
    cout<<'('<<x.re<<"+i"<<x.im<<")+("<<y.re<<"+i"<<y.im<<")=";
    cout<<'('<<z1.re<<"+i"<<z1.im<<')'<<endl;
    cout<<'('<<x.re<<"+i"<<x.im<<")*("<<y.re<<"+i"<<y.im<<")=";
    cout<<'('<<z2.re<<"+i"<<z2.im<<')'<<endl;
}
struct complex add(struct complex x,struct complex y)
{
    struct complex z;
    z.re=x.re+y.re;
    z.im=x.im+y.im;
    return z;
}
struct complex multiply(struct complex x,struct complex y)
```

```
{
    struct complex z;
    z.re=x.re*y.re-x.im*y.im;
    z.im=x.re*y.im+x.im*y.re;
    return z;
}
```

执行该程序，输出结果如下：

```
(5.6+i4.8)+(3.4+i1.2)=9+i6
(5.6+i4.8) * (3.4+i1.2)=(13.28+i23.04)
```

【程序分析】 该程序中除主函数外，还有两个返回值为结构变量的函数 add( )和 multiply( )，前一个函数用来求两个结构变量的和，后一个函数用来求两个结构变量的积。这两个函数的形参都是具有 complex 结构模式的结构变量。

2. 指向结构变量的指针作为函数参数

指向结构变量的指针作为函数的形参时，要求调用函数的实参用指向相同结构模式的结构变量的地址值，实现传址调用。采用这种调用方式时，被调用函数中可以通过改变形参指针所指向的变量的值来改变实参的值。这种调用比使用结构变量作为函数参数实现传值调用的效率更高。因为传址调用时只需传递结构变量的地址值，而不需要传递实参的副本，因此将大大减少时间和空间上的开销。在实际应用中，为提高运行效率往往采用指向结构变量的指针作为函数参数。

下面举一个指向结构变量指针作为函数参数的实例。

【例 7.6】 已知今天的日期（含年、月、日），输出明天的日期。

描述日期所采用的结构模式如下：

```
struct date
{
  int year, month, day;
};
```

程序内容如下：

```
#include <iostream.h>
struct date
{
    int year,month,day;
};
void main( )
{
    int is_leap_year(struct date *),number_of_days(struct date *);
    struct date today,tomorrow;
    cout<<"Enter today's date(yyyy/mm/dd):\n";
    cin>>today.year>>today.month>>today.day;
    if(today.day!=number_of_days(&today))
    {
        tomorrow.day=++today.day;
        tomorrow.month=today.month;
        tomorrow.year=today.year;
    }
    else if(today.month==12)
    {
        tomorrow.day=1;
        tomorrow.month=1;
```

```
            tomorrow.year=today.year+1;
        }
        else
        {
            tomorrow.day=1;
            tomorrow.month=today.month+1;
            tomorrow.year=today.year;
        }
        cout<<"Tomorrow's date is "<<tomorrow.year<<'/'<<tomorrow.month<<'/'
            <<tomorrow.day<<endl;
    }
    int is_leap_year(struct date *pd)
    {
        int leap_year=0;
        if((pd->year%4==0&&pd->year%100!=0)||pd->year%400==0)
            leap_year=1;
        return leap_year;
    }
    int number_of_days(struct date *pd)
    {
        int day;
        int days_ptr_month[13]={0,31,28,31,30,31,30,31,31,30,31,30,31};
        if(is_leap_year(pd)&&(pd->month==2))
            day=29;
        else
            day=days_ptr_month[pd->month];
        return day;
    }
```

执行该程序，输出结果如下：

```
Enter today's date (yyyy/mm/dd):
2000 8 31↙
Tomorrow's date is 2000/9/1
```

【程序分析】 该程序中除主函数外，还有两个函数：一个是由 main( )来调用的 number_of_days( )函数，该函数用来返回某个月有多少天，该函数的一个形参是指向结构变量的指针；另一个是被 number_of_days( )函数调用的 is_leap_year( )函数，该函数用来返回某一年是否是闰年，这与计算 2 月的天数有关，该函数的参数也是指向结构变量的指针。

该程序的算法是将今天的日期分为三种情况来确定明天的日期。第一种情况是今天的日期不等于该月的天数，则明天日期的年、月不变，日加 1；第二种情况是今天日期等于该月的天数，并且又是 12 月，则明天日期的年加 1，月、日各为 1；第三种情况是今天日期等于该月天数，但不是 12 月时，则年不变，月加 1，日为 1。这三种情况通过 if—else if—else 语句实现。

7.3.2 结构变量和指向结构变量的指针作为函数返回值

结构变量可以作为函数参数，又可以作为函数的返回值。一个函数的返回值为结构变量时，该函数又称为结构函数。关于结构变量作为函数返回值的例子，前面已经讲过，详见例 7.5。该例程序中，函数 add( )和 multiply( )都是结构函数。

指向结构变量的指针作为函数返回值时，该函数称为指针函数。

下面举一个指向结构变量的指针作为函数参数的实例。

【例 7.7】 已知若干个学生的成绩，编程从中查找某个学生的成绩。

描述某个学生成绩使用下述结构模式：

```
struct student
{
 char *name;
 double score[3];
};
```

假定查找某个学生成绩时使用学生姓名，实际中应使用学生学号，因为姓名可能相同。

程序内容如下：

```
struct student
{
    char *name;
    double score[3];
};
#include <iostream.h>
#include <string.h>
void main( )
{
    struct student stu[5]={{"Ma",89.0,78.5,85.0},
        {"Li",90.5,82.0,84.5},{"Wang",89.5,95.0,75.0},
        {"Fan",78.0,85.5,88.0},{"Huang",90.0,96.5,89.0}};
    struct student *s1, *find(struct student s[]);
    s1=find(stu);
    if(s1==0)
        cout<<"error\n";
    else
        cout<<s1->name<<": "<<s1->score[0]<<','<<s1->score[1]<<','
            <<s1->score[2]<<endl;
}
struct student *find(struct student s[])
{
    char name1[20];
    cout<<"Input student's name: ";
    cin>>name1;
    for(int i=0;i<5;i++)
    {
        if(strcmp(name1,s[i].name)==0)
            return s+i;
    }
    return 0;
}
```

执行该程序，输出结果如下：

```
Input student's name: Fan↙
Fan: 78, 85.5, 88
```

【程序分析】 该程序的主函数中调用了函数 find( )，该函数是一个返回值为指向结构变量的指针。

7.4 联合

联合是另一种构造的数据类型，它与数组、结构有相似之处，但是它们又不完全相同。联合是类型不同、数目固定的若干个变量的集合，这一点与结构相似。联合与结构的区别在于：结构中的若干个成员是异址的，而联合中的若干个成员是共址的。这就是说，组成某个联合的若干个成员公用一个内存地址。由于联合的这一特征，决定了联合与结构之间存在着一些区别。

7.4.1 联合的概念

1. 联合和联合变量定义格式

联合和联合变量定义格式与结构和结构变量定义格式相似，但是所用的关键字不同。联合定义格式如下：

```
union 〈联合名〉
{
  〈联合成员说明〉;
};
```

其中，union 是联合的关键字，〈联合名〉同标识符，〈联合成员说明〉中对该联合所有成员逐一进行类型说明。几乎所有类型都可作为联合的成员，包含结构变量等。

联合变量定义格式如下：

```
union 〈联合名〉 〈联合变量名表〉;
```

其中，〈联合变量名表〉中包含若干个一般联合变量和指向联合变量的指针。

在定义一个联合变量之前，必须先定义一种联合模式。任何一个联合变量都是属于某种联合模式的联合变量。例如：

```
union data
{
  char c_data;
  int i_data;
  double d_data;
};
 union data d1, d2, *pd;
```

其中，union 是关键字，data 是联合名，该联合有三个成员，它们分别是 char 型成员 c_data、int 型成员 i_data 和 double 型成员 d_data。d1 和 d2 是两个具有 data 联合模式的联合变量名，pd 是一个指向具有 data 联合模式的联合变量的指针名。

上述联合变量也可以写成下述形式：

```
union data
{
  char c_data;
  int i_data;
  double d_data;
} d1, d2, *pd;
```

2. 联合成员的表示方法

联合成员的表示方法与结构成员的表示方式相同。一般联合变量成员表示如下：

〈联合变量名〉.〈联合成员名〉

例如，d1.i_data 表示联合变量 d1 的 int 型变量成员 i_data，d2.d_data 表示联合变量 d2 的 double 型变量成员 d_data。

指向联合变量指针成员表示如下：

〈指向联合变量指针名〉 -> 〈联合成员名〉

例如：

pd -> c_data 表示指向联合变量指针 pd 的 char 型变量成员 c_data。

3. 联合变量的赋值

给联合变量赋值就是给该变量的某一个成员赋值。例如：

```
d1.c_data ='m';
d1.i_data = 125;
d2.d_data = 45.5;
```

给指向联合变量指针赋值与上述给联合变量赋值方法相似，只是成员表示不同。例如，

```
pd -> c_data ='x';
pd -> i_data = 26;
pd -> d_data = 7.5;
```

由于联合变量中的若干个成员公用一个内存地址，因此，在联合变量中，只有最近一次被赋值的成员是有意义的。

联合变量的运算仅指其成员的运算，由于联合成员的共址特性，增加了联合变量运算的局限性。

下面通过实例说明联合成员的共址特性。

【例 7.8】 分析下列程序的输出结果，并说明联合成员的公共特性。

```
#include <iostream.h>
union data
{
    float f_data;
    int i_data;
    double d_data;
};
void main( )
{
    union data d;
    d.f_data=2.4;
    d.i_data=18;
    d.d_data=25.9;
    cout<<d.f_data<<','<<d.i_data<<','<<d.d_data<<endl;
    cout<<sizeof(d)<<endl;
    cout<<&d<<','<<&d.f_data<<','<<&d.i_data<<','<<&d.d_data<<endl;
}
```

执行该程序输出结果如下：

```
? , ? , 25.9
8
0x0065FDF0, 0x0065FDF0, 0x0065FDF0, 0x0065FDF0
```

【程序分析】 该程序定义了一个具有三个成员的联合 data，又定义了该联合的一个联合变量 d。分别给联合变量 d 的三个成员赋值，再输出该联合变量三个成员的值，显然这时只有最近一次赋值的成员是有效的，而前边两次赋值是无意义的。

输出联合变量d所占内存的字节数为8。这说明该联合中各个成员所占的内存字节数最大为8。系统规定，在某个联合的诸多成员中，选定数据长度最大者作为该联合变量所占内存的数据长度，这将保证联合成员中具有最大数据长度的成员能够安全地存放在该联合变量所被分配的内存单元中。

该程序最后输出的该联合三个成员的地址都是相同的。

【例7.9】 分析下列程序的输出结果，并指出该结果说明什么问题。

```
#include <iostream.h>
void main( )
{
    union
    {
        int ig[3];
        char s[12];
    }t;
    t.ig[0]=0x20494542;
    t.ig[1]=0x474e494a;
    t.ig[2]=0x00000a21;
    cout<<t.s;
}
```

执行该程序，输出结果如下：

```
BEI JING!
```

【程序分析】 该程序中定义了一个联合，该联合是无名的，在定义联合时一次性说明了联合变量。该联合有两个成员：一个是int型成员数组ig，另一个是char型成员数组s。

程序中按其int型成员数组ig的各个元素进行赋值，每个元素中存放8位十六进制数，每2位十六进制数表示一个字符的ASCII码值，共三个元素，即存放12个字符的ASCII码值。然后，将联合变量t所存放的内容，按其字符串输出。因为存放的内容中有ASCII码值为0的字符。输出结果应该是按int型数组所存放的字符的ASCII码值所对应的字符。因此，出现上述的输出结果。其中，0x0a对应的字符为换行符。这一输出结果充分说明联合的若干个成员是公用内存同一个地址的。

7.4.2 联合的应用

由于联合成员是共址的，这使得联合的应用远不及结构那样广泛。联合成员的共址特征使得只能对联合变量成员赋值，并且只有当前赋值成员有效，不能对联合变量赋值。不能用联合变量作为函数参数，也不能用联合变量作为函数的返回值，只能用指向联合变量的指针作为函数参数。

在实际编程中，有时会出现相互排斥的情况，此时使用联合十分方便。例如，某学校有些学生住在校内，另一些学生住在校外，对校内和校外地址的描述是不同的。而对于一个学生来讲，校内和校外地址只可选择一种，不可能一个学生同时存在两种地址，因此，描述一个学生的地址可用下述联合来表示：

```
union address
{
   struct off_school town;
   struct in_school gown;
};
```

该联合有两个成员，它们都是结构变量，分别用结构变量来描述学生的校外地址和校内地址。

描述校外地址所用结构模式如下：

```
struct off_school
{
   int strnum;
   char strname[20];
   char city[20];
};
```

描述校内地址所用结构模式如下：

```
struct in_school
{
   char collname[10];
   char dorm[10];
   int roomnum;
};
```

从这个例子中可以看出：

① 在出现两个相互排斥条件的情况下，可选用联合，因为在某一个时刻只能出现其中的一种条件。

② 联合中可以有结构变量，同样地，结构中也可以出现联合变量，它们之间是可以相互嵌套的，例如：

```
struct student
{
    char name[20];
    int stunum;
    double score[5];
    union address add;
};
```

上述结构中出现了联合变量 add。

【例 7.10】 假定一个学生的信息包含如下内容：学号、姓名、三门功课的成绩和住址。其中，住址又分校内和校外两种。描述学生的结构格式如下：

```
struct student
{
     long stunum;
     char name[20];
     int grade[3];
     char off_in;
     union address add;
 };
```

其中，char 型变量 off_in 用来标识该学生是住在校内（用'n'表示）还是住在校外的（用'f'表示）。

编程输入每个学生的信息，并通过姓名查找某个学生的住址和三门功课的总成绩。

程序内容如下：

```
struct off_school
{
     int strnum;
     char strname[20];
     char city[20];
};
struct in_school
{
     char collname[10];
```

```
    char dorm[10];
    int roomnum;
};
union address
{
    struct off_school town;
    struct in_school gown;
};
struct student
{
    long stunum;
    char name[20];
    int grade[3];
    char off_in;
    union address add;
}s[4]={{99001,"Ma",{89,85,78},'f'},{99002,"Wang",{92,95,90},'n'},
     {99003,"Lu",{78,80,81},'f'},{99004,"Zhang",{89,86,81},'n'}};
#include <iostream.h>
#include <string.h>
void main( )
{
    char name[20];
    for(int i=0;i<4;i++)
    {
        cout<<"Input address--";
        if(s[i].off_in=='f')
        {
            cout<<"strnum,strname,city: ";
            cin>>s[i].add.town.strnum>>s[i].add.town.strname
                >>s[i].add.town.city;
        }
        else
        {
            cout<<"collname,dorm,roomnum: ";
cin>>s[i].add.gown.collname>>s[i].add.gown.dorm>>s[i].add.gown.roomnum;
        }
    }
    cout<<"Input name: ";
    cin>>name;
    for(i=0;i<4;i++)
    {
        if(!strcmp(s[i].name,name))
            if(s[i].off_in=='f')
            {
                cout<<s[i].add.town.strnum<<','<<s[i].add.town.strname<<','
                    <<s[i].add.town.city<<endl;
                 cout<<s[i].grade[0]+s[i].grade[1]+s[i].grade[2]<<endl;
            }
            else
            {
                 cout<<s[i].add.gown.collname<<',' <<s[I].add.gown.dorm<<','
                    <<s[i].add.gown.roomnum<<endl;
```

```
                cout<<s[i].grade[0]+s[i].grade[1]+s[i].grade[2]<<endl;
            }
        }
    }
```

执行该程序，结果如下：

```
Input address — strnum, strname, city: 307 Haidian Beijing↙
Input address — collname, dorm, roomnum: BeiDa 25d 120↙
Input address — strnum, strname, city: 416 Haidian Beijing↙
Input address — collname, dorm, roomnum: BeiDa 41d 410↙
Input name: Zhang↙
BeiDa 41d 410
256
```

【程序分析】　结构 student 中有一个联合变量 add 作为结构的成员，而该联合变量对应的联合模式又是由两个结构变量组成的。这是一个结构和联合相互嵌套的例子。

习题 7

7.1　简答题

（1）什么是结构？它与数组有什么区别？

（2）如何定义结构？如何定义结构变量？

（3）结构变量的成员如何表示？指向结构变量指针的成员如何表示？

（4）如何给结构变量赋初值？如何给结构变量赋值？

（5）结构变量可以进行哪些运算？

（6）什么是结构数组？如何定义结构数组？如何给结构数组赋值和赋初值？

（7）结构变量作为函数参数与指向结构变量的指针作为函数参数有什么不同？

（8）什么是联合？联合与结构有什么区别？

（9）如何定义联合和联合变量？如何给联合变量赋值？

（10）联合变量有哪些应用？

7.2　选择填空

（1）在一个结构中，不允许（　）作为结构成员。

A）数组　　B）指针

C）另一结构的结构变量　　D）自身结构的结构变量

（2）下列结构变量的定义中有（　）处错误。

```
struct
{
   int x;
   char y;
   double x;
}x,y,z
```

A）1　　B）2　　C）3　　D）4

（3）下列对结构变量赋值的描述中，（　）是错误的。

A）结构变量可以使用初始值表对它进行初始化

B）可以给一个结构变量的各个成员赋值

C）可将任意已知的结构变量名赋给一个结构变量

D）可将一个已知的结构变量名赋给相同结构模式的另一个结构变量

（4）联合变量成员的内存地址是（　），所占内存字节数是（　）。

A）相同的　相同的　　　　　　　B）相同的　不同的

C）不同的　相同的　　　　　　　D）不同的　不同的

（5）下列定义的错误是（　）。

```
union abc
{
  int abc;
  double abc;
} abc;
```

A）联合名与联合变量名同名　　　　B）联合名与联合成员同名

C）联合的两个成员同名　　　　　　D）联合名、联合成员名和联合变量名相同

7.3　判断下列描述是否正确，对者画√，错者画×。

（1）结构和数组的区别在于结构成员可以是不同类型的，而数组元素是相同类型的。

（2）结构和联合的区别在于结构成员是异址的，而联合成员是同址的。

（3）指向结构变量指针和结构变量都可作为函数参数，并且作用相同。

（4）无名结构是不允许定义结构变量的。

（5）某个结构数组中可包含不同结构的结构变量。

（6）指向结构变量指针定义后没有赋值是不能使用的。

（7）在同一联合中，联合名、联合成员名和联合变量名是不允许相同的。

（8）联合变量可以像结构变量一样使用初始值表给联合的各个成员赋初值。

（9）可将一个已知的联合变量赋值给另一个相同联合模式的联合变量。

（10）联合成员和结构成员表示都使用运算符“.”和“->”。

7.4　分析下列程序的输出结果。

（1）
```
#include <iostream.h>
#include <string.h>
struct student1
{
    char *name;
    double score;
}*p;
void main( )
{
    struct student1 s1;
    p=&s1;
    p->name=(char *)new char[50];
    p->score=95.5;
    strcpy(p->name,"Ma ping");
    cout<<p->name<<','<<(*p).score<<endl;
}
```

（2）
```
#include <iostream.h>
struct student2
{
    char name[20];
    long stunum;
    double score;
};
void main( )
```

```
{
    void fun(struct student2 *);
    struct student2 s[ ]={{"Li",98001,98.0},{"Ma",98002,89.5},
                    {"Zhu",98003,85.0},{"Gao",98004,85.0}};
    fun(s+1);
}
void fun(struct student2 *s)
{
    cout<<s->name<<'\t'<<(*s).score<<endl;
}
```

(3)
```
#include <iostream.h>
struct abc
{
    int a, *b;
}*p;
int x[]={6,7},y[]={8,9};
void main( )
{
    struct abc a[]={20,x,30,y};
    p=a;
    cout<<*p->b<<endl;
    cout<<(*p).a<<endl;
    cout<<++p->a<<endl;
    cout<<++(*p).a<<endl;
}
```

(4)
```
#include <iostream.h>
union abc
{
    int i;
    char c;
    double d;
}d;
void main( )
{
    d.c='a';
    cout<<"d size-->"<<sizeof(d)<<endl;
    cout<<"d.d size-->"<<sizeof(d.d)<<endl;
    cout<<"abc size-->"<<sizeof(abc)<<endl;
    cout<<"d.i="<<(0x000000ff&d.i)<<endl;
}
```

(5)
```
#include <iostream.h>
#include <iomanip.h>
struct tag
{
    char low,high;
};
union word1
{
    struct tag byte;
    short int word;
}w;
void main( )
```

```
{
    w.word=0x00004241;
    cout<<"word value: "<<hex<<w.word<<endl;
    cout<<"low value: "<<w.byte.low<<endl;
    cout<<"high value: "<<w.byte.high<<endl;
}
```

7.5　使用结构变量编写下述程序，并上机验证。

（1）使用一个含有年、月、日成员的结构变量，指定某个日期后，计算该日在本年中是第几天。考虑闰年问题。

（2）某书店出售下列计算机书籍，其书名、数量和单价如下：

```
Pascal      40      21.5
FoxPro      50      20.0
C           80      25.0
```

按下列要求编程：

① 显示各种书名、数量和单价；

② 按书名查找某种书籍的数量；

③ 给定书名和数量计算应付金额；

④ 增添新的书名、数量和单价，例如：

```
Office97    60      24.0
```

第8章　类和简单对象

本章介绍 C++语言中类和对象的基本概念及对它们的简单操作。本章讲述类的定义格式、对象的定义方法及对象的初始化和赋值等操作。这些是面向对象程序设计语言中最基础的内容。在此基础上，讲述成员函数的特性、静态成员、常成员、指向成员的指针和友元等内容。这些内容是对类和对象的进一步分析和补充，从而加深对类和对象的理解，丰富对类和对象的操作。

8.1　类的定义

8.1.1　类的概念

类是一种复杂的数据类型，它是将不同类型的数据和与这些数据相关的操作封装在一起的集合体。因此，类具有对数据的抽象性、隐藏性和封装性。

类是对现实世界中的客观事物的抽象，将具有相同属性的一类事物称作某个类。例如，将路上跑的各式各样的汽车抽象出它们相同的属性，称作汽车类。任何一种汽车都是属于汽车类中的一个实体，又称为一个实例，这便是对象。类是根据实际问题的需要，由用户抽象出共同的属性后定义的一种类型，又称为自定义类型。

类的结构用来确定类对象的行为，这些行为是由类的内部数据结构和相关的操作来确定的。而类的外部行为，又称服务，它是通过一种操作接口来描述的。由于类具有隐藏性，因此人们对于被隐藏的数据和操作并不关心，而关心的是类通过操作接口所能提供的外部服务。

8.1.2　类的定义格式

在程序中，类是按照所指定的格式来定义的。类的定义格式一般地分为两大部分：说明部分和实现部分。说明部分用来说明该类中的若干个成员，包括被说明的数据成员和成员函数。数据成员的说明包括该数据成员的名字和它的类型；成员函数是用来对数据成员进行操作的类内函数，又称为方法。一个类总要使用某些成员函数作为该类的外部行为，即提供的服务。实现部分用来给出说明部分中所说明的成员函数的实现或定义。概括地说，类的说明部分放在类体内，告诉使用者“做什么”，而类的实现部分放在类体外，告诉使用者“怎么做”。在一般情况下，使用者只关心“做什么”，而不关心“怎么做”。

有些简单类将说明部分和实现部分合并在一起，都放在类体内。

类的一般定义格式如下：

```
//说明部分
class 〈类名〉
{
  public:
       〈成员函数和数据成员的说明或实现〉
  private:
       〈数据成员和成员函数的说明或实现〉
};
//实现部分
  〈各个成员函数的实现〉
```

其中，class 是定义类的关键字。〈类名〉是一种标识符。有人习惯用以 T 字母开始的字符串作为类名，以示与对象、函数相区分。一对花括号规定了类体的范围。类体用来说明类的成员，包括数据成员和成员函数。从访问权限上来分，类的成员又分为以下三种：

- 公有的（public）
- 私有的（private）
- 保护的（protected）

公有成员不仅可以被成员函数引用，而且可以在程序中被引用。公有成员提供了类的接口功能。通常将类中的全部或部分的成员函数定义为公有成员。

私有成员是被隐藏的数据，只有该类的成员函数或友元函数才可以引用它，在程序中不可访问。通常将一些数据成员定义为私有成员。

保护成员在不同的条件下，具有公有成员或者私有成员的特性，将在第 10 章中讲述。

关键字 public，private 和 protected 被称为访问权限控制符，用它们来规定成员的访问权限。在类体内，它们出现的顺序和次数是没有限制的。

成员函数必须在类体内给出原型说明。关于该函数的实现，可以放在类体内，也可以放在类体外。放在类体内定义的成员函数被默认为内联函数，而放在类体外定义的成员函数是非内联函数。如果要定义为内联函数，则需加上关键字 inline。

根据对类的定义格式及上述说明，下面给出一个关于日期的类的定义。

```
//说明部分
class TDate
{
  public:
    void SetDate(int y,int m,int d);
    int IsLeapYear( );
    void Print( );
  private:
    int year,month,day;
};
//实现部分
void TDate::SetDate(int y,int m,int d)
{
  year=y;
  month=m;
  day=d;
}
int TDate::IsLeapYear( )
{
  return (year%4==0&&year%100!=0)||(year%400==0);
}
void TDate::Print( )
{
  cout<<year<<','<<month<<','<<day<<endl;
}
```

以上是对类 TDate 的全部定义的内容。为了书写方便，常常将上述对类 TDate 的定义放在一个头文件中，如 tdate.h。

下面分析类 TDate 的定义内容。

该类体内说明了 6 个成员，其中三个成员函数是公有的，三个数据成员是私有的。类体内只对成员函数进行原型说明，没有写出它们的函数体。它们的实现写在类体外。

在类体外定义成员函数，格式如下：

```
〈函数类型〉 〈类名〉 :: 〈成员函数名〉(〈参数表〉)
{
    〈函数体〉
}
```

其中，作用域运算符（::）用来标识某个成员函数是属于哪个类。

该类中三个成员函数的功能描述如下。

成员函数 SetDate( )有三个形参，无返回值，用来给对象设置日期值。成员函数 IsLeapYear( )无参数，返回值为 int 型，用来判断给定的某一年是否是闰年，返回值为 1，表示是闰年；返回值为 0，表示不是闰年。成员函数 Print( )既无参数，又无返回值，用来将某个日期输出显示在屏幕上。这里，注意函数命名方法，在由多个英语单词组成的名字中，往往将每个单词的第一个字母用大写字母，其余用小写字母，单词之间不加分隔符。

该类中的三个私有的数据成员都是 int 型变量，其名字为 year，month 和 day。

将上述日期类中的三个成员函数的实现写在类体内，格式如下：

```
//TDate 类的定义格式
class TDate
{
 public:
   void SetDate(int y,int m,int d)
   {
     year=y;
     month=m;
     day=d;
   }
   int IsLeapYear( )
   {
     return (year%4==0&&year%100!=0)||(year%400==0);
   }
   void Print( )
   {
     cout<<year<<','<<month<<','<<day<<endl;
   }
 private:
   int year,month,day;
};
```

8.1.3 类定义举例

前面曾举过一个类定义的例子，这里再举一个例子，并指出定义类时应注意的事项和习惯用法。

【例 8.1】 编程描述点坐标，并将二维点坐标类的定义放入 tpoint.h 文件中。

tpoint.h 文件内容如下：

```
//Tpoint 类的说明部分
class Tpoint
{
 public:
   void SetPoint(int x,int y);
```

```
    int Xcoord( ) { return X;}
    int Ycoord( ) { return Y;}
    void Move(int xOffset,int yOffset);
  private:
    int X,Y;
};
//Tpoint 类的实现部分
void Tpoint::SetPoint(int x,int y)
{
  X=x;
  Y=y;
}
void Tpoint::Move(int xOffset,int yOffset)
{
  X+=xOffset;
  Y+=yOffset;
}
```

【程序分析】 以上是二维点类的整个定义。点类名为Tpoint，该类中有4个公有的成员函数，还有2个私有的数据成员。其中，成员函数SetPoint( )用来给对象的数据成员赋值，成员函数Xcoord( )和Ycoord( )分别用来返回数据成员X和Y的值。因为X和Y是两个私有的数据成员，外部函数无法直接访问它们，只有通过类中所定义的成员函数来访问它们，并返回其值。成员函数Move( )用来改变某个点的坐标值，该类的2个私有成员X和Y用来表示某点的两个坐标值。

在类定义中应注意以下事项。

① 类体内包含数据成员和成员函数。数据成员的类型可以是C++语言所允许的所有类型，如整型、浮点型、字符型、数组、指针和引用等，也可以是另一个类的对象和指向对象的指针，但是，不能是自身类的对象，可以是自身类的指针或引用。成员函数可以在类体内定义，也可以在类体外定义。下面是另一个类的对象作为这个类的成员的例子。

```
class A;
class B
{
  …
  private:
    class A a;
};
class A
{
   public:
     void fun(B b);
     …
};
```

注意：在类B中出现了类A的对象a作为成员。由于类A定义在类B的后面，则需要在类B前面对类A进行说明。如果类A定义在类B的前面，这种说明就不必要了。另外，在类A中说明了一个成员函数fun( )，它的参数是类B的一个对象。关于对象作为函数参数后面还将讲述。

② 在类体内，允许对成员函数进行定义，但是，不允许对数据成员进行初始化。例如，下边的定义是错误的。

```
class Tpoint
{
  public:
    …
  private:
    int X(5),Y(10);
};
```

这里，不允许对数据成员 X 和 Y 进行初始化。

③ 一般习惯于在类体内先说明公有成员，再说明私有成员，因为公有成员是用户所关心的。在说明数据成员时，一般按其成员类型的大小，由小到大说明，这样可以提高存储空间的利用率。

④ 一般习惯将类定义的说明部分或者整个定义部分放在一个头文件中，这样做是为了以后引用起来比较方便。例如，前面定义的类 Tpoint 被存放在 tpoint.h 中，而类 TDate 被放在 tdate.h 中。在以后的程序中，使用这两个类时，只需使用文件包含命令，将它们包含到程序就可以了。

8.2 对象的定义和成员表示

8.2.1 对象的定义格式

前面讲述了类的定义方法。对象是类的实例，任何一个对象都是属于某个已知类的。因此，在定义对象之前必须先定义类。

对象的定义格式如下：

〈类名〉〈对象名表〉;

其中，〈类名〉是所定义的对象所属类的名字。〈对象名表〉中可以有一个或多个对象名，多个对象名之间用逗号分隔。〈对象名表〉中可以是一般的对象名，也可以是指向对象的指针名或引用名，还可以是对象数组名。

例如，定义类 TDate 的对象如下：

```
TDate date1, date2, *pdate, date[31];
```

其中，TDate 是类名；date1 和 date2 是两个一般对象名；pdate 是指向类 TDate 的对象的指针名；date[31]是对象数组，该数组是一个具有 31 个元素的一维数组，每个数组元素是一个类 TDate 的对象。

又如，定义类 Tpoint 的对象如下：

```
Tpoint p1, p2, *ppoint, &rp=p1;
```

其中，Tpoint 是类名；p1 和 p2 是两个 Tpoint 类的一般对象名；ppoint 是指向 Tpoint 类的对象的指针名；rp 是一个引用名，被初始化后，rp 是对象 p1 的别名。

在使用类定义对象时，直接用类名，而不要在类名前加关键字 class。

8.2.2 对象的成员表示

一个对象的成员就是该对象所属类的成员。对象的成员与它所属类的成员一样，有数据成员和成员函数。学过 C 语言中结构变量的读者应该知道，结构变量的成员用“.”表示，指向结构变量指针的成员用“->”表示。对象成员表示与此相同。

一般对象的成员表示如下：

〈对象名〉.〈数据成员名〉

〈对象名〉.〈成员函数名〉(〈参数表〉)

指向对象的指针的成员表示如下：

〈对象指针名〉->〈数据成员名〉

〈对象指针名〉->〈成员函数名〉(〈参数表〉)

或者

(*〈对象指针名〉).〈数据成员名〉

(*〈对象指针名〉).〈成员函数名〉(〈参数表〉)

下面结合前面讲过的两个类的例子，说明对象成员的表示。

例如，类 TDate 的对象 date1 的三个数据成员的表示如下：

```
date1.year，date1.month，date1.day
```

这里，分别表示对象 date1 的 year 成员、month 成员和 day 成员。

又如，类 Tpoint 的对象 p1 的 4 个成员函数的表示如下：

```
p1.SetPoint(x,y),p1.Xcoord( ),p1.Ycoord( ), p1.Move(dx,dy)
```

这里，p1.SetPoint(x,y)表示对象 p1 的成员函数 SetPoint( )，其中 x 和 y 是两个实参，用这种方式来表示调用这个成员函数。其他成员函数的表示与此相同。

例如，指向类 TDate 对象的指针 pdate 的三个数据成员的表示如下：

```
pdate->year，pdate->month，pdate->day
```

这里，分别表示对象指针 pdate 的 year 成员、month 成员和 day 成员。

又如，类 TDate 的指向对象的指针 pdate 的三个成员函数的表示如下：

```
pdate->SetDate(y,m,d), pdate->IsLeapYear( ),pdate->Move(dx,dy)
```

或者

```
(*pdate). SetTDate(y,m,d), (*pdate). IsLeapYear( ), (*pdate). Move(dx,dy)
```

这里，所有成员函数的参数表是实参表。

另外，关于对象引用的成员表示与一般对象的成员表示相同。例如，类 Tpoint 的对象引用 rp 的成员表示如下：

```
rp.X，rp.Y，rp.SetPoint (〈实参表〉)
```

由同一个类所创建的若干个对象的数据结构是相同的，类中的成员函数是共享的。两个不同对象的名字是不相同的，它们的数据结构的内容（即数据成员的值）可以不同。系统对已定义的对象，只分配它的数据成员的存储空间，用来存放它的数据成员。不同对象的数据成员的值大多是不相同的。

【例 8.2】 分析下列程序的输出结果，并学会对象的定义和对象成员的表示。

```
#include <iostream.h>
#include "tdate.h"
void main( )
{
    TDate d1,d2;
    d1.SetDate(1999,12,23);
    d2.SetDate(2000,4,2);
    cout<<d1.IsLeapYear( )<<","<<d2.IsLeapYear( )<<endl;
    d1.Print( );
    d2.Print( );
}
```

执行该程序输出，结果如下：

```
0,1
1999,12,23
2000,4,2
```

其中，0 和 1 分别表示 1999 年不是闰年，2000 年是闰年。

【程序分析】 该程序中包含了 tdate.h 文件，该头文件中定义了 TDate 类。程序中定义了两个类 TDate 的对象 d1 和 d2。通过调用成员函数 SetDate( )给对象 d1 和 d2 的数据成员赋值，又通过调用 IsLeapYear( )函数来判断 d1 和 d2 所给定的年份是否是闰年。最后，通过调用成员函数 Print( )输出显示对象 d1 和 d2 的私有的数据成员的值，即年、月、日。

【例 8.3】 分析下列程序的输出结果，进一步学会有关对象的定义、成员函数的调用的用法。

```
#include <iostream.h>
#include "tpoint.h"
void main( )
{
    Tpoint p1,p2, *pp;
    pp=new Tpoint;
    p1.SetPoint(3,8);
    p2.SetPoint(6,8);
    pp->SetPoint(5,7);
    p1.Move(2,2);
    p2.Move(-1,-1);
    (*pp).Move(3,-3);
    cout<<"x1="<<p1.Xcoord( )<<",y1="<<p1.Ycoord( )<<endl;
    cout<<"x2="<<p2.Xcoord( )<<",y2="<<p2.Ycoord( )<<endl;
    cout<<"x3="<<pp->Xcoord( )<<",y3="<<(*pp).Ycoord( )<<endl;
}
```

执行该程序，输出结果如下：

```
x1=5, y1=10
x2=5, y2=7
x3=8, y3=4
```

【程序分析】 该程序中包含了定义类 Tpoint 的头文件 tpoint.h。该程序中定义了两个 Tpoint 类的对象 p1 和 p2，又定义了一个指向对象的指针 pp。通过调用成员函数 SetPoint( )、Move( )、Xcoord( )和 Ycoord( )获得如上的输出结果。

8.3 构造函数和析构函数

本节讲述如何使用构造函数对类的对象进行初始化和使用析构函数释放对象。

8.3.1 构造函数和析构函数的特点及功能

构造函数和析构函数是在类体中进行说明的两种特殊的成员函数。

构造函数的作用是在创建对象时，系统自动调用它来给所创建的对象初始化。

析构函数用来释放一个对象。当一个对象结束它的生存期时，系统将自动调用析构函数来释放该对象。析构函数与构造函数的作用正好相反。

1. 构造函数和默认构造函数

构造函数的特点如下。

① 构造函数是一种成员函数，它的说明在类体内，它的函数体可以写在类体内，也可以写在类体外。

② 构造函数是一种特殊的成员函数，该函数的名字与类名相同。定义和说明构造函数时，不必指明函数的类型。

③ 构造函数可以有一个参数或多个参数，也可以没有参数。

④ 构造函数可以重载。

⑤ 构造函数多用于创建对象时系统自动调用，也可以在程序中调用构造函数创建无名对象。

默认构造函数的特点如下。

① 默认构造函数是无参数的构造函数。它的定义格式如下：

〈类名〉 :: 〈默认构造函数名〉()
{〈函数体〉}

②〈默认构造函数名〉与该类的类名相同。

③ 默认构造函数可以由用户定义，其格式如上所示。当类中没有定义任何构造函数时，系统将自动生成一个函数体为空的默认构造函数。

④ 在程序中定义一个没有给定初始值的对象时，系统自动调用默认构造函数创建该对象。当该对象是外部的或静态的时，它的所有数据成员被初始化为 0 或空；当该对象是自动的时，它的所有数据成员的值是无意义的。

2. 析构函数和默认析构函数

析构函数的特点如下。

① 析构函数也是一种成员函数，它的函数体可写在类体内，也可以写在类体外。

② 析构函数的名字同类名，与构造函数名的区别在于析构函数名前加"~"，表明它的功能与构造函数功能相反。

③ 析构函数没有参数，不能重载，也不必指定函数类型。一个类中只能定义一个析构函数。

④ 析构函数通常是被系统自动调用的。在下面两种情况下，析构函数将被自动调用：

- 当一个对象的生存期结束时，例如，在一个函数体内定义的对象，当该函数结束时，自动调用析构函数释放该对象。
- 使用 new 运算符创建的对象，在使用 delete 运算符释放该对象时，系统自动调用析构函数。

默认析构函数的特点如下。

如果一个类中没有定义析构函数时，系统将自动生成一个默认析构函数，其格式如下：

〈类名〉 :: ~〈默认析构函数名〉( )
{ }

默认析构函数与用户定义的析构函数具有相同的特点。其区别仅在于，默认析构函数是系统自动生成的，并且是一个空函数。

【例 8.4】 分析下列程序的输出结果，并说明该程序中是如何调用构造函数和析构函数的。

```
#include "tdate1.h"
void main( )
{
    static TDate1 d1;
    TDate1 d2(2000,4,2);
    cout<<"d1 is ";
    d1.Print( );
    cout<<"d2 is ";
    d2.Print( );
}
tdate1.h 文件内容如下:
#include <iostream.h>
class TDate1
{
```

```
    public:
        TDate1(int y,int m,int d);
        TDate1( ) { cout<<"Default Constructor called\n"; }
        ~TDate1( );
        void Print( );
    private:
        int year,month,day;
};

TDate1::TDate1(int y,int m,int d)
{
    year=y;
    month=m;
    day=d;
    cout<<"Constructor called\t"<<d<<endl;
}
TDate1::~TDate1( )
{
    cout<<"Destructor called\t"<<day<<endl;
}
void TDate1::Print( )
{
    cout<<year<<","<<month<<","<<day<<endl;
}
```

执行该程序，输出结果如下：

```
Default Constructor called
Constructor called 2
d1 is 0 ,0 , 0
d2 is 2000, 4, 2
Destructor called 2
Destructor called 0
```

【程序分析】 ① 该程序中，定义的类 TDate1 内有两个构造函数和一个析构函数，两个构造函数中有一个是用户定义的默认构造函数。为了清楚地表明调用构造函数和析构函数的过程，分别在构造函数和析构函数内都写有用于输出显示的“跟踪”信息。

② 在程序中，先创建一个静态的对象 d1，这时调用默认构造函数。由于它是静态的，从而使得 d1 对象的各个数据成员的值为 0。

③ 从该程序的输出结果中可以看出，对象释放的顺序与创建的顺序正好相反。在相同的生存期的情况下，先创建的对象后释放，后创建的对象先释放。

请读者将 d1 改为自动的，再上机观察 d1 的所有数据成员的值。

8.3.2 拷贝构造函数和默认拷贝构造函数

同一个类的两个对象中，可以用一个已知的对象去创建另一个对象。例如：

```
TDate1 d1 (2000, 1, 1);
TDate1 d2 (d1);
```

其中，d1 和 d2 是类 TDate 的两个对象。系统调用构造函数对 d1 进行初始化，然后，用对象 d1 的值来初始化对象 d2。

由一个对象初始化另一个对象时，系统将自动调用拷贝构造函数或默认拷贝构造函数。

拷贝构造函数的特点如下。

① 拷贝构造函数名字与类同名，并且不必指定返回类型。

② 拷贝构造函数只有一个参数，并且该参数是该类的对象的引用。

③ 拷贝构造函数的格式如下：

〈类名〉 :: 〈拷贝构造函数名〉(〈类名〉 & 〈引用名〉)

{ 〈函数体〉 }

其中，〈拷贝构造函数名〉与该类名相同。

④ 如果一个类中没有定义拷贝构造函数，则系统自动生成一个默认拷贝构造函数。该默认拷贝构造函数的功能是将已知对象的所有数据成员的值拷贝给未知对象的所有对应的数据成员。

【例 8.5】 分析下列程序的输出结果，说明该程序中调用拷贝构造函数的过程。

```
#include <iostream.h>
class Tpoint1
{
  public:
       Tpoint1(int x,int y)
       { X=x; Y=y; }
       Tpoint1(Tpoint1 &p);
       ~Tpoint1( )
       { cout<<"Destructor called\n"; }
       int Xcoord( )
       { return X; }
       int Ycoord( )
       { return Y; }
  private:
       int X,Y;
};

Tpoint1::Tpoint1(Tpoint1 &p)
{
       X=p.X;
       Y=p.Y;
       cout<<"Copy-initialization Constructor called\n";
}

void main( )
{
       Tpoint1 p1(4,9);
       Tpoint1 p2(p1);
       Tpoint1 p3=p2;
       cout<<"p3=("<<p3.Xcoord( )<<","<<p3.Ycoord( )<<")\n";
}
```

执行该程序，输出结果如下：

```
Copy-initialization Constructor called
Copy-initialization Constructor called
P3=(4, 9)
Destructor called
Destructor called
Destructor called
```

【程序分析】　该程序的类 Tpoint1 中，定义了一个带有两个参数的构造函数和一个拷贝构造函数，还有一个析构函数。在 main( )中，先调用构造函数创建一个对象 p1，又通过两次调用拷贝构造函数创建两个对象 p2 和 p3，接着输出显示对象 p3 的两个私有成员值，这是通过调用成员函数实现的。请注意：Tpoint1 p3=p2；等价于 Tpoint1 p3(p2)。

8.3.3　拷贝构造函数的其他用处

前面讲过，拷贝构造函数的功能是用已知对象的值来创建一个同类的新对象。这里再讲述拷贝构造函数的其他方法。

① 在使用对象作为函数的参数的情况下，当实参值传递给形参时，系统自动调用拷贝构造函数来实现这一传递。

② 当对象作为函数的返回值时，系统自动调用拷贝函数用返回值（对象值）创建一个临时对象，然后再将这个临时对象赋值给调用函数中的某个接收函数返回值的对象。

【例 8.6】　分析下列程序的输出结果，并回答下列问题：

① 该程序中共调用过几次拷贝构造函数？是在什么情况下调用的拷贝构造函数？

② 临时对象是在何时被创建的？又在何时被释放？

③ 临时对象起什么作用？

程序内容如下：

```
#include "tpoint1.h"
Tpoint1 fun(Tpoint1 Q);
void main( )
{
    Tpoint1 M(12,20),P(0,0),S(0,0);
    Tpoint1 N(M);
    P=fun(N);
    S=M;
    cout<<"P="<<P.Xcoord( )<<","<<P.Ycoord( )<<endl;
   cout<<"S="<<S.Xcoord( )<<","<<S.Ycoord( )<<endl;
}
Tpoint1 fun(Tpoint1 Q)
{
    cout<<"ok\n";
    int x=Q.Xcoord( )+10;
    int y=Q.Ycoord( )+15;
    Tpoint1 R(x,y);
    return R;
}
```

tpoint1.h 文件的内容如下：

```
#include <iostream.h>
class Tpoint1
{
  public:
    Tpoint1(int x,int y)
    { X=x; Y=y; }
    Tpoint1(Tpoint1 &p);
    ~Tpoint1( )
    { cout<<"Destructor called\n"; }
```

```
        int Xcoord( )
        { return X; }
        int Ycoord( )
        { return Y; }
      private:
        int X,Y;
    };
    Tpoint1::Tpoint1(Tpoint1 &p)
    {
        X=p.X;
        Y=p.Y;
        cout<<"Copy-initialization Constructor called\n";
    }
```

执行该程序，输出结果如下：

```
    Copy-initialization Constructor called
    Copy-initialization Constructor called
    ok
    Copy-initialization Constructor called
    Destructor called
    Destructor called
    Destructor called
    P=22,35
    S=12,20
    Destructor called
    Destructor called
    Destructor called
    Destructor called
```

【问题解答】

① 从程序运行后的输出结果中，可以清楚地看出该程序共调用了 3 次拷贝构造函数。

第一次是在执行语句 Tpoint1 N(M);时调用拷贝构造函数，用对象 M 创建新对象 N。

第二次是在执行语句 P=fun(N);时，在 fun( )函数中，当用实参 N 初始化形参 Q 时，调用拷贝构造函数，给对象 Q 赋值。

第三次是在执行语句 return R;时，调用拷贝构造函数，用对象 R 创建一个临时对象，该对象是无名的，又称匿名对象。

② 临时对象是在执行到函数 fun( )中的语句 return R;时被创建的。

一般规定，临时对象在整个创建它的外部表达式范围内有效。因此，该程序中的临时对象是在执行完语句 P=fun(N);之后被释放的。在该程序输出结果中，从前向后数，第三个 Destructor called 是释放临时对象时调用析构函数所留下的信息。

③ 临时对象所起的作用如图 8.1 所示，它起一个暂存作用。

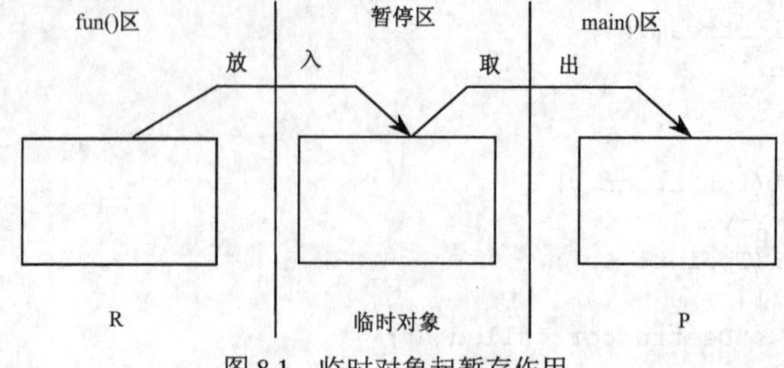

图 8.1　临时对象起暂存作用

由于 R 是被定义在 fun( )函数内的局部对象，当退出 fun( )函数时，R 将被释放。因此，在退出该函数之前，用 R 创建一个临时对象，保存 R 的数据。在主函数 main( )中，在临时对象被释放之前，将它的内容赋值到对象 P 中。

下面请读者思考一个问题：该程序中总共创建了多少对象？

8.4 成员函数的特征

成员函数是在类体内被说明的函数。一般的成员函数与普通函数相同，如果是内联函数，则调用方式不同。特殊的成员函数具有一些特殊的规定，如构造函数和析构函数等，它们还具有特殊的用法。

8.4.1 内联函数和外联函数

类的成员函数可分为内联函数和外联函数两种。定义在类体内的成员函数为内联函数。调用该函数时不需转向执行函数体，而是用函数体的代码进行替换，这样可以减少开销，提高运行效率。定义在类体外的成员函数为外联函数。若要将定义的类体外的成员函数转为内联函数，只需要在定义函数的函数头前加关键字 inline。

内联函数类似于带参数的宏定义，但是两者不同，而且内联函数要优于宏定义，因为内联函数遵循函数的类型及作用域规则，它与一般函数更接近，调试也比较方便。

【例 8.7】 分析下列程序的输出结果，并说明外联函数变成内联函数的方法。

```
class XY
{
  public:
        XY(int x,int y)
        { X=x;Y=y; }
        int fun1( )
        { return X; }
        int fun2( )
        { return Y; }
        int fun3( ),fun4( );
  private:
       int X,Y;
};
inline int XY::fun3( )
{
  return fun1( )+fun2( );
}
inline int XY::fun4( )
{
   return fun3( );
}

#include <iostream.h>
void main( )
{
      XY xy(12,18);
      int a=xy.fun4( );
      cout<<a<<endl;
}
```

执行该程序，输出结果如下：

```
30
```

【程序分析】 在类XY中，定义了5个成员函数，其中一个是构造函数，另外两个成员函数fun1( )和fun2( )是内联函数，还有两个成员函数虽然定义在函数体外，但是由于加了关键字inline，也成为了内联函数，它们是fun3( )和fun4( )。

8.4.2 成员函数的重载性

前面讲过了构造函数可以重载，析构函数不能重载。下面举一个类中一般成员函数重载的例子。

【例8.8】 分析下列程序的输出结果，并学会一般成员函数重载的用法。

```
class XY
{
  public:
       XY(int x,int y)
       { X=x;Y=y; }
       XY(int x)
       { X=x;Y=x*x; }
       int Add(int x,int y);
       int Add(int x);
       int Add( );
       int Xout( )
       { return X; }
       int Yout( )
       { return Y; }
  private:
       int X,Y;
};
int XY::Add(int x,int y)
{
      X=x;
      Y=y;
      return X+Y;
}
int XY::Add(int x)
{
      X=Y=x;
      return X+Y;
}
int XY::Add( )
{
      return X+Y;
}

#include <iostream.h>
void main( )
{
      XY a(15,5),b(8);
      cout<<"a="<<a.Xout( )<<","<<a.Yout( )<<endl;
      cout<<"b="<<b.Xout( )<<","<<b.Yout( )<<endl;
      int i=a.Add( );
```

```
        int j=a.Add(12,8);
        int k=b.Add(5);
        cout<<i<<endl<<j<<endl<<k<<endl;
    }
```

执行该程序，输出结果如下：

```
    a=15, 5
    b=8, 64
    20
    20
    10
```

【程序分析】 该程序的类XY中定义了两个重载的构造函数，又定义了三个重载的Add( )函数，它们是外联函数。这两组重载函数是根据参数个数的不同加以区别的。

8.4.3 成员函数可以设置参数默认值

在类中，构造函数和一般成员函数都可以设置参数默认值，设置的方法前面已经讲述。

【例8.9】 分析下列程序的输出结果。

```
    class M
    {
      public:
         M(int a=5,int b=7,int c=10);
         int Aout( )
         { return A; }
         int Bout( )
         { return B; }
         int Cout( )
         { return C; }
      private:
         int A,B,C;
    };
    M::M(int a,int b,int c)
    {
         A=a;
         B=b;
         C=c;
    }

    #include <iostream.h>
    void main( )
    {
         M E,F(7,13),G(5,12,37);
         cout<<"E="<<E.Aout( )<<","<<E.Bout( )<<","<<E.Cout( )<<endl;
         cout<<"F="<<F.Aout( )<<","<<F.Bout( )<<","<<F.Cout( )<<endl;
         cout<<"G="<<G.Aout( )<<","<<G.Bout( )<<","<<G.Cout( )<<endl;
    }
```

执行该程序，输出结果如下：

```
    E=5, 7, 10
    F=7, 13, 10
    G=5, 12, 37
```

【程序分析】 该程序中，类M的构造函数被设置了三个参数默认值。主函数中，创建了三个对象，它们调用构造函数，对象 E 无实参，对象 F 有两个实参，对象 G3 有三个实参。这三个对象的数据成员值参见输出结果。

8.5　静态成员

全局对象是实现数据共享的一种方法，但是，这种方法有局限性。它的局限性表现在，由于它处处可见，因此，不够安全。为了安全起见，应尽量在程序中少用全局对象。在 C++语言中，要实现类的多个对象之间的数据共享，可使用静态成员，这便是引进静态成员的原因。

静态成员不是属于某个对象的，而是属于类的。它是某个类的所有对象共有的。

静态成员和静态对象是两个不同的概念。静态成员描述类的某个成员的特性，它是与类相关的。而静态对象描述某个类的对象的作用域。

静态成员有两种，一种是静态数据成员，另一种是静态成员函数。

8.5.1　静态数据成员

静态数据成员作为类的一种成员，它被类的所有对象所共享，而不是属于某个对象的。在存储上只需存储一处，就可以供所有对象使用。因此，可以节省内存。静态数据成员由于是公用的，因此它的值对每个对象都是一样的。静态数据成员的值可以被更新。只要对静态数据成员的值更新一次，所有对象的该静态数据成员值都被更新，并且值是相同的，这样可以提高效率。

1. 静态数据成员的定义或说明

静态数据成员定义或说明在类体内，在该成员名的类型说明符前边加关键字 static。例如：

```
class A
{
    …
  private:
    int a;
    static int b;
};
```

其中，类 A 中定义了一个私有的静态数据成员 b，它是 int 型的。而数据成员 a 是一般的私有数据成员。

2. 静态数据成员的初始化

静态数据成员被定义后，必须对它进行初始化。初始化在类体外进行，一般放在该类的实现部分最合适，也可以放在其他位置，例如，放在主函数前面等。

静态数据成员的初始化与该类的构造函数无关，它的初始化格式如下：

〈数据类型〉 〈类名〉 :: 〈静态数据成员名〉 = 〈初始值〉;

这里使用了作用域运算符“::”，用来说明静态数据成员所属的类。在初始化时，不加关键字 static，以防止与静态对象相混淆。例如：

```
class B
{
  public:
    B(int i);
    …
```

```
  private:
    int a;
    static int b;
};
B::B(int i)
{
  a=i
  cout<<"Create one object\n";
}
int B::b=5;
  …
```

在这段程序的类B中，定义了一个静态数据成员b；在类体外的实现部分，对静态数据成员b进行了初始化，使它获值为5。

定义静态数据成员时，可根据需要规定它的访问权限控制符，即public，private，protected。静态数据成员是静态生存期的，即它的寿命是长的，只对它进行一次初始化，将始终保持其值，直到下次改变为止。

静态数据成员引用格式如下：

〈类名〉 :: 〈静态数据成员名〉

由于静态数据成员是一种类的数据成员，因此，使用对象引用也是可以的，但是通常使用类名加作用域运算符“::”来引用。

【例8.10】 分析下列程序，指出静态数据成员的定义、初始化和引用的方法，并写出输出结果。

```
#include <iostream.h>
class Myclass
{
  public:
    Myclass(int a,int b,int c);
    void GetNumber( );
    int GetSum(Myclass m);
  private:
    int A,B,C;
    static int Sum;
};
int Myclass::Sum(0);
Myclass::Myclass(int a,int b,int c)
{
    A=a;
    B=b;
    C=c;
    Sum+=A+B+C;
}
void Myclass::GetNumber( )
{
    cout<<A<<";"<<B<<";"<<C<<endl;
}
int Myclass::GetSum(Myclass m)
{
    return Myclass::Sum;
}
```

```
void main( )
{
    Myclass M(3,4,5),N(5,6,7);
    N.GetNumber( );
    cout<<M.GetSum(M)<<";"<<M.GetSum(N)<<endl;
}
```

【程序分析】 ① 在该程序的类 Myclass 中，定义了静态数据成员 Sum，格式如下：

```
static int Sum;
```

在类体外对 Sum 进行初始化，格式如下：

```
int Myclass :: Sum(0);
```

② 在构造函数中，直接引用了静态数据成员 Sum，如：

```
Sum+=A+B+C;
```

③ 在成员函数 GetSum( )中，通过类来引用静态数据成员 Sum，如：

```
return Myclass :: Sum;
```

也可以通过对象来引用 Sum，如：

```
return m.Sum;
```

④ 在 main( )函数中，对成员函数的调用只能通过对象成员的引用方法，如：

```
M.GetSum (M);
```

而不能用类来调用一般的成员函数，如：

```
Myclass :: GetSum (M);
```

该程序的输出结果如下：

```
5; 6; 7
30; 30
```

从程序结果可以看出，M.GetSum(M)与 M.GetSum(N)的值是相同的。这是因为在创建对象 M 时，将静态数据成员 Sum 值改变为 12，再创建对象 N 时，Sum 值又被改变为 30，于是 Sum 保持此值不变直到再被改变为止。因此，main( )中最后输出显示的两个值都是 30。

8.5.2 静态成员函数

静态成员函数和静态数据成员都属于静态成员。对静态成员函数的说明和定义也与静态数据成员一样，在成员函数名前的类型说明符前加关键字 static。函数实现可在类体内，也可在类体外，与一般成员函数相同。

在静态成员函数的实现中，可以直接引用静态成员，但不能直接引用非静态成员。如果要引用非静态成员，可通过对象来实现。

对静态成员函数的引用，在程序中通常使用下列格式：

〈类名〉::〈静态成员函数〉(〈参数表〉)

有时，也可以用对象来引用，格式如下：

〈对象名〉.〈静态成员函数名〉(〈参数表〉)

【例 8.11】 分析下列程序的输出结果，请注意程序中静态成员函数的引用。

```
#include <iostream.h>
class M
{
  public:
    M(int a)
    {
        A=a;
        B+=a;
```

```
    }
    static void fun(M m);
  private:
    int A;
    static int B;
};
void M::fun(M m)
{
    cout<<"A="<<m.A<<endl;
    cout<<"B="<<B<<endl;
}
int M::B=10;
void main( )
{
    M P(6),Q(8);
    M::fun(P);
    Q.fun(Q);
}
```

执行该程序，输出结果如下：

```
A=6
B=24
A=8
B=24
```

【程序分析】 ① 在该程序的静态成员函数 fun( )中，可以清楚地看到，对类 M 中的一般数据成员 A 不是直接引用的，而是通过对象 m 来引用的。而对于静态数据成员 B，则采取直接引用方法。

② 对静态成员函数的调用方式，在 main( )中给出两种方法，一种用类名来引用，另一种通过对象成员来引用。

8.6 常成员

类的常成员包含类的常数据成员和常成员函数两种。

8.6.1 常数据成员

在类的成员定义中，使用修饰符 const 说明的数据成员称为常数据成员。

常数据成员必须初始化，并且它的值不能被更新。常数据成员是通过构造函数的成员初始化列表进行初始化的。下面举一个例子说明类的常数据成员的定义和初始化。

【例 8.12】 分析下列程序的输出结果，该程序中包含有常数据成员。

```
#include <iostream.h>
class A
{
  public:
    A(int i);
    void Print( );
    const int &r;
  private:
    const int a;
```

```
    static const int b;
};
const int A::b=15;
A::A(int i):a(i),r(a)
{
}
void A::Print( )
{
    cout<<a<<","<<b<<","<<r<<endl;
}

void main( )
{
    A a1(50),a2(30);
    a1.Print( );
    a2.Print( );
}
```

执行该程序，输出结果如下：

```
50，15，50
30，15，30
```

【程序分析】 该程序中有三处出现常数据成员：

```
const int &r;
const int a;
static const int b;
```

其中，r 是常 int 型引用，a 是常 int 型变量，b 是静态常 int 型变量。

程序中对静态常数据成员 b 在类外进行了初始化。其余两个常数据成员的初始化是通过下述构造函数进行的：

```
A(int i):a(i),r(a)
{ }
```

其中，A 是构造函数名，它带有一个 int 型参数，冒号后边是一个数据成员初始化列表，它包含有两个初始项，用逗号进行分隔。前一个初始项 a(i)表明用 i 给常数据成员 a 进行初始化，后一个初始项 r(a)表明用 a 给常数据成员 r 进行初始化。该构造函数是一个空函数。

8.6.2 常成员函数

使用 const 修饰符说明的成员函数称为常成员函数。在程序中，只有常成员函数才能被常对象所引用。常成员函数说明格式如下：

```
〈类型说明符〉〈函数名〉(〈参数表〉) const;
```

其中，修饰符 const 加在函数说明的后边，它是函数类型的一部分，在该函数的实现部分也要加 const 关键字。下面举一个说明常成员函数使用方法的例子。

【例 8.13】 分析下列程序的输出结果。

```
#include <iostream.h>
class B
{
 public:
    B(int i,int j)
    { b1=i;b2=j; }
    void Print( );
```

```
        void Print( ) const;
    private:
        int b1,b2;
  };
  void B::Print( )
  {
        cout<<b1<<";"<<b2<<endl;
  }
  void B::Print( ) const
  {
        cout<<b1<<":"<<b2<<endl;
  }

  void main( )
  {
        B bb1(12,5);
        bb1.Print( );
        const B bb2(10,9);
        bb2.Print( );
  }
```

执行该程序，输出结果如下：

```
12；5
10：9
```

【程序分析】　该程序中出现了两个重载的 Print( )成员函数：

```
void Print( );
```

和

```
void Print( ) const;
```

在 main( )函数中，bb1.Print( )将调用前一个成员函数，bb2.Print( )将调用后一个成员函数，因为常对象 bb2 只能引用常成员函数。

8.7　指向成员的指针

在 C++语言中，可以说明指向类的数据成员的指针和成员函数的指针。

8.7.1　指向数据成员的指针

指向数据成员的指针格式如下：

〈类型说明符〉〈类名〉:: *〈指针名〉

例如，设有如下一个类名 A：

```
class A
{
  public:
    int fun(int b) { return a*c+b; }
    A(int i) { a=i; }
    int c;
  private:
    int a;
};
```

定义一个指向类 A 的数据成员 c 的指针 pc，格式如下：

```
int A:: *pc=&A::c;
```

因为c是一个公有成员，因此，在程序中可以这样来定义。

在给指向类的数据成员的指针赋值时，首先要指定类的一个对象，然后，通过对象来引用指向数据成员的指针。例如，在A类中给pc指针所指向的数据成员c赋值为8，可表示为如下形式：

```
A a;
a.*pc=8;
```

其中，运算符“. *”使用该类对象对指向类的数据成员的指针进行操作。

假设p是一个指向A类的对象a的指针，用它来对指向类的数据成员进行操作时，应使用运算符“->*”。例如：

```
A a;
A *p=&a;
p->*pc=8;
```

其中，a是类A的一个对象，p是指向对象a的指针。该表达式语句使用指向该类对象的指针p，给指向该类数据成员的指针pc所指向的数据成员c赋值为8，它等价于a.c=8;。

8.7.2 指向成员函数的指针

指向成员函数的指针的定义格式如下：

〈类型说明符〉 (〈类名〉:: *〈指针名〉) (〈参数表〉)

下面定义一个指向类A中成员函数fun的指针pfun,其格式如下：

```
int (A:: *pfun)(int)=A::fun;
```

从定义格式中可以看出，指向类的成员函数的指针的定义与指向一般函数的指针的定义的区别在于是否指定所属的类。

在程序中，有两种调用指向类的成员函数的方法。

① 用类A的一个对象a来调用成员函数fun，格式如下：

(a. *pfun)(〈实参表〉)

② 用一个指向类A对象的指针p来调用成员函数fun，格式如下：

(p->*pfun)(〈实参表〉)

下面通过一个例子来说明指向类的成员指针的用法。

【例8.14】 分析下列程序的输出结果，并说明指向类的成员指针的用法。

```
#include <iostream.h>
class A
{
 public:
    A(int i)
    {  a=i; }
    int fun(int b)
    { return a*c+b; }
    int c;
 private:
    int a;
};
void main( )
{
     A x(18);
     int A:: *pc;
     pc=&A::c;
     x. *pc=5;
```

```
        int (A:: *pfun)(int);
        pfun=A::fun;
        A *p=&x;
        cout<<(p->*pfun)(10)<<endl;
    }
```

执行该程序后，输出结果如下：

```
100
```

【程序分析】 ① 该程序中定义了两个指向类的成员的指针：pc 和 pfun。其中，pc 是指向类 A 中数据成员 c 的指针，pfun 是指向类 A 中成员函数的指针，并且给这两个指针赋了值。

② 程序中对指向类的成员的两个指针进行引用和调用，其中，

```
x. *pc=5;
```

是给对象 x 的成员 c 赋值，该成员是一个公有成员。等价于

```
x.c=5;
```

而

```
(p->*pfun)(10);
```

是通过指向对象的指针 p 来调用指向类的成员函数的指针 pfun 所指向的函数，该函数的实参是 10。它等价于

```
p->fun(10);
```

也可以使用对象来调用指向类的成员函数的指针所指向的成员函数。例如：

```
(x. *pfun)(10);
```

③ 该程序中出现了两种指针，一种是指向对象的指针，另一种是指向类的成员的指针。它们所指的目标是不相同的。

8.8 友元函数和友元类

类具有封装性，类中的私有成员一般只有通过该类中的成员函数才可以访问，而程序中的其他函数是无法访问类的私有成员的。如果在程序中需要访问类的私有成员，就必须通过对象来调用类的成员函数。如果频繁调用成员函数，由于参数传递、类型检查等都需要占用时间和空间，就会影响程序的运行效率。

为了解决上述问题，能否规定一种函数，在必要时可以直接访问类的私有成员，而不必通过调用成员函数就能实现访问私有成员呢？回答是肯定的。通过友元函数可以解决这一问题。

友元函数的作用是提高程序的运行效率，但是，由于它可以直接访问类的私有成员，因此，破坏了类的封装性和隐藏性，使得非成员函数可以访问类的私有成员。建议使用友元函数要慎重，且尽量少用。

8.8.1 友元函数

友元函数具有下述特点：

① 说明在类体内，说明时，在函数的类型说明符前加关键字 friend。

② 定义在类体外时，定义格式与一般的普通函数相同。

③ 友元函数是非成员函数，在调用上与普通函数相同。

④ 友元函数可以直接访问该类中的私有成员。

【例 8.15】 分析下列程序的输出结果，学习对友元函数的说明、定义和调用方法。

```
#include <iostream.h>
#include <math.h>
class Point
{
  public:
       Point(double i,double j)
      {
         x=i;
         y=j;
      }
      void Getxy( )
      {
         cout<<"("<<x<<","<<y<<")"<<endl;
      }
      friend double Distance(Point a,Point b);
  private:
      double x,y;
};
double Distance(Point a,Point b)
{
    double dx=a.x-b.x;
    double dy=a.y-b.y;
    return sqrt(dx*dx+dy*dy);
}
void main( )
{
    double d11=3.0,d12=4.0,d21=6.0,d22=8.0;
    Point p1(d11,d12),p2(d21,d22);
    p1.Getxy( );
    p2.Getxy( );
    double d=Distance(p1,p2);
    cout<<"Distance is "<<d<<endl;
}
```

执行该程序，输出结果如下：

```
(3, 4)
(6, 8)
Distance is 5
```

【程序分析】 ① 该程序中，一个友元函数被说明在类 Point 中。友元函数说明的位置可在类体内的前半部分，也可在后半部分，它的访问权限控制说明符可以是 public，private 和 protected 中的任意一种。该程序中友元函数说明格式如下：

```
friend double Distance(Point a, Point b);
```

在 main( )函数中，像调用普通函数一样，调用该友元函数，其格式如下：

```
double d = Distance(p1, p2);
```

调用友元函数，并将它的返回值赋值给一个 double 型变量 d。

② 该程序的功能是用来求两点间的距离的。程序中使用求已知两点间距离的算法。已知两点 p1 和 p2，这两点间的距离等于下列表达式的平方根：

```
(p1.x-p2.x)*(p1.x-p2.x)+(p1.y-p2.y)*(p1.y-p2.y)
```

8.8.2 友元类

友元类是把一个类当作另一个类的友元。当一个类作为另一个类的友元时，友元类中的所有成员函数都是另一个类的友元函数。定义友元素时，使用下述格式：

```
friend class <类名>;
```

【例 8.16】 分析下列程序的输出结果，并说明友元类的应用。

```
#include <iostream.h>
class X
{
  public:
        friend class Y;
        void Set(int i) { x=i;}
        void Display( )
        {
           cout<<"x="<<x<<","<<"y="<<y<<endl;
        }
  private:
        int x;
        static int y;
};
class Y
{
  public:
        Y(int i,int j);
        void Display( );
  private:
       X a;
};
int X::y=10;
Y::Y(int i,int j)
{
       a.x=i;
       X::y=j;
}
void Y::Display( )
{
       cout<<"x="<<a.x<<","<<"y="<<X::y<<endl;
}
void main( )
{
       X b;
       b.Set(5);
       b.Display( );
       Y c(6,9);
       c.Display( );
       b.Display( );
}
```

执行该程序，输出结果如下：

```
x=5, y=10
x=6, y=9
x=5, y=9
```

【程序分析】 该程序中出现了两个新的语法现象。

① 友元类的应用

在该程序的类X中说明一个友元类Y，即类Y是类X的友元类，类Y中的所有成员函数都可以引用类X的私有成员。在类Y的构造函数中，引用了类X的两个私有数据成员x和y，其中y是静态数据成员。同样，在类Y的成员函数Display( )中，又引用了类X的私有数据成员x和y。

② 对象成员的使用

该程序的类Y中有一个私有的数据成员是类X的对象a。一个类的对象可以作为另一个类的成员。程序中类Y的构造函数是应用来初始化类X的对象a的。在该构造函数中，通过对象a访问它的私有成员x，又使用类X来直接引用静态数据成员y。有关对象成员的使用及其初始化后面还会讲述。

另外，通过分析该程序，还会看到类X和类Y的对象公用静态数据成员y。这里又说明了静态成员实现共享的作用。

习题8

8.1 简答题

（1）什么是类？类的定义格式如何？类中成员的访问权限有哪些？

（2）类中的数据成员和成员函数有何区别？对成员函数的定义有何规定？

（3）什么是对象？对象的定义格式如何？对象成员如何表示？指向对象指针的成员如何表示？

（4）构造函数的功能和特点有哪些？析构函数的功能和特点又有哪些？默认构造函数和默认析构函数有何特点？

（5）拷贝构造函数的功能和特点是什么？默认拷贝构造函数有何用处？

（6）成员函数具有哪些特征？

（7）静态成员和静态对象有何不同？静态数据成员如何定义？如何引用？它有什么特点？静态成员函数有什么特点？

（8）友元函数如何定义？它有什么特点？友元类如何定义？它又有什么特点？

（9）常数据成员如何初始化？常成员函数有何特点？

（10）指向表的成员指针有哪两种？它们如何定义？

8.2 选择填空

（1）关于类定义格式的描述中，（ ）是错误的。

A）一般类的定义格式分为说明部分和实现部分

B）一般类中包含有数据成员和成员函数

C）类中成员有三种访问数据：公有、私有和保护

D）成员函数都应是公有的，数据成员都应是私有的

（2）下列关键字中，（ ）不是类定义中使用的关键字。

A）class　　B）public　　C）switch　　D）private

（3）关于类中成员函数的描述中，（ ）是错误的。

A）类中可以说明一个或多个成员函数

B）类中的成员函数只能定义在类体外

C）定义在类体外的成员函数前加 inline 可以成为内联函数

D）在类体外定义成员函数时，在函数名前除加类型说明符外，还需用作用域符来限定该成员函数所属的类

（4）关于对象的描述中，（　）是错误的。

A）同一个类创建的若干个对象的数据结构和其内容都是不相同的

B）对象的成员表示与 C 语言中结构变量的成员表示相同

C）一个类可以定义多个对象、指向对象的指针和对象数组

D）一个对象在定义时就被初始化

（5）下列构造函数的特点中，（　）是错误的。

A）构造函数是一种成员函数，它具有一般成员函数的特点

B）构造函数的名称与其类名相同

C）构造函数必须指明其类型

D）一个类中可定义一个或多个构造函数

（6）下列析构函数的特点中，（　）是错误的。

A）析构函数名字不能与类名相同，否则将与构造函数无法区别

B）析构函数中不可以有参数

C）析构函数定义时不必指出类型

D）析构函数也是一种成员函数

（7）下列拷贝构造函数的特点中，（　）是错的。

A）如果一个类中没有定义拷贝构造函数，系统将自动生成一个默认的

B）拷贝构造函数只有一个参数，并且是该类对象的引用

C）拷贝构造函数的名字不能用类名

D）拷贝构造函数是一种成员函数

（8）下列成员函数的特点中，（　）是错的。

A）成员函数可以重载

B）成员函数都是内联函数

C）成员函数都可以设置默认参数

D）成员函数可以是公有的，也可以是私有的

（9）关于静态成员的描述中，（　）是错的。

A）静态成员可分为静态数据成员和静态成员函数

B）静态数据成员定义后必须在类体内进行初始化

C）静态数据成员初始化不使用其构造函数

D）静态成员函数中不能直接引用非静态成员

（10）关于友元的描述中，（　）是错的。

A）友元函数是成员函数，它被说明在类体内

B）友元函数可直接访问类中的私有成员

C）友元函数破坏封装性，使用时尽量少用

D）友元类中的所有成员函数都是友元函数

（11）已知：p 是一个指向类 A 数据成员 m 的指针，a 是类 A 的一个对象。在给成员 m 赋值为 5 的下列表达

式中，（   ）是正确的。

A）a.p=5   B）a->p=5   C）a. *p=5   D）*a.p=5

（12）已知：Print( )函数是一个类的常成员函数，它无返回值和参数。下列关于 Print( )函数的各种说明中，（   ）是正确的。

A）void Print( ) const;   B）void const Print( );

C）const void Print( );   D）void Print(const);

8.3　判断下列各种描述是否正确，对者画√，错者画×。

（1）一个类中可以只有公有成员，也可以只有私有成员，或者公有、私有成员都有。

（2）用 class 定义的类中，默认的访问权限是公有的。

（3）指向对象的指针的成员表示与对象的成员表示所使用的运算符不同。

（4）构造函数用来初始化所定义的对象，如果一个类中没有定义任何构造函数，则该类的对象便无法初始化。

（5）定义一个对象时系统只存储其数据成员，而不存储对象的成员函数，成员函数是同类的对象所共享的。

（6）析构函数是一个函数体为空的成员函数。

（7）构造函数和析构函数都可以重载，因为它们都是成员函数。

（8）如果一个成员函数只存取一个类的静态数据成员，可将该成员函数说明为静态成员函数。

（9）在类的构造函数中可对其静态数据成员进行初始化。

（10）友元类中的所有成员函数可以对该类中的私有成员进行存取操作。

（11）指向对象的指针和指向类的子对象的指针在表示上是相同的。

（12）常类型说明符可以用来说明常数据成员，也可以用来说明常成员函数。

8.4　分析下列程序的输出结果。

（1）
```
#include <iostream.h>
class A
{
 public:
    A( );
    A(int i,int j);
    void print( );
 private:
    int a1,a2;
};
A::A( )
{
    a1=a2=0;
    cout<<"Default Constructor called.\n";
}
A::A(int i,int j)
{
    a1=i;
    a2=j;
    cout<<"Constructor called.\n";
}
void A::print( )
{
    cout<<"a1="<<a1<<",a2="<<a2<<endl;
}

void main( )
```

```
{
    A x,y(3,9);
    x.print( );
    y.print( );
}
```

(2)
```
#include <iostream.h>
class B
{
  public:
      B( )
      { }
      B(int i,int j);
      void printB( );
  private:
      int b1,b2;
};
B::B(int i,int j)
{
     b1=i;
     b2=j;
}
void B::printB( )
{
     cout<<"b1="<<b1<<",b2="<<b2<<endl;
}
class A
{
  public:
      A( )
      { }
      A(int i,int j,int k);
      void printA( );
  private:
      int a;
      B c;
};
A::A(int i,int j,int k):c(i,j),a(k)
{ }
void A::printA( )
{
     c.printB( );
     cout<<"a="<<a<<endl;
}

void main( )
{
     A x(12,65,100);
     x.printA( );
}
```

(3)
```
#include <iostream.h>
class C
{
  public:
```

```
        C( )
        {
            cout<<++c<<endl;
        }
        static int Getc( )
        { return c; }
        ~C( )
        {
            cout<<c--<<endl;
        }
    private:
        static int c;
};

int C::c=0;
void main( )
{
     C c1,c2,c3,c4,c5;
     cout<<C::Getc( )<<endl;
}
```

(4)
```
#include <iostream.h>
class M
{
public:
    M(int i,int j)
    {
        m1=i;
        m2=j;
    }
    void Sum(M a,M b)
    {
        m1=a.m1+b.m1;
        m2=a.m2+b.m2;
    }
    void print( )
    {
        cout<<"m1="<<m1<<",m2="<<m2<<endl;
    }
private:
    int m1,m2;
};

void main( )
{
    M a(34,78);
    M b(a);
    M c(a);
    c.Sum(a,b);
    c.print( );
}
```

(5)
```
#include <iostream.h>
class Set
```

```
{
  public:
      Set( )
      { PC=0; }
      Set(Set &s);
      void Empty( )
      { PC=0; }
      int IsEmpty( )
      { return PC==0; }
      int IsMemberOf(int n);
      int Add(int n);
      void Print( );
      friend void reverse(Set *m);
  private:
      int elems[100];
      int PC;
};
int Set::IsMemberOf(int n)
{
    for(int i=0;i<PC;i++)
        if(elems[i]==n)
            return 1;
    return 0;
}
int Set::Add(int n)
{
    if(IsMemberOf(n))
        return 1;
    else if(PC>=100)
        return 0;
    else
    {
        elems[PC++]=n;
        return 1;
    }
}
Set::Set(Set &p)
{
    PC=p.PC;
    for(int i=0;i<PC;i++)
        elems[i]=p.elems[i];
}
void Set::Print( )
{
    cout<<"{";
    for(int i=0;i<PC-1;i++)
        cout<<elems[i]<<',';
    if(PC>0)
        cout<<elems[PC-1];
    cout<<'}'<<endl;
```

```
}
void reverse(Set *m)
{
    int n=m->PC/2;
    for(int i=0;i<n;i++)
    {
        int temp=m->elems[i];
        m->elems[i]=m->elems[m->PC-i-1];
        m->elems[m->PC-i-1]=temp;
    }
}

void main( )
{
     Set A;
     cout<<A.IsEmpty( )<<endl;
     A.Print( );
     Set B;
     for(int i=1;i<=10;i++)
        B.Add(i);
     B.Print( );
     cout<<B.IsMemberOf(5)<<endl;
     cout<<B.IsEmpty( )<<endl;
     for(i=11;i<=25;i++)
        B.Add(i);
     Set C(B);
     C.Print( );
     reverse(&C);
     C.Print( );
}
```

8.5 按下列要求编写程序。

在一个程序中，实现下述要求：

① 构造函数重载

② 成员函数设置默认参数

③ 有一个友元函数

④ 使用不同的构造函数创建不同对象

第9章 复杂对象

前一章讲述了类和简单对象，这一章接着讲述较为复杂的对象，包括指向对象的指针、对象引用、对象数组和常类型在对象方面的应用，还包括子对象、堆对象以及类型转换等内容。

9.1 对象指针和对象引用

本节讨论指向对象的指针、对象引用的概念以及它们在C++编程中的应用。

9.1.1 指向对象的指针和对象引用

1. 指向对象的指针

指向对象的指针简称为对象指针。程序中常常使用对象指针来作为函数的参数。用对象指针作为函数参数有如下两点好处：

① 实现传址调用，可以在被调用函数中改变调用函数的参数对象值，实现函数之间的信息传递。

② 使用对象指针作为参数仅传递实参的地址值给形参，而不进行副本的拷贝，这样可以减少开销，提高运行效率。

对象指针作为函数形参时，要求实参是对象的地址值。

下面用一个例子说明使用指针对象作为函数参数的调用方法。

【例9.1】 分析下列程序的输出结果。

```
#include <iostream.h>
class M
{
  public:
       M(int i,int j)
       {  x=i;y=j; }
       M( )
      {  x=y=0; }
      void Setxy(int i,int j)
      { x=i;y=j; }
      void Copy(M *m);
      void Print( )
      {
         cout<<x<<","<<y<<endl;
      }
  private:
      int x,y;
};
void M::Copy(M *m)
{
     x=m->x;
     y=m->y;
}
```

```
void fun(M m1,M *m2);
void main( )
{
     M p(8,10),q;
     q.Copy(&p);
     fun(p,&q);
     p.Print( );
     q.Print( );
}
void fun(M m1,M *m2)
{
     m1.Setxy(20,45);
     m2->Setxy(30,40);
}
```

执行该程序，输出结果如下：

```
8，10
30，40
```

【程序分析】 ① 该程序中有两个函数的参数使用了指向对象的指针，一个是成员函数Copy( )，另一个是一般函数fun( )。当这两个函数被调用时，实参所使用的都是对象的地址值，即在对象名前加符号&。

② 在fun( )函数中有两个参数，一个是对象名，另一个是指向对象的指针名。当它被调用时，指向对象指针的数据成员的值被改变后，该指针所指向的实参对象值也被改变，这便是传址调用的特性。

2. 对象引用

在实际中，经常使用对象引用作为函数参数，因为这样要比使用对象指针作为函数参数更为直观和方便，并且它具有对象指针作为函数参数的特征。

下面通过一个例子说明对象引用作为函数参数的用法。

【例 9.2】 分析下列程序的输出结果，并与对象指针作为函数参数进行比较，说明它们有什么不同。

```
#include <iostream.h>
class M
{
   public:
      M(int i,int j)
      {  x=i;y=j; }
      M( )
      { x=y=0; }
      void Setxy(int i,int j)
      {
         x=i;
         y=j;
      }
      void Copy(M &m);
      void Print( )
      {
         cout<<x<<","<<y<<endl;
      }
```

```
  private:
      int x,y;
};
void M::Copy(M &m)
{
    x=m.x;
    y=m.y;
}

void fun(M m1,M &m2);
void main( )
{
      M p(8,10),q;
      q.Copy(p);
      fun(p,q);
      p.Print( );
      q.Print( );
}
void fun(M m1,M &m2)
{
      m1.Setxy(20,45);
      m2.Setxy(30,40);
}
```

该程序执行后的输出结果与例 9.1 完全相同。请读者将该程序与例 9.1 程序进行比较，找出两者之间的不同。

9.1.2 this 指针

在调用类的成员函数时，隐含了一个 this 指针。该指针是一个指向正在对某个成员函数操作的对象的指针。

当一个对象调用成员函数时，系统先将该对象的地址赋给 this 指针，然后调用成员函数。每次成员函数访问对象的成员时，则隐含地使用 this 指针。

实际中，通常不显式使用 this 指针引用数据成员和成员函数，需要时还可以使用*this 来标识该成员的对象。

下面用一个例子来说明 this 指针的用法。

【例 9.3】 分析下列程序的输出结果。

```
#include <iostream.h>
class A
{
 public:
      A(int i,int j)
      { a=i;b=j; }
      A( )
      { a=b=0; }
      void Copy(A &aa);
      int Returna( )
      { return a; }
      int Returnb( )
      { return b; }
```

```
  private:
      int a,b;
};
void A::Copy(A &aa)
{
      if(this==&aa)
          return;
      *this=aa;
}

void main( )
{
     A a1,a2(3,4);
     a1.Copy(a2);
     cout<<a1.Returna( )-a2.Returna( )<<"," <<a1.Returnb( )+a2.
     Returnb( )<<endl;
}
```

执行该程序，输出结果如下：

```
0, 8
```

【程序分析】 本例程序中出现了两次 this 指针。这里 this 指针是一个指向类 A 的对象 a1 的指针。第一次使用 this 指针是判断对象 a1 的地址是否与&aa 相等，如果相等就不再拷贝；如果不等，则将实参给定的对象值赋给对象 a1，这里使用了下述语句：

```
*this=aa;
```

于是，对象 a1 获取了对象 a2 的值。再经过后面的运算获得上述的输出结果。

9.2 对象数组和对象指针数组

对象数组是指元素为对象的数组，而对象指针数组是指元素为指向对象的指针的数组。本节中还讲述指向对象数组的指针。

9.2.1 对象数组

对象数组的定义格式如下：

〈类名〉 〈对象数组名〉[〈大小〉]…

其中，〈类名〉指出该数组元素是属于该类的对象，〈对象数组名〉同标识符，方括号内的〈大小〉给出某一维的元素个数。一维对象数组只有一个方括号，二维对象数组有两个方括号……

例如：

```
TDate date1[5];
```

表明 date1 是一个一维对象数组名，该数组有 5 个元素，每个元素都是类 TDate 的对象。又如，

```
TDate date2[3][5];
```

表明 date2 是一个二维对象数组名，该数组有 15 个元素，每个元素都是类 TDate 的对象。

对象数组可以被赋初值，也可以被赋值。例如：定义一个类 A 的一维对象数组 aa1 如下：

```
class A
{
 public:
   A(int i,int j)
   {
     a=i;
```

```
      b=j;
    }
  private:
    int a,b;
};
A aa1[5]={A(2,3),A(6,7),A(8,9),A(3,8),A(1,7)};
```

这是使用初始值表的方法给一维对象数组aa1赋初值。下面用赋值的方法给对象数组aa1赋值：

```
aa1[0]=A(2,3);
aa1[1]=A(6,7);
aa1[2]=A(8,9);
aa1[3]=A(3,8);
aa1[4]=A(1,7);
```

对象数组元素的下标是从0开始的。

下面结合一个例子说明对象数组的赋初值和赋值方法及对象数组的表示方法。

【例9.4】 分析下列程序的输出结果。

```
#include <iostream.h>
class M
{
  public:
    M(int i,int j)
    {
      m=i;
      n=j;
    }
    M( )
    {
      m=n=0;
    }
    int Getm( )
    {
      return m;
    }
    int Getn( )
    {
      return n;
    }
  private:
    int m,n;
};
M mm1[3];
void main( )
{
    M mm2[4]={M(2,3),M(5,6),M(7,8),M(2,5)};
    mm1[1]=M(5,9);
    mm1[2]=M(2,7);
    cout<<mm1[0].Getm( )<<","<<mm1[2].Getn( )<<endl;
    for(int i=0;i<4;i++)
      cout<<mm2[i].Getm( )<<","<<mm2[i].Getn( )<<endl;
}
```

执行该程序，输出结果如下：

```
0，7
2，3
5，6
7，8
2，5
```

从本例中可以看出，对象数组的定义、赋值、赋初值及数组元素的表示都和一般数组相似，数组元素的下标也是从 0 开始的。

9.2.2 指向对象数组的指针

指向对象数组的指针的定义格式如下：

〈类名〉 (*〈指针名〉)[〈大小〉]…

其中，〈类名〉指出该指针所指向的对象所属的类；〈指针名〉就是所定义的指向对象数组的指针名字，要在该名字前加上一个星号“*”，并且用一对圆括号括起；方括号内的〈大小〉表示某维的大小，指向一维对象数组的指针用一个方括号，指向二维对象数组的指针用两个方括号……

下面举一个指向一维对象数组的例子：

```
A (*pAa)[10];
```

这里，pAa 是一个指向对象数组的指针名，它所指向的对象数组是一个一维数组，它有 10 个元素，每个元素是类 A 的一个对象。

下面举一个例子说明指向对象数组的定义和使用。

【例 9.5】 分析下列程序的输出结果，并说明指向对象数组的指针用法。

```
#include <iostream.h>
class A
{
 public:
      A(int i,int j)
      { a=i;b=j; }
      A( )
      { a=b=0; }
      void  Print( )
      {
        cout<<a<<","<<b<<"   ";
      }
 private:
      int a,b;
};
void main( )
{
     A aa[2][3];
     int m(5),n(10);
     for(int i=0;i<2;i++)
       for(int j=0;j<3;j++)
          aa[i][j]=A(m+=2,n+=5);
     A (*pAaa)[3](aa);
     for(i=0;i<2;i++)
     {
       cout<<endl;
       for(int j=0;j<3;j++)
           (* (* (pAaa+i)+j)).Print( );
     }
```

```
    cout<<endl;
}
```

执行该程序，输出结果如下：

```
7,15   9,20   11,25
13,30   15,35   17,40
```

【程序分析】 该程序中定义了一个二维对象数组 aa，它共有 6 个元素，通过双重 for 循环给它赋值，每个值都是一个类 A 的对象值。程序中又定义了指向一维对象数组的指针 pAaa，它指向的一维对象数组有三个元素，每个元素是类 A 的一个对象，并对这个指针赋了值，让它指向二维对象数组 aa 的首行地址。然后，通过双重 for 循环，使用指向一维对象的指针 pAaa，将它所指向的二维对象数组 aa 的各元素值输出，获得如上输出结果。

9.2.3 对象指针数组

对象指针数组的元素是指向对象的指针，它要求所有的数组元素都是指向相同类的对象的指针。其格式如下：

〈类名〉 *〈数组名〉[〈大小〉]…

其中，〈类名〉是对象指针数组元素中指针所指向的对象的类；〈数组名〉是该对象指针数组的名字；〈大小〉是一维元素的个数，具有一个方括号的是一维数组，有两个方括号的是二维数组……

对象指针数组与一般数组相似，只是数组的元素不同。数组元素为指向对象的指针时，该数组为对象指针数组。下面举一个例子说明对象指针数组的定义和用法。

【例 9.6】 分析下列程序输出结果，并说明对象指针数组的用法。

```
#include <iostream.h>
class A
{
  public:
      A(int i=0,int j=0)
      { a=i;b=j; }
      void Print( )
      {
         cout<<a<<","<<b<<endl;
      }
  private:
      int a,b;
};

void main( )
{
      A a1,a2(8,9),a3(7,8),a4(3,6);
      A *m[4]={&a1,&a2,&a3,&a4};
      for(int i=0;i<4;i++)
         m[i]->Print( );
}
```

执行该程序，输出结果如下:

```
0,0
8,9
7,8
3,6
```

【程序分析】 该程序的主函数中定义了一个对象指针数组m，它有4个元素，每个元素都是指向类A的对象的指针。该数组用类A对象的地址值进行初始化。程序中又使用该数组元素来输出它所指向的对象的值。

9.3 一般常量和常对象

C++语言提供一种常类型，使用这种类型可以方便地定义各种常量。本节将讨论使用常类型所定义的常用的常量。

9.3.1 一般常量

1. 一般常量

一般常量是指简单类型的常量，其定义格式如下：

```
〈类型说明符〉const〈常量名〉=〈初值〉;
```

或者

```
const〈类型说明符〉〈常量名〉=〈初值〉;
```

其中，const是定义常量的关键字。在定义常量时必须给该常量赋初值。上面的两种格式是等价的。关键字const可以放在〈类型说明符〉前边，也可以放后边。例如：

```
int const a=50;
```

或者

```
const int a=50;
```

定义常类型数组的格式如下：

```
〈类型说明符〉const〈数组名〉[〈大小〉]…=〈初值〉;
```

或者

```
const〈类型说明符〉〈数组名〉[〈大小〉]…=〈初值〉;
```

例如：

```
int const m[3]={23,54,68};
```

其中，m是一个常量数组，该数组有三个元素，这些元素是不能被改变的。

2. 常指针

常指针有两种，它们都是使用const来说明的，但含义不同。一种表示指针的地址值是常量，另一种表示指针所指向的量是常量。

（1）地址值是常量的指针

这种指针的地址值是不能改变的，但是指针所指向的值是可以改变的。例如：

```
char s1[ ]= "string";
char s2[ ]= "char";
char *const ps1=s1;
```

这里，ps1是一个指向字符串的常量指针，该指针的地址值是常量。所以，下面的赋值是非法的：

```
ps1=s2;
```

而ps1所指向的量是可以改变的。下面的赋值是合法的：

```
*ps1="float";
```

（2）所指向的值是常量的指针

这种指针所指向的值是不能改变的，但是该指针的地址值是可以改变的。例如：

```
const char *ps2=s2;
```

这里，ps2是一个指向字符串常量的指针。该指针所指向的值是不能改变的。因此，下面的赋值是非法的：

```
*ps2="double";
```

而 ps2 的地址值是可以改变的。下面的赋值是合法的：

```
ps2=s1;
```

因此，在使用 const 修饰指针时，应该注意它的位置，它的位置不同，其含义也就不同。从上面的例子中可以看到，定义一个指向字符串的指针常量和定义一个指向字符串常量的指针，const 的位置是不同的。

3. 常引用

常引用是指该引用的对象是不能改变的。其定义格式如下：

```
const 〈类型说明符〉 &〈引用名〉=〈初值〉;
```

例如：

```
double d1,d2;
const double &rd=d1;
```

其中，rd 是一个常引用，它所引用的对象是不能改变的。下面的赋值是非法的：

```
rd=d2;
```

在实际应用中，常指针和常引用都可以作为函数的参数，这种参数称为常参数。使用常参数不会改变该参数所指向或引用的对象，这样，在传递参数中不需要执行拷贝构造函数，进而提高了运行效率。

9.3.2 常对象

常对象是指常类型对象，即对象常量，其定义格式如下：

```
〈类名〉const〈对象名〉(〈初值〉);
```

定义常对象同时要赋初值，并且该对象不得再更新。例如：

```
class A
{
  public:
    A(int i,int j)
    {
      a1=i;
      a2=j;
    }
    …
  private:
    int a1,a2;
  };
const A aa1(5,8);
A const aa2(1,2);
```

这里，aa1 和 aa2 都是常对象，它们的值是不能更改的。

在 C++编程中，常使用指向常对象的指针或常对象的引用作为函数参数。这样做既利用了指针或引用作为函数参数可提高运行效率的特点，又不会在被调用函数中改变调用函数的参数值，提高系统安全性。下面举两个例子分别说明指向常对象的指针作为函数参数和常对象引用作为函数参数的用法。

【例 9.7】 分析下列用常指针作为函数参数的程序的输出结果。

```
#include  <iostream.h>
class M
{
```

```
  public:
       M(int i)
       { m=i; }
       int returnm( ) const
       { return m; }
  private:
       int m;
};
int fun(const M *m1,const M *m2);
void main( )
{
      M m3(77),m4(9);
      int k=fun(&m3,&m4);
      cout<<k<<endl;
}
int fun(const M *m1,const M *m2)
{
      int mul=m1->returnm( )/m2->returnm( );
      return mul;
}
```

执行该程序输出结果如下：

```
8
```

【程序分析】 该程序中，两处出现常类型量：一处是类 M 中的成员函数 returnm( )，它是一个常成员函数；另一处是函数 fun( )的两个参数，它们都是常对象指针。

程序中有一个值得注意的问题，函数 fun( )的形参是指向常对象的指针，实参是对象的地址值，这两种类型实际上是不相同的。但是在程序中并没有出现类型错误，这是因为这两种类型是相适应的。所谓类型适应是指一种类型能够在另一种环境中使用，本例中说明对象的地址值与指向常对象的指针是两种相适应的类型。

【例 9.8】 分析下列使用常引用作为函数参数的程序的输出结果。

```
#include <iostream.h>
class M
{
  public:
     M(int i)
     { m=i; }
     int returnm( ) const
     { return m; }
  private:
     int m;
};
int fun(const M &m1,const M &m2);
void main( )
{
     M m3(7),m4(9);
     int k=fun(m3,m4);
     cout<<k<<endl;
}
int fun(const M &m1,const M &m2)
{
```

```
        int mul=m1.returnm( ) *m2.returnm( );
        return mul;
    }
```

执行该程序，输出结果如下：

```
63
```

【程序分析】 该程序与例 9.7 相似，程序中两处出现常类型量，一处是常成员函数，另一处是常对象引用作为函数参数。

本例也说明了相同类的对象与该类的常对象引用这两种类型是相适应的。

请读者思考下述问题：

在例 9.7 和例 9.8 中，M 类的成员函数 returnm( )是一个常成员函数。如果将它改为一般成员函数，即去掉说明符 const，程序会出现问题吗？为什么？请上机试一试。

9.4 子对象和堆对象

9.4.1 子对象

一个对象作为另一个类的成员时，该对象称为类的子对象。子对象实际上是用对象作为某类的数据成员。例如：

```
class A
{
  …
};
class B
{
    …
  private:
    A a;
    …
};
```

其中，类 B 中成员 a 就是一个子对象，因为 a 是类 A 的一个对象。

当一个类中出现了对象成员时，该类的构造函数就要包含对子对象的初始化，于是构造函数中就应包含数据成员初始化列表，用来对子对象进行初始化。下面通过一个含有子对象的例子说明对子对象初始化的方法。

【例 9.9】 分析下列含有子对象程序的输出结果。

```
#include <iostream.h>
class M
{
  public:
      M(int i,int j)
      { m1=i;m2=j; }
      void Print( )
      {
```

```
        cout<<m1<<","<<m2<<endl;
    }
  private:
        int m1,m2;
};
class N
{
  public:
        N(int i,int j,int k):m(i,j)
        {
           n=k;
        }
       void Print( )
       {
         m.Print( );
         cout<<n<<endl;
       }
  private:
       M m;
       int n;
};

void main( )
{
       M m1(3,9);
       m1.Print( );
       N n1(10,20,30);
       n1.Print( );
}
```

执行该程序，输出结果如下：

```
3, 9
10, 20
30
```

【程序分析】 该程序类N中出现了类M的一个对象m作为该类的数据成员，则m被称为子对象。由于类N中出现了子对象，因此，类N的构造函数应该包含有数据成员初始化列表，即应有对子对象初始化的选项。成员初始化列表放在构造函数的后边，并用冒号进行分隔。成员初始化列表是由一个或多个选项组成的，多个选项之间用逗号分隔。成员初始化列表中的选项可以用于对子对象进行初始化，也可以用于对该类其他数据成员进行初始化。选项的格式由成员名和括号内对该成员进行初始化的参数组成，该参数应是该构造函数的总参数的一部分。该例中，类N的构造函数的成员初始化列表中只含有一个对子对象进行初始化的选项，对该类的数据成员n的初始化也可以放在该构造函数的函数体内。该构造函数定义成如下格式：

```
N(int i,int j,int k):m(i,j),n(k)
{  }
```

这时，对该类的数据成员n初始化放在成员初始化列表中了，构造函数的函数体为空。

子对象表明在一个类中可以包含另一个类的对象，这说明了类之间的包含关系。在C++语言中，类之间除包含关系外，还有另外一种继承关系。有关继承问题将在本书第10章中讲解。子对象的使用为我们使用C++语言解决复杂问题提供了一种简化的方法。一个复杂问题可用多个类来描述，通过在一个类中包含其他若干个类的对象来把一个复杂问题分解为若干个简单的子问题。

```
void main( )
{
      A *pa1, *pa2;
      pa1=new A(2,9);
      pa2=new A(4,6);
      pa1->Print( );
      pa2->Print( );
      delete pa1;
      delete pa2;
}
```

执行该程序，输出结果如下：

```
Constructor
Constructor
2, 9
4, 6
Destructor
Destructor
```

【程序分析】 该程序的 main( )函数中，定义了两个指向类 A 对象的指针，然后使用运算符 new 给它们赋值，同时对它们所指向的对象进行初始化。

该程序中又使用运算符 delete 释放这两个指针所指向的对象。

从该程序的输出结果中可以看到，使用运算符 new 时，系统自动调用构造函数，使用运算符 delete 时系统自动调用析构函数。

在实际应用中，经常对 new 的返回值进行检验，看是否有效地分配了内存空间。其检验方法如下：

```
if(!pa1)
{
cout<<"Heap error!\n";
exit(1);
}
```

此程序段用来检验指针 pa1 是否获得了有效的内存空间。如果它获得了有效的内存空间，则 pa1 不为 0；否则，pa1 为 0。该程序段表明，当 pa1 为 0 时，输出下列报错信息：

```
Heap error!
```

然后，退出当前程序。

【例 9.11】 分析下列程序的输出结果，并分析该程序中对象数组的创建、赋值及输出。

```
#include <iostream.h>
#include <string.h>
class B
{
  public:
   B( )
    { cout<<"Default\n"; }
   B(char *s,double n)
   {
         strcpy(name,s);
         b=n;
         cout<<"Constructor\n";
   }
```

```
    ~B( )
    { cout<<"Destructor "<<name<<endl; }
    void getb(char *s,double &n)
    {
        strcpy(s,name);
        n=b;
    }
  private:
    char name[80];
    double b;
};

void main( )
{
    B *pb;
    double n;
    char s[80];
    pb=new B[3];
    pb[0]=B("wang",4.6);
    pb[1]=B("zhang",2.9);
    pb[2]=B("li",8.2);
    for(int i=0;i<3;i++)
    {
        pb[i].getb(s,n);
        cout<<s<<","<<n<<endl;
    }
    delete[ ] pb;
}
```

执行该程序，输出结果如下：

```
Default
Default
Default
Constructor
Destructor wang
Constructor
Destructor zhang
Constructor
Destructor li
wang, 4.6
zhang, 2.9
li, 8.2
Destructor li
Destructor zhang
Destructor wang
```

【程序分析】 ① 程序中先使用 new 创建了一个对象数组，接着又对该数组的元素进行赋值，这是使用动态分配内存单元获得对象数组的一种方法。程序最后使用 delete 释放了由 new 所创建的对象数组。

② 从输出结果中将清楚地看到：

a）在使用 new 创建对象数组时，自动调用默认构造函数对每个元素进行初始化。

b）在给每个元素赋值时，自动调用构造函数创建一个临时对象；赋值结束后，临时对象被删除，这时调用了析构函数。

c）在使用 delete 释放对象数组时，系统调用析构函数逐个释放对象数组中的每个元素，其释放过程与创建时正好相反。

③ 程序中显示对象数组每个元素的数据成员值时，使用对象调用成员函数 getb( )。该成员函数有两个参数，一个是字符指针，另一个是 double 型变量的引用。该成员函数用来将一个对象的两个私有数据成员的值赋给两个同类型的一般变量，从而通过两个一般变量输出对象的私有数据成员的值。

【例 9.12】 分析下列程序的输出结果，注意运算符 new 和 delete 的用法。

```
#include <iostream.h>
#include <stdlib.h>
void fun( );
void main( )
{
   fun( );
   int *pa;
   pa=new int[8];
   if(!pa)
   {
      cout<<"Heap error!\n";
      exit(1);
   }
    for(int i=0;i<8;i++)
      pa[i]=10-i;
    for(i=0;i<8;i++)
       cout<<pa[i]<<"  ";
    cout<<endl;
    delete[ ] pa;
}
void fun( )
{
      int *p;
      if(p=new int)
      {
         *p=50;
         cout<<*p<<endl;
         delete p;
      }
      else
         cout<<"Heap error!\n";
}
```

执行该程序，输出结果如下：

```
50
10  9  8  7  6  5  4  3
```

【程序分析】 该程序中有两处使用了 new 和 delete。在 main( )函数中，使用 new 为一个 int 型数组分配内存单元，最后用 delete 释放这个数组的各个元素；在 fun( )函数中，使用 new 为一个指向 int 型变量指针分配内存单元，在不用时也用 delete 释放。另外，该程序中，使用 new 分配内存单元时，都对它是否分配成功做了检验，这在分配较大的内存空间时是十分必要的。

9.5 类型转换和转换函数

类型转换是将一种类型的值映射为另一种类型的值，类型转换包含隐含转换和强制转换两种。转换函数是一种类型强制转换的成员函数。

9.5.1 类型的隐含转换

C++语言编译系统提供的内部数据类型的自动隐含转换规则如下。

① 在执行算术运算时，低类型自动转换为高类型。例如：

```
double a;
a=3.1415*8;
```

当一个浮点数与一个整型数相乘时，整型数先自动转换为浮点数，然后两个浮点数相乘，将其积赋给变量 a。

② 在赋值表达式中，赋值运算符右边表达式的值自动转换为左边变量的类型，然后将值赋给它。这种转换不是保值的，因此有可能使数据精度受到损失。例如：

```
int a;
a=23.45;
```

这时，变量 a 获取的值为 23。在由高类型转换为低类型时，需要强制转换运算符。上述表达式应写为

```
a=(int)23.45;
```

③ 在函数调用时，将调用函数的实参值赋给形参，系统将隐含的实参转换为形参的类型后，再进行赋值。例如：

```
double d1,fun(double d);
d1=fun(10);
```

这里，函数 fun( )要求一个 double 型的形参，而实参却给出一个 int 型数，这时需将 int 型数转换为 double 型后，再赋给形参。

④ 在函数有返回值时，系统自动将返回的表达式的类型转换为该函数的类型后，再将表达式的值返回给调用函数。

在程序中，出现不能自动转换的情况时，系统将会报错，这时需要修改程序。

9.5.2 构造函数的类型转换功能

在实际应用中，如果类定义中提供了单参数构造函数，使用单参数的构造函数可以将某种数据类型的数值或变量转换为该类的对象。这便是单参数构造函数所具有的类型转换功能。下面通过一个例子加以说明。

【例 9.13】 分析下列程序的输出结果。

```
#include <iostream.h>
class D
{
  public:
       D( )
       { d=0; }
       D(double i)
       { d=i; }
       void Print( )
```

```
        {
            cout<<d<<endl;
        }
    private:
        double d;
};

void main( )
{
    D d1;
    d1=12;
    d1.Print( );
}
```

执行该程序，输出结果如下：

```
12
```

【程序分析】　该程序的 main( )函数中，出现如下赋值表达式语句：

```
d1=12;
```

该赋值表达式的左右值看上去具有不相同的类型，d1 是类 D 的对象，12 是一个 int 型数。但是该程序并没有报错，这是因为系统先进行标准数据类型转换，将 12 转换为 double 型，然后，通过类中定义的单参数构造函数将 double 型数据转换为类 D 的对象，再赋给对象 d1。这些转换是隐含的。

如果想要节省在调用构造函数时所引起的开销，可以定义一个赋值运算符重载函数作为类的成员函数。关于运算符重载函数的定义问题将在第 11 章中讨论。其形式如下：

```
D &D::operator=(int i)
{
  d=i;
  return *this;
}
```

它可以实现 d1=12 的赋值操作。

9.5.3　类型转换函数

类型转换函数是用来对类型进行强制转换的一种成员函数，它是类的一种非静态成员函数，简称转换函数。它的定义格式如下：

```
class 〈类型说明符 1〉
{
  public:
    operator〈类型说明符 2〉( );
   …
};
```

其中，〈类型说明符 1〉通常是一个类名，〈类型说明符 2〉是转换函数名，它的功能是将〈类型说明符 1〉的类型转换为〈类型说明符 2〉的类型，其转换方法在转换函数的函数体内定义。下面举一个例子说明转换函数的定义和用法。

【例 9.14】　分析下列程序的输出结果，并说明程序中转换函数的用法。

```
#include <iostream.h>
class R
{
  public:
       R(int d,int n)
```

```
        {
            den=d;
            num=n;
        }
        operator double( );
  private:
        int den,num;
};
R::operator double( )
{
      return double(den)/double(num);
}

void main( )
{
      R r(8,5);
      double d=3.5,f=2.6;
      d+=r-f;
      cout<<d<<endl;
}
```

执行该程序输出结果如下：

```
2.5
```

【程序分析】 分析该程序中的下述表达式语句：

```
d+=r-f;
```

可知，d 和 f 都是 double 型变量，r 是类 R 的一个对象，它们具有不同的类型。它们之所以能够进行算术运算，得益于转换函数 operator double( )。由于类 R 中定义了该转换函数，系统将上述表达式中的 r 转换为 double 型后再进行运算，于是获得上述的输出结果。

在程序中使用转换函数时，应该注意：

① 转换函数是成员函数，但它必须是非静态的。

② 在定义转换函数时不带类型说明，因为该函数名字就是类型转换的目标类型。

③ 转换函数是用来进行类型转换的，定义它时不必带有任何参数。

④ 转换函数不能定义为友元函数。

9.6 类作用域和对象的生存期

9.6.1 类作用域

类作用域可简称为类域。类域的范围是指在类所定义的类体内，即由一对花括号括起来的若干成员中。每个类都具有该类的类域，该类的成员应属于该类的类域。

由于类体内可以定义变量，又可以定义函数，可见类域不同于函数域，而与文件域相似。但是，类域又不同于文件域，类域中的变量只能用 static 修饰符，而不能用 register、extern 等修饰符；类域中定义的函数也不用 extern 修饰符；类域中定义的静态成员具有它的特定属性。

类域可以被包含在文件域中，可见类域小于文件域；而类域中又可包含函数域，可见类域又大于函数域。因此，可以说，类域介于文件域和函数域之间。

一个类中的某个成员的作用域比较复杂，因为类中的成员具有不同的访问权限。

具体来讲，某个类 A 中的某个成员 M，在下列情况下具有类 A 的作用域：

① M 成员出现在该类的某个成员函数中，并且该成员函数没有定义同名标识符。

② M 成员出现在该类的某个对象的表达式中，例如，a 是 A 类的一个对象，在表达式 a.M 中。

③ M 成员出现在指向该类对象指针的表达式中，例如，pa 是指向 A 类对象的一个指针，在表达式 pa->M 中。

④ 在使用作用域运算符所限定的成员中。例如，在表达式 A::M 中。

由于类域比较复杂，只能具体问题具体分析。

9.6.2 对象的生存期

不同存储类的对象具有不同的生存期。所谓对象的生存期，是指对象从创建开始到被释放为止的存在时间，即该对象的寿命。

按生存期的不同，对象可被划分为如下三种。

1. 局部对象

局部对象被定义在一个函数体内或程序块内，函数参数也是局部对象。这种对象的作用域较小，仅在定义它的函数体或程序块内。生存期也较短，当退出定义该对象所在的函数体或程序块时，则系统调用析构函数释放该对象。局部对象的创建是，每当程序执行到对象定义时，则调用构造函数创建局部对象。

2. 全局对象

全局对象被定义在某个文件中，而它的作用域是包含该文件的整个程序。它的作用域是最大的，生存期是最长的。全局对象是在程序开始时，调用构造函数创建的。当程序结束时，调用析构函数释放该对象。全局对象的安全性较差，使用时应该慎重。

3. 静态对象

静态对象被存放在静态存储区中。它的生存期较长，在程序结束时才被释放。静态对象又分为外部静态对象和内部静态对象两种，它们的生存期相同，只是作用域不同。外部静态对象被定义在函数体外，它的作用域是文件级的，它的作用域从定义时起到文件结束。内部静态对象被定义在函数体或程序块内，它的作用域是在被定义的函数体内或程序块内，从定义时开始到函数结束或程序块结束为止。定义静态对象时，前边加修饰符 static。

【例 9.15】 分析下列程序的输出结果，并分析不同存储类对象的创建和释放情况。

```
#include <iostream.h>
#include <string.h>
class A
{
  public:
     A(char *st);
     ~A( );
  private:
     char string[30];
};
A::A(char *st)
{
     strcpy(string,st);
     cout<<"Constructor called of "<<string<<endl;
}
A::~A( )
```

```
    {
        cout<<"Destructor called of "<<string<<endl;
    }
    void fun( )
    {
        A A1("FunObject");
        static A A2("StaticObject");
        cout<<"In fun( )\n";
    }
    A A3("GlobalObject");
    static A A4("ExternStaticObject");
    void main( )
    {
        A A5("MainObject");
        cout<<"In main( ), before calling fun( )\n";
        fun( );
        cout<<"In main( ), after calling fun( )\n";
    }
```

执行该程序，输出结果如下：

```
    Constructor called for GlobalObject
    Constructor called for ExternStaticObject
    Constructor called for MainObject
    In main( ), before calling fun
    Constructor called for FunObject
    Constructor called for StaticObject
    In fun( )
    Destructor called for FunObject
    In main( ), after calling fun
    Destructor called for MainObject
    Destructor called for StaticObject
    Destructor called for ExternObject
    Destructor called for GlobalObject
```

【程序分析】 本程序共创建了 5 个不同存储类的对象。

从该程序的输出结果中可以看出，A3 是全局对象，它最先创建；接着创建外部静态对象 A4；再创建 main( )中的局部对象 A5；最后创建函数 fun( )中的局部对象 A1 和内部静态对象 A2。而对象的释放是根据对象的生存期是否结束来判断的，相同的生存期基本上按照“先创建的后释放，后创建的先释放”的原则。上述输出结果请读者自己分析。

9.6.3 局部类和嵌套类

1. 局部类

在一个函数体内定义的类称为局部类，该类只能在定义它的函数体内使用，超出该函数体将不可见。在定义局部类时，应该注意，不能在类中说明静态的成员函数，并且所有成员函数的定义都必须在类体内实现。

在实际应用中，很少使用局部类。

【例 9.16】 分析下列程序输出结果，并说明是否可以在主函数内定义类 A 的对象。

```
    #include <iostream.h>
    void fun( )
    {
```

```
    int a(8);
    class A
    {
      public:
         void init(int i) { a=i; }
         int a;
    };
    A m;
    m.init(10);
    cout<<m.a<<endl;
    cout<<a<<endl;
}
void main( )
{
    fun( );
}
```

执行该程序，输出结果如下：

```
10
8
```

请读者上机试一试，企图在main( )中定义类A的对象是失败的。

在该程序中，类A的使用被局限于函数fun( )之内。一般，局部类被隐藏在定义它的函数体内。

2. 嵌套类

在一个类中定义的类称为嵌套类。定义嵌套类的类称为外围类。

定义嵌套类的目的是为了隐藏类名，限制使用该类创建对象的范围，从而减少全局标识符，提高类的抽象能力。

嵌套类具有如下特点。

① 从作用域角度看，嵌套类被隐藏在外围类之中，该类名只能在外围类中使用。如果在外围类作用域外使用，需要加类名进行限定。

② 从访问权限角度看，嵌套类名与它的外围类的成员名具有相同的访问权限规则，不能访问嵌套类对象中的私有成员，嵌套类一般不放在外围类的私有成员中。

③ 嵌套类说明的成员不是外围类中的成员，反之亦然。嵌套类中的成员函数对外围类的成员没有访问权，反之亦然。因此，在分析嵌套类与外围类的成员访问关系时，可将嵌套类看成非嵌套类来处理。

④ 嵌套类中说明的友元对外围类的成员没有访问权。

⑤ 如果嵌套类比较复杂，可以只在外围类中说明嵌套类，关于嵌套类详细定义内容可放在外围类体外进行定义。这时，需说明该类是某个外围类的嵌套类。

【例9.17】 分析下列程序输出结果，说明嵌套类用法。

```
#include <iostream.h>
class A
{
  public:
     class B
     {
       public:
          B(int i)
          { b=i; }
```

```
            void Print( )
            {
                cout<<b<<endl;
            }
          private:
            int b;
        };

        A(int i, int j):bb(i)
        {
            a=j;
        }
        void Print( )
        {
            cout<<a<<",";
            bb.Print( );
        }
    private:
        int a;
        B bb;
};

void main( )
{
    A A1(9,5);
    A::B B1(3);
    A1.Print( );
    B1.Print( );
}
```

执行该程序，输出结果如下：

```
5, 9
3
```

【程序分析】 该程序中定义了一个类A，在类A的公有成员中定义了一个类B，它被完全包含在类A中。因此，称类B为类A的嵌套类。在类A中，可以直接定义类B的对象。在主函数中，定义类B对象时，使用作用域运算符限定类B是类A的嵌套类。

嵌套类的另外一种书写方法是将嵌套类的定义内容写在外围类体外，但是要用类名限定方法说明嵌套类是哪个外围类的。例如，上面的程序可以写成如下形式。

```
#include <iostream.h>
class A
{
  public:
      class B;
      A(int i);
      void Print( )
      {
          cout<<a<<endl;
      }
  private:
      int a;
};
```

```
A::A(int i)
{
    a=i;
}
class A::B
{
  public:
      B(int i)
      { b=i; }
      void Print( )
      {
          cout<<b<<endl;
      }
  private:
      int b;
};

void main( )
{
    A A1(9);
    A::B B1(3);
    A1.Print( );
    B1.Print( );
}
```

输出结果自行分析。

习题 9

9.1 简答题

（1）什么是指向对象的指针？什么是对象引用？它们如何被定义？它们主要功能是什么？

（2）什么是对象数组？什么是对象数组指针？它们是如何定义的？

（3）this 指针的含义是什么？为什么在程序中很少见到？

（4）指向一维对象数组的指针是如何定义的？它的功能是什么？

（5）什么是对象指针数组？它是如何被定义的？

（6）如何使用常类型 const 来说明指针常量？使用常类型说明常量时应该注意些什么？

（7）什么是子对象？如何对子对象进行初始化？

（8）什么是类型适应？举例说明什么情况下出现类型适应？

（9）什么是堆对象？如何创建堆对象？如何释放堆对象？

（10）使用运算符 new 创建对象时和创建对象数组时有何不同？

（11）什么是转换函数？如何定义一个转换函数？转换函数有什么功能？

（12）类的作用类是什么？按生存期如何划分对象？

（13）什么是局部类？什么是嵌套类？

9.2 选择填空

（1）已知：f1()是类 A 的公有成员函数，p 是指向成员函数 f1()的指针，下列表示中（　）是正确的。

A）p=f1　　B）p=f1( )　　C）p=A::f1　　D）p=A::f1( )

（2）已知：类 A 中的一个成员函数说明为 void Set(A&a);，其中，A&a 的含义是（　）。

A）变量 A 与变量 a 按位与作为函数 Set( )的实参

B）类 A 的对象引用 a 作为函数 Set( )的参数

C）指向类 A 的指针 a 作为函数 Set( )的参数

D）将类 A 的对象 a 的地址值赋给变量 Set

（3）下列关于对象数组的描述中，（　）是错误的。

A）对于对象数组只能赋初值而不能赋值

B）对象数组的下标是从 0 开始的

C）对象数组的每个元素都是相同类的对象

D）对象数组的数组名是一个常量指针

（4）下列关于指向类的一维对象数组的指针 p 的定义中，（　）是正确的。

A）A p[5]　　B）A (*p)[5]　　C）(A *)p[5]　　D）A *p[ ]

（5）已知：const char *ptr;，那么 ptr 应该是（　）。

A）指向字符串常量的指针

B）指向字符串的常量指针

C）指向字符的常量的指针

D）指向字符常量的指针

（6）下列关于子对象的描述中，（　）是错误的。

A）子对象是类的一种数据成员，它是另一个类的对象

B）子对象不可以是自身类的对象

C）对子对象的初始化要包含在该类的构造函数中

D）一个类中只能含有一个子对象作为其成员

（7）对运算符 new 的下列描述中，（　）是错误的。

A）它可以动态创建对象和对象数组

B）用它创建对象数组时必须指定初始值

C）用它创建对象时要调用构造函数

D）用它创建的对象可以使用运算符 delete 来释放

（8）对运算符 delete 的下列描述中，（　）是错误的。

A）用它可以释放用运算符 new 创建的对象和对象数组

B）用它释放一个对象时，它作用于一个运算符 new 所返回的指针

C）用它释放一个对象数组时，它作用的指针名前需加下标运算符（[ ]）

D）它不适用于空指针

（9）具有转换类型功能的构造函数应该是（　）。

A）不带参数的构造函数

B）带有一个参数的构造函数

C）带有两个参数的构造函数

D）默认构造函数

（10）下列对类型转换函数的描述中，（　）是错误的。

A）类型转换函数是一种非静态的成员函数

B）类型转换函数是无参数的

C）类型转换函数不能被定义为友元函数

D）类型转换函数必须在定义时指出返回值类型

9.3 判断下列描述是否正确，对者画√，错者画×。

（1）因为对象指针和对象引用都可以作为函数参数和返回值，因此，它们是相同的。

（2）指向对象的指针和对象都可以作为函数参数，但是使用前者比使用后者好些。

（3）对象引用作为函数参数不如使用对象指针更方便。

（4）对象数组的元素必须是同一个类的对象。

（5）一维对象指针数组的每个元素应该是某个类的对象的地址值 。

（6）运算符 new 可以创建变量或对象，也可以创建数组。

（7）使用运算符 new 创建的对象可以使用运算符 delete 释放掉。

（8）带有一个参数的构造函数具有转换类型的作用。

（9）子对象的初始化可以不在该类的构造函数中。

（10）转换函数是类的成员函数，它是用来进行强制类型转换的。

9.4 分析下列程序的输出结果。

（1）
```
#include <iostream.h>
class A
{
  public:
     A( );
     A(int i,int j);
     ~A( );
     void Set(int i,int j)
     {  a=i; b=j;}
  private:
     int a,b;
};
A::A( )
{
    a=b=0;
    cout<<"Default Constructor called.\n";
}
A::A(int i,int j)
{
    a=i;
    b=j;
    cout<<"Constructor: a="<<a<<",b="<<b<<endl;
}
A::~A( )
{
    cout<<"Destructor called. a="<<a<<",b="<<b<<endl;
}

void main( )
{
    cout<<"Starting1: \n";
    A a[3];
    for(int i=0;i<3;i++)
        a[i].Set(2*i+1,(i+1) *2);
    cout<<"Ending1: \n";
    cout<<"Starting2: \n";
    A b[3]={A(5,6),A(7,8),A(9,10)};
```

```
        cout<<"Ending2.\n";
    }
```

(2)

```
#include <iostream.h>
class B
{
        int x,y;
    public:
        B( );
        B(int i);
        B(int i,int j);
        ~B( );
        void Print( );
};
B::B( )
{
    x=y=0;
    cout<<"Default Constructor called.\n";
}
B::B(int i)
{
    x=i;
    y=0;
    cout<<"Constructor1 called.\n";
}
B::B(int i,int j)
{
    x=i;
    y=j;
    cout<<"Constructor2 called.\n";
}
B::~B( )
{
    cout<<"Destructor called.\n";
}
void B::Print( )
{
    cout<<"x="<<x<<",y="<<y<<endl;
}

void main( )
{
    B *p;
    p=new B[3];
    p[0]=B( );
    p[1]=B(7);
    p[2]=B(5,9);
    for(int i=0;i<3;i++)
        p[i].Print( );
    delete[ ] p;
}
```

(3)

```
#include<iostream.h>
class A
{
```

```
    public:
      A()
      {
        x=y=0;
        cout<<"Default Constructor called."<<endl;
      }
      A(int i,int j)
      {
          x=i;
          y=j;
          cout<<"Constructor called."<<endl;
      }
      ~A()
      {  cout<<"Destructor called."<<endl;  }
      int Getx()
      {  return x; }
      int Gety()
      {  return y; }
    private:
      int x,y;
  };
  void main()
  {
      A*p=new A;
      cout<<p->Getx()<<','<<p->Gety()<<endl;
      delete p;
      p=new A(5,8);
      cout<<p->Getx()<<','<<p->Gety()<<endl;
      delete p;
  }
```

(4)
```
#include<iostream.h>
  void main()
  {
      int(*pa)[5];
      pa=new int[2][5];
      for(int i=0;i<2;i++)
        for(int j=0;j<5;j++)
            *(*(pa+i)+j)=10*(i+1)+j;
      for(i=0;i<2;i++)
      {
        for(int j=0;j<5;j++)
            cout<<pa[i][j]<<"  ";
        cout<<endl;
      }
      delete []pa;
  }
```

(5)
```
#include <iostream.h>
  class complex
  {
    public:
        complex( );
        complex(double real);
```

```
        complex(double real,double imag);
        void Print( );
        void Set(double r,double i);
    private:
        double real,imag;
};
complex::complex( )
{
    Set(0.0,0.0);
    cout<<"Default Constructor called.\n";
}
complex::complex(double real)
{
    Set(real,0.0);
    cout<<"Constructor: real="<<real<<",imag="<<imag<<endl;
}
complex::complex(double real,double imag)
{
    Set(real,imag);
    cout<<"Constructor: real="<<real<<",imag="<<imag<<endl;
}
void complex::Print( )
{
    if(imag<0)
       cout<<real<<imag<<'i'<<endl;
    else
       cout<<real<<'+'<<imag<<'i'<<endl;
}
void complex::Set(double r,double i)
{
    real=r;
    imag=i;
}

void main( )
{
    complex c1;
    complex c2(6.9);
    complex c3(12.2,25.8);
    c1.Print( );
    c2.Print( );
    c3.Print( );
    c1=complex(0.8,0.5);
    c2=55;
    c3=complex( );
    c1.Print( );
    c2.Print( );
    c3.Print( );
}
```

(6)
```
#include <iostream.h>
class A
{
  public:
```

```
        A(int i=0)
        { m=i;cout<<"Constructor called."<<m<<endl;}
        void Set(int i)
        { m=i;}
        void Print( ) const
        { cout<<m<<endl; }
         ~A( )
        { cout<<"Destructor called."<<m<<endl;}
    private:
        int m;
};

void main( )
{
    const int N=5;
    A my;
    my=N;
    my.Print( );
}
```

(7)
```
#include <iostream.h>
class B
{
  public:
    B(int i=0)
    { m=i; cout<<"Constructor called."<<m<<endl;}
    void Print( ) const
    { cout<<m<<endl;}
    ~B( )
    { cout<<"Destructor called."<<m<<endl;}
  private:
    int m;
};
void fun(const B& c)
{
    c.Print( );
}

void main( )
{
    fun(10);
}
```

9.5 分析下列程序，并回答下列问题。

① 该程序中调用了包含在 string.h 文件中的哪些函数？

② 该程序的 String 类中是否使用了函数重载的方法？哪些函数是重载的？

③ 简述 Setc( )函数有何功能？

④ 简述 Getc( )函数有何功能？

⑤ 简述 Append( )函数有何功能？

⑥ 该程序中的成员函数 Print( )中不用 if 语句，而改写成如下一条语句，是否可行？

```
cout<<Buffer<<endl;
```

⑦ 该程序中有几处使用了运算符 new？

⑧ 写出该程序执行后的输出结果。

```
#include <iostream.h>
#include <string.h>
class String
{
  public:
    String( )
    { Length=0;Buffer=0;}
    String(const char *str);
    void Setc(int index,char newchar);
    char Getc(int index) const;
    int GetLength( ) const
    { return Length;}
    void Print( ) const
    {
       if(Buffer==0)
           cout<<"empty.\n";
       else
           cout<<Buffer<<endl;
    }
    void Append(const char *Tail);
    ~String( )
    { delete[ ] Buffer;}
  private:
    int Length;
    char *Buffer;
};
String::String(const char *str)
{
   Length=strlen(str);
   Buffer=new char[Length+1];
   strcpy(Buffer,str);
}
void String::Setc(int index,char newchar)
{
   if(index>0&&index<=Length)
      Buffer[index-1]=newchar;
}
char String::Getc(int index) const
{
   if(index>0&&index<=Length)
      return Buffer[index-1];
   else
      return 0;
}
void String::Append(const char *Tail)
{
   char *tmp;
   Length+=strlen(Tail);
   tmp=new char[Length+1];
```

```
        strcpy(tmp,Buffer);
        strcat(tmp,Tail);
        delete[ ] Buffer;
        Buffer=tmp;
    }

    void main( )
    {
        String s0,s1("a string.");
        s0.Print( );
        s1.Print( );
        cout<<s1.GetLength( )<<endl;
        s1.Setc(5,'p');
        s1.Print( );
        cout<<s1.Getc(6)<<endl;
        String s2("this ");
        s2.Append("a string.");
        s2.Print( );
    }
```

第 10 章 继承性和派生类

前面两章讲述了有关类和对象的基本知识和基本操作。对类的概念、定义格式及对象的定义和赋值方法都有所了解，对有关类和对象的操作也有所认识。在此基础上，本章进一步讲述面向对象程序设计的第二个特性——继承性。

继承性是对类的进一步认识。类不仅具有封装性，而且还具有继承性。C++语言中的继承机制可以克服传统的面向过程程序设计的缺点，因为传统编程方式不能重复使用程序而造成资源的浪费，而 C++语言提供了无限重复利用程序资源的一种新途径。采用这种机制进行软件开发，可以节省开发的时间和资源。

本章主要讲述下列问题:

- 基类和派生类
- 单继承和多继承
- 虚基类

10.1 基类和派生类

在日常的工作和生活中，许多事物之间存在着继承的关系。例如，在日常生活中，存在着各种各样的表演项目供人们观赏，其中比较熟悉的一种是文艺节目。文艺节目有很多种类，如歌曲、舞蹈、相声、小品、演奏等。其中，歌曲又可分为若干种类，如合唱、独唱、二重唱、表演唱等。在独唱中又分为男高音、女高音、男低音、女中音等。可见，客观事物可以分成若干类，而类与类之间又存在着某种关系。例如，独唱类与歌曲类有密切关系，而与小品类的关系就不太密切。具体来讲，独唱类是歌曲类的一种，它具有歌曲类的特征，它还具有自己的特征，它本身最大的特征是一个人唱。独唱类和歌曲类的关系是继承的关系，独唱类继承了歌曲类，因此称独唱类是由歌曲类派生出来的，又称独唱类是歌曲类的子类。派生类继承了基类的特征，即独唱类继承了歌曲类的特征，它本身还有它自己的特点。同样地，男高音类是独唱类的派生类，即男高音类继承了独唱类的特征，它本身又有自己的特点。

综上所述，通过继承的机制，可以利用已有的类型来定义新的类型。所定义的新类型拥有原来类型的属性，同时还拥有新的属性。我们称已存在的用来生成新的类型的类为基类，而由已存在的类派生出来的新类为派生类。派生类继承了基类，这就是说，派生类中拥有基类中的所有成员，并且派生类本身还拥有它自己的新成员。

在 C++语言中，派生类可以只从一个基类中派生，也可以从多个基类中派生。从一个基类中派生的继承称为单继承，从多个基类中派生的继承称为多继承。或者说，单继承的派生类只有一个基类，而多继承的派生类则有多个基类。单继承所生成的类的层次像一棵倒挂的树，多继承所生成的类的层次则是一个有向无环的图，分别如图 10.1 和图 10.2 所示。图 10.1 中，类 B 和类 C 是类 A 的单继承的两个派生类。图 10.2 中，类 Z 是类 X 和类 Y 多继承的一个派生类。

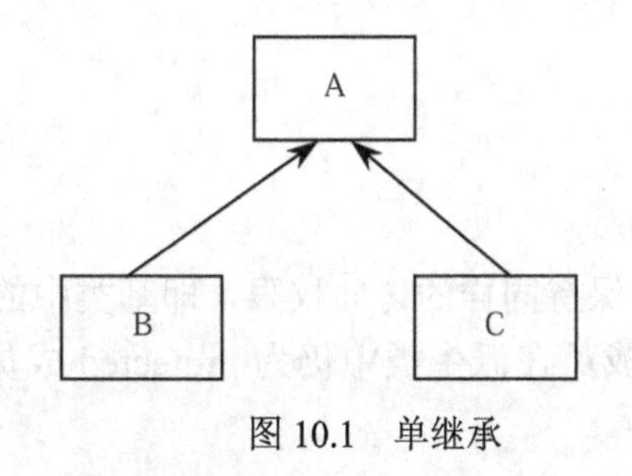

图 10.1　单继承

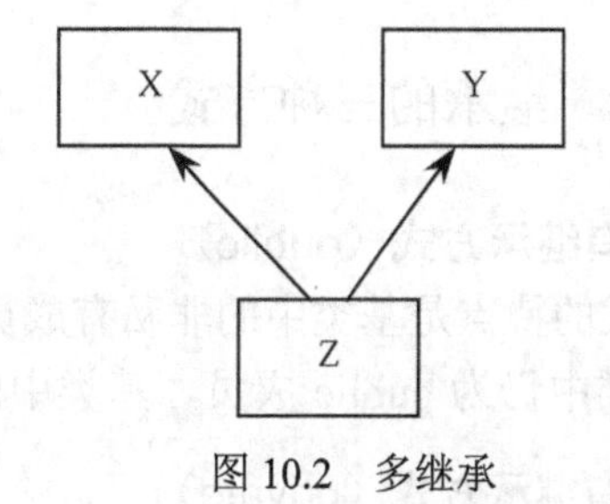

图 10.2　多继承

10.1.1　派生类的定义格式

已知一个类，该如何定义该类的派生类呢？单继承派生类和多继承派生类定义格式如下。

1. 单继承派生类的定义格式

单继承派生类的定义格式如下：

```
class〈派生类名〉:〈继承方式〉〈基类名〉
{
    〈派生类新成员的定义〉
};
```

其中，〈派生类名〉是一个从〈基类名〉中派生出的类名，并且该派生类是按指定的〈继承方式〉派生的，〈继承方式〉具体参见 10.1.2 节。

2. 多继承派生类的定义格式

多继承派生类的定义格式如下：

```
class〈派生类名〉:〈继承方式 1〉〈基类名 1〉,〈继承方式 2〉〈基类名 2〉, …
{
    〈派生类新成员定义〉
};
```

与单继承派生类的定义格式比较，可以看出，它与单继承派生类在定义格式上的区别仅在于它的基类名多，各基类名之间用逗号分隔，每个基类名前都应有一个该基类的继承方式的说明。在使用 class 定义派生类时，默认的继承方式为私有继承。

例如，类 A 是基类，类 B 是类 A 的公有继承的派生类，其定义格式如下：

```
class A
{
  public:
    A(int i)
    { a=i; }
    void print( )
    { cout<<a<<endl; }
  private:
    int a;
};
class B:public A
{
  public:
    …
  private:
    int b;
};
```

10.1.2　继承的三种方式

1. 公有继承方式（public）

该方式的特点是基类中的非私有成员在派生类中保持同样的访问权限，即基类中的 public 成员在派生类中仍为 public 成员，基类中的 protected 成员在派生类中仍为 protected 成员。

2. 私有继承方式（private）

该方式的特点是基类中的非私有成员，不论是 public 成员，还是 protected 成员，在派生类中都是 private 成员，而且它们都不能再被派生类的子类所访问。

3. 保护继承方式（protected）

该方式的特点是基类中的 public 成员和 protected 成员在派生类中都是 protected 成员。

不同的继承方式规定了基类中不同访问权限的成员在派生类中有不同访问权限，在三种继承方式中，基类中的私有成员派生类都是不可访问的。

对于三种不同的继承方式，基类中的各种不同访问权限的成员在派生类中的访问权限参见表 10-1。

下面通过一个例子对上述表中关系做一个解释。

表 10-1　基类中成员在派生类中的访问权限

基类成员 \ 继承方式	public	private	protected
public	public	private	protected
private	不可访问	不可访问	不可访问
protected	protected	private	protected

【例 10.1】　阅读程序并说明，在主函数 main()中定义的三个对象 d1，d2 和 d3，在给它们成员的赋值中，哪些是错误的？

```
class Base
{
  public:
    int b1;
  protected:
    int b2;
  private:
    int b3;
};
class D1:public Base
{
  public:
    void test( )
    {
      b1=10;          //可以，b1 为 public
      b2=20;          //可以，b2 为 protected
      b3=30;          //不可以访问
    }
};
class D11:public D1
{
  public:
    void test( )
    {
     b1=5;            //可以，b1 为 public
```

```
        b2=6;                   //可以，b2为protected
        b3=7;                   //不可以访问
      }
  };
  class D2:private Base
  {
    public:
      void test( )
      {
        b1=8;                   //可以，b1为private
        b2=9;                   //可以，b2为private
        b3=10;                  //不可以访问
      }
  };
  class D22:public D2
  {
    public:
      void test( )
      {
        b1=11;                  //不可以访问
        b2=12;                  //不可以访问
        b3=13;                  //不可以访问
      }
  };
  class D3:protected Base
  {
    public:
      void test( )
      {
        b1=15;                  //可以，b1为protected
        b2=16;                  //可以，b2为protected
        b3=17;                  //不可以访问
      }
  };
  class D33:public D3
  {
    public:
      void test( )
      {
        b1=18;                  //可以，b1为protected
        b2=19;                  //可以，b2为protected
        b3=20;                  //不可以访问
      }
  };
  void main( )
  {
    D11 d1;
    d1.b1=1;
    d1.b2=2;
    d1.b3=3;
    D22 d2;
    d2.b1=4;
    d2.b2=5;
```

```
    d2.b3=6;
    D33 d3;
    d3.b1=7;
    d3.b2=8;
    d3.b3=9;
}
```

解答：只有 d1.b1 是正确的，其余的赋值都是错误的，为什么？请读者思考。

通过这个例子，可以得到如下的结论。

① 对于三种不同继承方式，基类中的不同访问权限的成员在它的派生类中的访问权限是不同的。简单地讲，对于私有继承方式，基类中的公有和保护成员在派生类中为私有的；对于公共继承方式，基类中的公有和保护成员在派生类中仍然保持不变；对于保护继承方式，基类中公有和保护成员在派生类中为保护成员。对基类中的私有成员，无论在哪种继承方式中，派生类都不可访问。

② 类 Base 中的私有成员 b3，只能被该类的成员函数所访问，而不能被该类的派生类的成员函数所访问，因此本例中所有的 test( )函数试图访问 b3 都是非法的。而类 Base 的公有成员 b1 和保护成员 b2 在该类的各种继承方式所生成的派生类中都可以访问。

③ 在类 Base 的各种不同继承方式的派生类的对象中，即主函数中定义的 d1，d2，d3 中，只有类 Base 的公有继承的派生类的对象 d1 才可以访问基类 Base 中的公有成员 b1。即

```
d1.b1=1;
```

是合法的。这里，类 Base 是类 D1，类 D2，类 D3 的直接基类，又是类 D11，类 D22，类 D33 的间接基类。

④ 类 Base 是三个直接派生类 D1，D2 和 D3 的对象，对其基类 Base 中的成员访问权限又是如何的呢？请分析下列语句中哪些是合法的。

```
D1 d1;
d1.b1=10;        //合法
d1.b2=11;        //非法
d1.b3=12;        //非法
D2 d2;
d2.b1=13;        //非法
d2.b2=14;        //非法
d2.b3=15;        //非法
D3 d3;
d3.b1=16;        //非法
d3.b2=17;        //非法
d3.b3=18;        //非法
```

派生类的对象对其基类中成员的可访问性归结如下：

- 对公有继承方式来说，只有基类的公有成员可被派生类对象访问，其他成员均不可。
- 对私有继承方式和保护继承方式来说，基类中所有成员都不能被派生类的对象访问。

⑤ 关于可访问性问题还有一种说法。在该说法中，称派生类的对象对基类的访问为水平访问，称派生类的派生类对基类的访问为垂直访问，具体规则如下：

- 公有继承时，水平访问和垂直访问对基类的公有成员无限制；
- 私有继承时，水平访问和垂直访问对基类的公有成员是不允许的；
- 保护继承时，对垂直访问同于公有继承，对水平访问同于私有继承。

⑥ 在单个类中，保护成员和私有成员是没有区别的。在类的继承关系中，基类的私有成员对于派生类和应用程序都是隐藏的，而基类的保护成员只对应用程序隐藏，对派生类是不隐藏的。

10.1.3　基类与派生类的关系

任何一个类都可以派生出一个新类，派生类也可以再派生出新类。因此，基类和派生类是相对而言的。一个基类派生出一个派生类，该派生类又可作为另一个派生类的基类，则原来的基类为新的派生类的间接基类，而新的派生类为原来基类的间接派生类，如图 10.3 所示。其中，类 A 是类 B 的直接基类，类 A 是类 C 的间接基类；类 B 是类 A 的直接派生类，类 C 是类 A 的间接派生类。这样将形成一个较复杂的继承结构，出现类的层次关系。

基类与派生类的关系可描述如下。

1. 派生类是基类的具体化

在有些情况下，基类抽象了派生类的公共特性，而派生类通过增加行为使基类具体化。例如，在计算机的外部设备中，有一类是外部存储设备，用来在主机以外存储信息。而外部存储设备通常使用的有硬盘、软盘和光盘这 3 类。将外部存储器定义为一个基类，对该基类进行具体化有三个派生类：硬盘类、软盘类和光盘类，它们的关系如图 10.4 所示。在客观世界中，类似于这样的层次模型有许多，这里不再多举例。

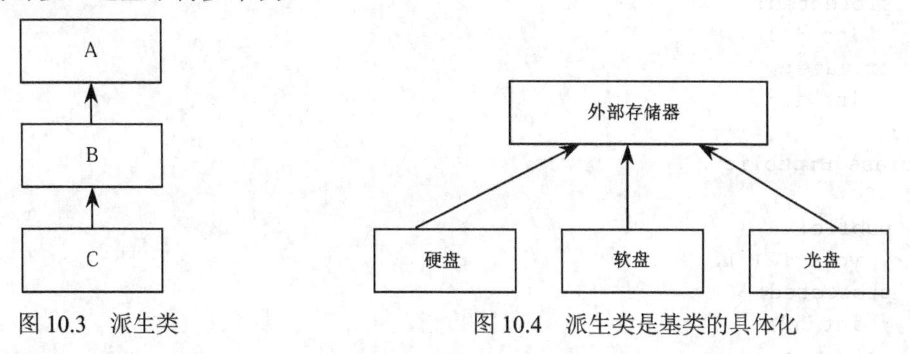

图 10.3　派生类　　　　图 10.4　派生类是基类的具体化

2. 派生类是基类定义的延续

在有些情况下，根据需要先定义一个抽象基类，该基类虽然有些操作，但未实现。再定义它的派生类，在派生类中实现它的抽象基类中的操作。这时，派生类是抽象基类的具体实现，可看作基类定义的延续。第 11 章将要讲述的抽象类就属于此类情况。

3. 派生类是基类的组合

在多继承的情况下，一个派生类可以有多于一个的基类，这时，派生类将是所有基类行为的组合。

派生类将其本身与基类区分开，在派生类的定义中只有添加的数据成员和成员函数。因此，继承机制实际上在创建新类时，只需说明新类与已有基类的区别，而大量原有的程序代码都可以复用，这便是人们所说的“可复用的软件构件”。

10.2　单继承

在单继承中，一个基类可以生成多个派生类，但是每个派生类只有一个基类，从而形成一个树状的层次结构。

10.2.1　派生类对基类成员的访问权限

前一节中，讲述了派生类、派生类的对象和派生类的派生类对基类成员的访问权限的若干规则，本节将通过例子进一步讨论有关访问权限的具体机制。

【例 10.2】 分析程序，回答下列问题：

① 派生类B中的成员函数 f2()能否访问基类 A 中的成员 f1( )，i1 和 j1？

② 派生类B的对象能否访问基类 A 中的成员 f1( )，i1 和 j1？

③ 派生类C中的成员函数 f3( )能否访问直接基类B中的成员 f2( )和 j2？能否访问间接基类A中的成员 f1( )，j1 和 i1？

④ 派生类 C 的对象能否访问直接基类 B 中的成员 f2( )，i2 和 j2？能否访问间接基类 A 中的成员 f1( )，j1 和 i1？

⑤ 从对①～④问题的回答中可得出对公有继承方式的什么结论？

```
#include <iostream.h>
class A
{
  public:
     void f1( );
  protected:
     int j1;
  private:
     int i1;
};
class B:public A
{
  public:
     void f2( );
  protected:
     int j2;
  private:
     int i2;
};
class C:public B
{
  public:
     void f3( );
};
```

解答：① 可以访问基类 A 中的成员 f1( )和 j1，但不可以访问成员 i1。

② 可以访问基类 A 中的成员 f1( )，但不能访问基类 A 中的成员 i1 和 j1。

③ 可以访问直接基类 B 中的成员 f2( )和 j2 及间接基类 A 中的成员 f1( )和 j1，而不能访问直接基类B中的成员 i2 和间接基类 A 中的成员 i1。

④ 只可以访问直接基类 B 中的成员 f2( )和间接基类 A 中的成员 f1( )，其他成员都不可访问。

⑤ 从上述分析中，可得出对公有继承的如下结论。

在公有继承时，派生类的成员函数可访问基类中的公有成员和保护成员，派生类的对象只能访问基类中的公有成员，派生类的派生类中成员函数可访问基类中公有成员和保护成员，派生类的派生类的对象只能访问基类中的公有成员。所以，在公有继承时，基类中的公有成员和保护成员可被派生类的成员函数访问，基类中仅有公有成员才可被派生类对象访问。

【例 10.3】 分析程序，并回答下列问题：

① 执行该程序时，哪些语句会出现编译错？为什么？

② 去掉出错语句后，执行该程序后输出结果如何？

③ 在程序中，派生类B是从基类A继承来的，这种不加继承方式的默认继承是哪种继承方式？

④ 派生类B中，“A::f;”语句的含义是什么？

⑤ 将派生类B的继承方式改为公有继承方式后，该程序的输出结果是什么？这时应加上前面去掉的出错语句。

```
#include <iostream.h>
class A
{
  public:
     void f(int i)
     { cout<<i<<endl; }
     void g( )
     { cout<<"A\n"; }
};
class B: A
{
  public:
     void h( )
     { cout<<"B\n"; }
     A::f;
};
void main( )
{
     B b;
     b.f(10);
     b.g( );
     b.h( );
}
```

解答：① main( )函数中，b.g( );语句出现编译错。因为类B是以私有继承方式继承A类的，所以B类的对象b不能访问A类中的私有成员。

② 将程序中出错语句b.g( );改为注释后，执行该程序输出结果如下：

```
10
B
```

③ 使用class定义派生类时，默认的继承方式为private。

④ 程序中，A::f;语句是将基类A中的公有成员函数f( )说明为派生类B中的公有成员函数。

⑤ 将程序中class B:A改为class B:public A以后，再去掉前面的注释符号，该程序的输出结果如下：

```
10
A
B
```

从上述分析可得出私有继承的下述结论：

私有继承时，派生类的成员函数可访问基类中的公有成员和保护成员，派生类的对象和派生类的派生类都不能访问基类中的任何成员。

【例10.4】 分析程序，并回答下列问题：

① 执行该程序后的输出结果是什么？

② 将程序中的class B:protected A改为class B:private A以后，该程序是否出现编译错？如无错，输出结果如何？

③ 将程序的类 A 定义中，数据成员 char name[80]的访问权限改为 private 时，该程序是否出现编译错？如无错，输出结果如何？

④ 说明保护成员和保护继承方式的作用。

```
#include <iostream.h>
#include <string.h>
class A
{
  public:
      A(const char *name1)
      { strcpy(name,name1); }
  protected:
      char name[80];
};
class B:protected A
{
  public:
      B(const char *nm):A(nm)
      {}
      void Print( )const
      { cout<<"name: "<<name<<endl; }
};

void main( )
{
     B b("lu");
     b.Print( );
}
```

解答：① 执行该程序，输出结果如下：

```
name:lu
```

② 修改后该程序无编译错，输出结果同 1。

③ 修改后该程序出现编译错，出错语句是类 B 中的下述语句：

```
cout<<"name:"<<name<<endl;
```

错误信息提示，name 是私有成员且不能被访问。

④ 对单个类来讲，私有成员与保护成员没有什么区别。但对继承来讲，保护成员与私有成员不同，保护成员可以被派生类中成员函数所访问，而私有成员不可以。保护成员又与公有成员不同，保护成员即使在公有继承的情况下也不能被派生类的对象所访问，而公有成员在公有继承情况下可以被派生类的对象所访问，这便是保护成员在继承情况下的作用。

保护继承方式，与公有继承方式和私有继承方式都不相同。这种继承方式将使基类中的公有成员和保护成员成为派生类中的保护成员。这样，就可以使该派生类的对象不能访问基类中的所有成员，而使派生类的派生类中成员函数可以访问基类中的公有成员和保护成员。

10.2.2 派生类的构造函数和析构函数

前面讨论了派生类与基类的继承关系，知道派生类包含了它的基类的所有成员。这样，在对派生类的对象初始化时，不仅要对派生类自己的数据成员初始化，还要对它的基类中的数据成员初始化。如此一来，派生类的构造函数和析构函数将会怎样呢？下面着重讨论这个问题。

1. 派生类的构造函数

派生类对象的数据结构由基类中说明的数据成员和派生类中说明的数据成员共同构成。在创建派生类的对象时，不仅要对派生类中说明的数据成员初始化，而且还要对基类中说明的数据成员初始化。由于构造函数不能被继承，因此，派生类的构造函数必须通过调用基类的构造函数来初始化基类中的数据成员。所以，在定义派生类的构造函数中，不仅要对自己数据成员进行初始化，还要包含调用基类的构造函数对基类中数据成员进行初始化。如果派生类中还有子对象，还应包含调用对子对象初始化的构造函数。

派生类的构造函数的一般格式如下：

```
〈派生类构造函数名〉(〈总参数表〉):〈基类构造函数名〉(〈参数表 1〉),
                                    〈子对象名〉(〈参数表 2〉)…
{
   〈派生类中数据成员初始化〉
}
```

其中，〈派生类构造函数名〉同派生类名。派生类构造函数的〈总参数表〉中的参数包括冒号后面所有参数表中参数的总和。在对基类中数据成员初始化时，调用基类的构造函数产生一个对象，将该对象存放到创建派生类对象时所占有的内存单元中，作为派生类对象成员一部分。在对子对象初始化时，调用子对象类的构造函数进行初始化。最后，调用派生类构造函数的函数体内语句对派生类本身的数据成员初始化。也可以把对派生类数据成员的初始化操作放在成员初始化列表中，这时派生类构造函数可能成为空函数。

派生类构造函数的调用顺序如下：

- 基类构造函数
- 子对象类构造函数（如果有子对象的话）
- 派生类构造函数

下面通过一个例子说明派生类构造函数的格式和用法。

【例 10.5】 分析下列程序输出结果，说明派生类构造函数调用顺序。

```
#include <iostream.h>
class A
{
  public:
     A( )
     { a=0;cout<<"Default Constructor called. A\n";}
     A(int i)
     {
        a=i;
        cout<<"Constructor called. A\n";
     }
     ~A( )
     { cout<<"Destructor called. A\n"; }
     void Print( )
     { cout<<a<<","; }
     int Geta( )
     { return a; }
  private:
     int a;
};
```

```
class B: public A
{
  public:
      B( )
      { b=0;cout<<"Default Constructor called. B\n"; }
      B(int i,int j,int k);
      ~B( )
      { cout<<"Destructor called. B\n"; }
      void Print( )
      {
         A::Print( );
         cout<<b<<","<<aa.Geta( )<<endl;
      }
  private:
      int b;
      A aa;
};
B::B(int i,int j,int k):A(i),aa(j),b(k)
{
    cout<<"Constructor called. B\n";
}
void main( )
{
    B bb[2];
    bb[0]=B(3,4,5);
    bb[1]=B(7,-8,9);
    for(int i=0;i<2;i++)
        bb[i].Print( );
}
```

执行该程序，输出结果如下：

```
Default Constructor called. A
Default Constructor called. A
Default Constructor called. B
Default Constructor called. A
Default Constructor called. A
Default Constructor called. B
Constructor called. A
Constructor called. A
Constructor called. B
Destructor called. B
Destructor called. A
Destructor called. A
Constructor called. A
Constructor called. A
Constructor called. B
Destructor called. B
Destructor called. A
Destructor called. A
3,5,4
7,9,-8
Destructor called. B
```

```
Destructor called. A
Destructor called. A
Destructor called. B
Destructor called. A
Destructor called. A
```

【程序分析】 ① 在该程序中，先定义了类 A，后定义类 B，类 B 是类 A 的派生类。继承方式为公有继承。

② 派生类 B 的构造函数格式如下：

```
B(int i,int j,int k):A(i),aa(j),b(k)
{ cout<<"Constructor called B\n";}
```

其中，B 是派生类构造函数名，总参数表中有三个 int 型参数：i, j 和 k，分别用来初始化基类的数据成员 a、B 类中子对象 aa 和类 B 中数据成员 b。在该派生类构造函数的成员初始化列表中有 3 项，它们之间用逗号分隔。该成员初始化列表的顺序是：先是基类构造函数，再是子对象类构造函数，最后是派生类构造函数。

该派生类构造函数也可以写成下述格式：

```
B(int i,int j,int k):A(i),aa(j)
{
  b=k;
  cout<<"Constructor called, B\n";
}
```

③ 对该程序输出结果说明如下：

前 6 行输出信息是调用默认构造函数创建类 B 的对象数组 bb[2]的两个元素 bb[0]和 bb[1]时产生的。这里，两次调用派生类 B 的默认构造函数。每次调用类 B 的默认构造函数时，先调用两次类 A 的默认构造函数，再调用一次类 B 的默认构造函数，因此出现了输出结果中的前 6 行。

接着 12 行输出信息是调用派生类 B 的构造函数创建一个无名对象，并将该对象赋值给数组 bb 的一个元素，然后将无名对象析构。每创建一个类 B 的无名对象，需要调用两次类 A 的构造函数和一次类 B 的构造函数；在析构该无名对象时，要先调用一次类 B 的析构函数，再调用两次类 A 的析构函数。共创建两个无名对象，分别给对象数组 bb 的两个元素 bb[0]和 bb[1]赋值，于是产生了输出信息中所示的中间 12 行信息。

再接着通过 for 循环语句，输出显示对象数组 bb 的两个元素的数据值。在输出信息中，前一行的三个数值是对象数组元素 bb[0]的，后一行的三个数值是对象数组元素 bb[1]的。

最后的 6 行输出信息是在 main( )结束前，释放对象数组 bb 的两个元素时调用两次类 B 的析构函数所产生的信息。

2. 派生类的析构函数

由于析构函数也不能被继承，因此在执行派生类的析构函数时，也要调用基类的析构函数。其执行顺序如下：

- 先调用派生类的析构函数
- 再调用派生类中子对象类的析构函数
- 最后调用基类的析构函数

可见，执行派生类的析构函数的顺序，正好与执行派生类构造函数的顺序相反。

这一点已在前面的例子中得到证实，读者可对前例中析构函数的执行顺序再做一次分析。

3. 使用派生类构造函数应注意的问题

在基类中定义有默认构造函数或者没有定义任何构造函数时，派生类构造函数中隐含对基类默认构造函数的调用。

下面通过一个例子说明这个问题。

【例 10.6】 分析该程序的输出结果，并分析派生类构造函数的特点。

```
#include <iostream.h>
class A
{
  public:
    A( )
    { a=0; }
    A(int i)
    { a=i; }
    void Print( )
    { cout<<a<<","; }
  private:
    int a;
};
class B:public A
{
  public:
    B( )
    { b1=b2=0; }
    B(int i)
    { b1=0; b2=i; }
    B(int i,int j,int k):A(i),b1(j),b2(k)
    { }
    void Print( )
    {
        A::Print( );
        cout<<b1<<","<<b2<<endl;
    }
  private:
    int b1,b2;
};

void main( )
{
    B b1;
    B b2(5);
    B b3(1,2,3);
    b1.Print( );
    b2.Print( );
    b3.Print( );
}
```

执行该程序，输出结果如下：

```
0,0,0
0,0,5
1,2,3
```

【程序分析】 ① 该程序中，先定义类 A，又定义类 B，类 B 是以公有继承方式生成的类 A 的派生类。

② 派生类 B 中定义了三个构造函数，前两个构造函数没有显式地调用基类构造函数，而是隐

式地调用基类 A 中的默认构造函数。由于默认构造函数不需要参数，因此在派生类的构造函数中隐含对它的调用。但是，派生类中第三个构造函数显式地调用了基类中带有一个参数的构造函数。

③ 对该程序的输出结果说明如下：

主函数中创建了三个类 B 的对象 b1，b2 和 b3。创建对象 b1 时，调用类 B 默认的构造函数，使得该对象中的三个数据成员值为 0，0，0；创建对象 b2 时，调用类 B 中带有一个参数的构造函数，使得该对象的三个数据成员值为 0，0，5；创建对象 b3 时，调用类 B 中带有三个参数的构造函数，使得该对象的三个数据成员值为 1，2 和 3。

④ 当基类的构造函数使用一个或多个参数时，派生类的构造函数必须提供将参数传递给基类构造函数的途径。

【例 10.7】 分析下列程序的输出结果，并指出派生类构造函数的特点。

```
#include <iostream.h>
class B
{
  public:
     B(int i,int j)
     { b1=i;b2=j; }
     void Print( )
     { cout<<b1<<","<<b2<<endl; }
  private:
     int b1,b2;
};
class D:public B
{
  public:
     D(int i,int j,int k,int l,int m);
     void Print( )
     {
        B::Print( );
        cout<<d<<",";
        bb.Print( );
     }
  private:
     int d;
     B bb;
};
D::D(int i,int j,int k,int l,int m):B(i,j),bb(k,l),d(m)
{ }

void main( )
{
    D d1(1,2,3,4,5);
    d1.Print( );
}
```

执行该程序，输出结果如下：

```
1，2
5，3，4
```

【程序分析】 ① 在该程序中，先定义类 B，又定义类 D，类 D 是类 B 的派生类，采用公有继承方式生成派生类。

② 类 D 的构造函数有 5 个参数，其中，前两个参数传递给基类 B 的构造函数，中间两个参数传递给子对象 bb 的类 B 的构造函数，最后一个参数传递给派生类 D 的构造函数。

10.2.3 子类型和赋值兼容规则

一般来讲，类 B 是类 A 的派生类，又称类 A 是类 B 的基类。也可以这样描述，类 B 是类 A 的子类，而类 A 是类 B 的父类。这里要讲的子类型不是指一般的子类。一般的子表是派生类的别称。

1. 子类型和类型适应

有一个特定的类型 S，当且仅当它至少提供了类型 T 的行为，则称类型 S 是类型 T 的子类型。这是对子类型的一般描述。下面将通过例子加以说明。

在继承的关系中，类 B 继承类 A，即类 B 是类 A 的派生类，并且这种继承方式是公有的，这样，类 B 包含了类 A 的行为，并且它本身还可具有新的行为，这时可以说类 B 是类 A 的一个子类型。可见，公有继承是实现子类型的基础。

假如，类 B 是类 A 的子类型，这就意味着类 B 具有类 A 中的操作，或者说，类 A 中的操作可被用于类 B 的对象。

子类型关系是不可逆的，也就是说，子类型关系是不对称的。已知类 B 是类 A 的子类型，而认为类 A 也是类 B 的子类型是错误的。

前面讲过，在公有继承方式下可以实现子类型。例如，类 B 是类 A 的公有继承的派生类，则类 B 是类 A 的子类型，即对类 A 对象操作的函数，也可以对类 B 的对象进行操作，于是，我们称类 B 适应类 A，类 B 和类 A 存在着类型适应的关系。这就是说，在公有继承方式下，派生类适应于基类。具体来讲，派生类的对象、指向对象的指针和对象的引用都适用于基类的对象、指向对象的指针和对象的引用所能使用的场合。

子类型与类型适应是一致的。如果类 B 是类 A 的子类型，则类 B 必将适应类 A。

子类型的重要作用就在于类型适应，而类型适应可以减轻编程人员编写程序代码的负担。因为一个函数可用于某类型的对象，则它也可用于该类型的各个子类型的对象，这样就不用再为这些子类型编写函数。

2. 赋值兼容规则

类 B 公有继承类 A，则类 B 是类 A 的子类型。赋值兼容规则规定，如果类 B 是类 A 的子类型，则：

① 可将类 B 的对象赋值给类 A 的对象；

② 可将类 B 对象的地址值赋给指向类 A 对象的指针；

③ 可将类 B 对象赋值给类 A 对象的引用。

由此可见，赋值兼容规则实际上是指在需要基类对象的任何地方都可以使用公有继承的派生类的对象来替代。替代后的派生类对象只能使用它从基类中继承的成员。

下面通过一个例子说明赋值兼容规则的实际应用。

【例 10.8】 分析下列程序的输出结果，并指出子类型的作用。

```
#include <iostream.h>
class M
{
  public:
    M( )
    { m=0; }
```

```
    M(int i)
    { m=i; }
    void Print( )
    { cout<<m<<endl; }
    int Getm( )
    { return m; }
  private:
    int m;
};
class N:public M
{
  public:
    N( )
    { n=0; }
    N(int i,int j):M(i),n(j)
    {}
    void Print( )
    {
        cout<<n<<",";
        M::Print( );
    }
  private:
    int n;
};
void fun(M &p)
{
    cout<<p.Getm( )+10<<",";
    p.Print( );
}

void main( )
{
    M m(7),q;
    N n(3,8);
    n.Print( );
    q=n;
    q.Print( );
    M *pm=new M(6);
    N *pn=new N(5,9);
    pm=pn;
    pm->Print( );
    fun(*pn);
}
```

执行该程序输出结果如下：

```
8, 3
3
5
15, 5
```

【程序分析】 ① 在该程序中，先定义了类 M，又定义了类 N，类 N 是类 M 的公有继承的派生类。类 N 是类 M 的子类型，即类 N 适应类 M 的类型。

② 由于类 N 是类 M 的子类型。该程序中如下操作是合法的：

a）函数 fun( )的形参是 M 类对象的引用，当实参使用 N 类对象时，由于类型适应，因此是合法操作。

b）在主函数 main( )中，q=n;的操作是合法的。这里，q 是类 M 的对象，n 是类 N 的对象，q 和 n 是两个不同类的对象，之所以可以赋值是因为类 N 适应类 M 的类型。如果反过来，即 n=q;则是非法的。

c）在主函数 main( )中，pm=pn;是合法的，其原因也是因为类 N 与类 M 间类型适应。同样，pn=pm;则是非法的。

可见，当类 N 是类 M 的子类型时，类 N 的对象、指向对象的指针和对象都可以赋值给类 M 的对象、指向对象的指针和对象引用。反过来则是不允许的。

10.3　多继承

上一节讲述了单继承中派生类与基类的关系，这里讨论多继承问题。因为 C++语言不仅支持单继承，也支持多继承。上一节讨论的单继承中的许多规则都适用于多继承。

10.3.1　多继承的概念

多继承与单继承的区别仅在于它们基类的个数。只有一个基类的派生类称为单继承的派生类，有两个或两个以上基类的派生类称为多继承派生类。由于多继承是由多个基类继承的，因此在定义多继承的派生类时，要指出它的所有基类名及继承方式。

多继承的派生类与基类的关系如图 10.5 所示。

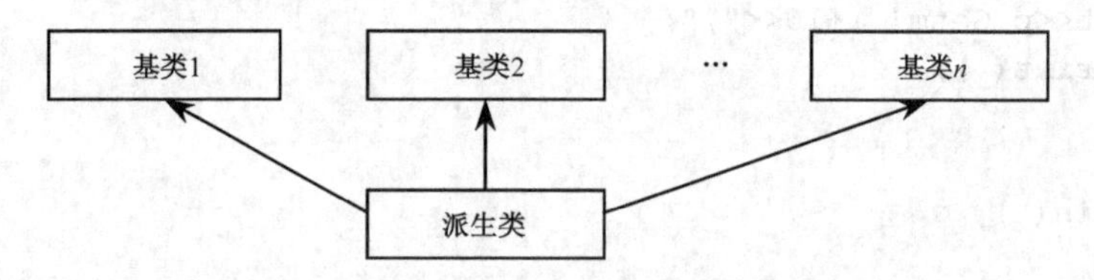

图 10.5　多继承的派生类与基类的关系

例如，下面给出类 D 是多继承的派生类，它有三个基类，分别是类 A、类 B 和类 C。

```
class A
{
  …
};
class B
{
  …
};
class C
{
  …
};
class D:public A,public B,public C
{
  …
};
```

派生类D继承了三个基类，继承方式都是公有继承。类D的成员包含了类A、类B和类C中的成员及它本身的成员。

10.3.2　多继承派生类的构造函数

在多继承的情况下，派生类的构造函数格式如下：

```
〈派生类名〉(〈总参数表〉):〈基类名1〉(〈参数表1〉),〈基类名2〉(〈参数表2〉)…
{
    〈派生类构造函数体〉
}
```

将它与单继承派生类构造函数进行比较，可以发现，它们的区别仅在于冒号后面调用的基类的构造函数多了，这是因为它的基类多了。这里的〈总参数表〉中的参数包括冒号后面所有参数表中参数的总和。

派生类构造函数执行顺序与单继承派生类构造函数执行顺序相似，先执行所有基类的构造函数，再执行派生类本身的构造函数。这里需要指出的是，多个基类构造函数的执行顺序取决于定义派生类时所指定的各个基类的顺序，而与派生类构造函数的成员初始化列表中给定的基类顺序无关。

【例 10.9】　分析下列程序的输出结果，并分析多继承派生类构造函数的执行顺序。

```
#include <iostream.h>
class A1
{
  public:
     A1(int i)
     {
         a1=i;
         cout<<"Constructor A1."<<a1<<endl;
     }
     void Print( )
     { cout<<a1<<endl; }
  private:
     int a1;
};
class A2
{
  public:
     A2(int j)
     {
         a2=j;
         cout<<"Constructor A2."<<a2<<endl;
     }
     void Print( )
     { cout<<a2<<endl; }
  private:
     int a2;
};
class A3
{
  public:
```

```
    A3(int k)
    {
        a3=k;
        cout<<"Constructor A3."<<a3<<endl;
    }
    int Geta3( )
    { return a3; }
  private:
    int a3;
};
class D:public A1,public A2
{
  public:
    D(int i,int j,int k,int l):A2(i),A1(j),a3(k)
    {
        d=l;
        cout<<"Constructor D."<<d<<endl;
    }
    void Print( )
    {
        A1::Print( );
        A2::Print( );
        cout<<d<<","<<a3.Geta3( )<<endl;
    }
  private:
    int d;
    A3 a3;
};

void main( )
{
    D dd(6,7,8,9);
    dd.Print( );
    A2 a2(4);
    a2=dd;
    a2.Print( );
    A1 a1(2);
    a1=dd;
    a1.Print( );
}
```

执行程序，输出结果如下：

```
Constructor  A1.7
Constructor  A2.6
Constructor  A3.8
Constructor  D.9
7
6
9, 8
Constructor  A2.4
6
Constructor  A1.2
7
```

【程序分析】 ① 该程序中共定义了4个类，类D是一个多继承的派生类，它有两个基类：类A1和类A2，都是采用公有继承方式。

② 派生类D的构造函数式如下：

```
D(int i,int j,int k,int l):A2(i),A1(j),a3(k)
{
   d=1;
   cout<<"Constructor D. "<<d<<end;
}
```

其中，在成员初始化列表中有3项，先调用类A2的构造函数，再调用类A1的构造函数，最后调用子对象a3的类A3的构造函数。派生类D的构造函数体内有两条语句。

从该程序的输出结果可以看出，在派生类D的构造函数的调用顺序中，先调用基类A1的构造函数，再调用基类A2的构造函数，接着调用子对象类A3的构造函数，最后调用派生类自身的构造函数。这个顺序取决于定义派生类D时所给出的基类顺序，即类A1在前，类A2在后，而与定义派生类构造函数时成员初始化列表中给定的基类顺序无关，即类A2在前，类A1在后。

③ 在派生类D中定义了成员函数Print( )，在它的函数体内有如下两条语句：

```
A1::Print( );
A2::Print( );
```

这里通过作用域运算符“::”来解决到底调用哪个Print( )函数。因为在类A1和类A2中都有Print( )函数，类A1和类A2又都是按公有继承方式作为派生类D的基类的。这时，为了区分不同类中这两个相同名字的函数，只好采用作用域运算符的方法。

在主函数main( )的后部分中，分别定义了类A2和类A1的对象，并将派生类D的对象赋值给它们，这是由于类D与类A1和类A2是类型适应的，因此这种赋值才是合法的。这里，类D是类A1和类A2的子类型。子类型关系不仅适用于单继承，也适用于多继承。

10.3.3 多继承中的二义性问题

一般来讲，在派生类中对基类成员的访问是唯一的。但是，在有多继承的情况下，可能会造成派生类对基类成员访问的不唯一性，即二义性。

下面介绍可能出现二义性问题的两种情况。

1. 调用不同基类的相同成员时可能出现二义性

下面举一个简单例子来讨论这种情况下的二义性问题。

【例10.10】 分析下列程序段，并指出可能出现的二义性问题和解决的方法。

```
class A
{
 public:
   void f( );
};
class B
{
 public:
   void f( );
   void g( );
};
class C:public A,public B
{
 public:
```

```
    void g( );
    void h( );
};
```

【程序分析】 定义派生类 C 的一个对象 c1：

```
C c1;
```

这时，“c1.f( );”便存在二义性。这里的 f( )是类 A 中的函数还是类 B 中的函数呢？

解决的方法是使用作用域运算符，用类名对成员加以限定。例如：

```
c1.A::f( );
```

或者

```
c1.B::f( );
```

这样便消除了二义性。前一个明确表示为类 A 的 f( )函数，后一个表明为类 B 的 f( )函数。

同样，在下列的情况下也会出现二义性。例如：

```
void C :: h( )
{
  f( );
}
```

这里的 f( )函数同样不知道是类 A 中的，还是类 B 中的。要消除二义性，同样可使用作用域运算符对该 f( )函数加以限定，如：

```
A :: f( );
```

表明是类 A 的 f( )函数。

h( )函数也可以定义成为如下形式，这里也不存在二义性。

```
void c :: h( )
{
  A :: f( );
  B :: f( );
}
```

还有一点需要指出的是，在上述程序段中，出现语句

```
c1.g( );
```

时，是不存在二义性的。虽然，类 B 中有 g( )成员，类 C 中也有 g( )成员。但是，由于一个在派生类中，另一个在基类中，规定派生类的成员支配基类的同名成员。因此，c1.g( )中的 g( )应该是派生类 C 中的 g( )，而不会是基类 B 中的 g( )，所以，这里的调用不存在二义性。

在多继承中，为了清楚地表明各基类与派生类的关系，可采用 DAG 图示法来表示。本例中，类 A，类 B 和类 C 的关系可用 DAG 图示法表示，如图 10.6 所示。

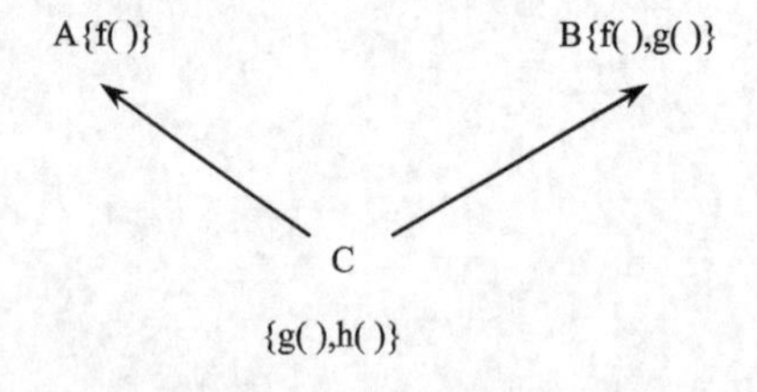

图 10.6 基类与派生类之间关系的 DAG 图

图中表明类 C 来自两个基类：类 A 和类 B。图中还表示出了每个类的成员情况。

2. 访问共同基类的成员时可能出现二义性

当一个派生类有多个基类，而这些基类中又有一个共同的基类，这时对这个共同基类中成员的访问可能出现二义性。

下面举一个简单的例子说明这种情况下可能出现的二义性和克服二义性的方法。

【例 10.11】 分析下列程序段，指出可能出现的二义性和消除的方法。

```
class A
{
  public:
    int a;
};
class B1:public A
{
  private:
    int b1;
};
class B2:public A
{
  private:
    int b2;
};
class C:public B1,public B2
{
  public:
    int f( );
  private:
    int c:
};
```

【程序分析】 将上述 4 个类的关系用 DAG 图示法表示，如图 10.7 所示。

定义类 C 的对象 c1 如下：

```
C c1;
```

下面的两个访问：

```
c1.a;
c1.A::a;
```

都具有二义性。为消除二义性可以写成

```
c1.B1::a;
c1.B2::a;
```

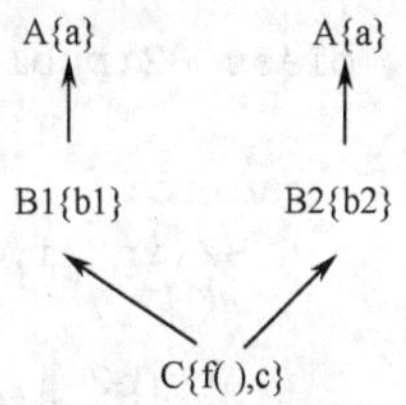

A{a} A{a} B1{b1} B2{b2} C{f( ),c}

图 10.7 DAG 图

这两个访问没有二义性。消除二义性的方法仍然是使用作用域运算符，用它对所访问的成员加上类名的限定。

同样地，下列语句：

```
int C :: f( )
{
  return B1::a+B2::a;
}
```

也不存在二义性。

【例 10.12】 分析下列程序的输出结果，并说明对公共基类的调用情况。

```
#include <iostream.h>
class A
{
  public:
    A(int i)
    {
```

```
        a=i;
        cout<<"Constructor called. A\n";
    }
    void Print( )
    { cout<<a<<","; }
    ~A( )
    { cout<<"Destructor called. A\n"; }
  private:
    int a;
};
class B1:public A
{
  public:
    B1(int i,int j):A(i)
    {
        b1=j;
        cout<<"Constructor called. B1\n";
    }
    void Print( )
    {
        A::Print( );
        cout<<b1<<",";
    }
    ~B1( )
    { cout<<"Destructor called. B1\n"; }
  private:
    int b1;
};
class B2:public A
{
  public:
    B2(int i,int j):A(i)
    {
        b2=j;
        cout<<"Constructor called. B2\n";
    }
    void Print( )
    {
        A::Print( );
        cout<<b2<<",";
    }
    ~B2( )
    { cout<<"Destructor called. B2\n"; }
  private:
    int b2;
};
class C:public B1,public B2
{
  public:
    C(int i,int j,int k,int l,int m):B1(i,j),B2(k,l)
    {
        c=m;
        cout<<"Constructor called. C\n";
```

```
        }
        void Print( )
        {
            B1::Print( );
            B2::Print( );
            cout<<c<<endl;
        }
        ~C( )
        { cout<<"Destructor called. C\n";}
      private:
        int c;
    };

    void main( )
    {
        C c1(6,9,12,25,38);
        c1.Print( );
    }
```

执行该程序，输出结果如下：

```
Constructor called. A
Constructor called. B1
Constructor called. A
Constructor called. B2
Constructor called. C
6,9,12,25,38
Destructor called. C
Destructor called. B2
Destructor called. A
Destructor called. B1
Destructor called. A
```

【程序分析】 在程序中，创建类 C 对象 c1 时调用了两次类 A 的构造函数，一次是通过类 B1 调用的，另一次是通过类 B2 调用的。可见，类 C 的对象 c1 中包含了两个类 A 的成员。

由于多继承中的二义性问题，一个类不可以从同一个类中直接继承一次以上。例如：

```
class A : public B, public B
{
    …
};
```

是错误的。

10.4 虚基类

在例 10.12 中，类 C 的对象将包含两个类 A 的子对象。这是因为类 A 是派生类 C 两条继承路径上的一个公共基类，因此这个公共基类会在派生类的对象中产生多个基类子对象。如果要使这个公共基类在派生类中只产生一个基类子对象，则需要将这个基类设置为虚拟基类，简称虚基类。

10.4.1 虚基类的概念

引进虚基类的目的是为了解决二义性问题，使得公共基类在它的派生类对象中只产生一个基类子对象。

虚基类说明格式如下：

```
virtual 〈继承方式〉〈基类名〉
```

其中，virtual 是说明虚基类的关键字。虚基类的说明用在定义派生类时，写在派生类名的后面。

【例 10.13】　分析下列程序段，学会虚基类的定义方法。

```
class A
{
  public:
    void f( );
  private:
    int a;
};
class B:virtual public A
{
  protected:
    int b;
};
class C:virtual public A
{
  protected:
    int c;
};
class D:public B,public C
{
  public:
    int g( );
  private:
    int d;
};
```

【程序分析】　本例中，类 D 是类 B 和类 C 的派生类，这里采用了多继承机制。类 B 和类 C 是类 A 的派生类，类 A 是虚基类。类 A，类 B，类 C 和类 D 之间的关系用 DAG 图示法表示，如图 10.8 所示。

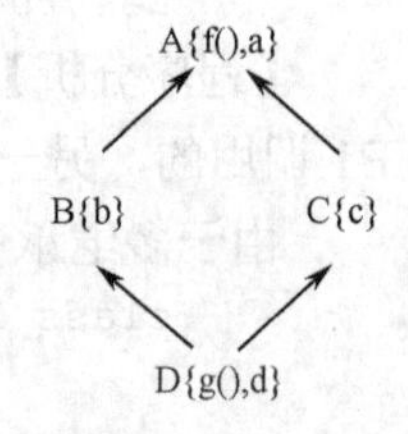

图 10.8　DAG 图

从图 10.8 中可以看出，不同继承路径的虚基类子对象被合并成为一个子对象。这种“合并”作用，使得可能出现的二义性被消除了。类 D 的对象中只存在一个类 A 的子对象。因此，下面的引用都是正确的：

```
D d;
d.f( );    //合法
void D::g( )
{
  f( );    //合法
}
D dd;
A *pd;
pd=&dd;
```

其中，pd 是指向类 A 对象的指针，dd 是一个类 D 的对象，&dd 是对象 dd 的地址值，语句 pa=ⅆ 的作用是让 pd 指针指向类 D 的一个对象，这是合法的。

引进虚基类后，派生类中只存在一个虚基类的子对象。当一个类有虚基类时，编译系统将为该类的对象生成一个指向虚基类的子对象的指针，该指针称为虚基类指针。

10.4.2 虚基类及其派生类的构造函数

C++语言规定，虚基类子对象是由最远派生类的构造函数通过调用虚基类的构造函数进行初始化的。最远派生类是指在多层次的继承结构中，创建对象时所指定的类。如果一个派生类有一个直接或间接的虚基类，则派生类的构造函数的成员初始化列表中必须包含对虚基类构造函数的调用。如果未被列出，则表示用该虚基类的默认构造函数来初始化派生类对象中的虚基类子对象。为了保证虚基类子对象只被初始化一次，规定只在创建对象的最远派生类的构造函数中调用虚基类的构造函数，而该派生类的基类构造函数中忽略对虚基类构造函数的调用。

C++语言中又规定，在派生类构造函数的成员初始化列表中，出现的虚基类构造函数先于非虚基类构造函数的调用。

【例 10.14】 分析下列程序的输出结果，指出虚基类构造函数是如何实现调用的。

```
#include <iostream.h>
class A
{
 public:
      A(const char *s)
      { cout<<s<<endl; }
};
class B:virtual public A
{
 public:
      B(const char *s1,const char *s2):A(s1)
      {
           cout<<s2<<endl;
      }
};
class C:virtual public A
{
 public:
      C(const char *s1,const char *s2):A(s1)
      {
          cout<<s2<<endl;
      }
};
class D:public B,public C
{
 public:
      D(const char *s1,const char *s2,const char *s3,
      const char*s4):B(s1,s2),C(s1,s3),A(s1)
      {  cout<<s4<<endl;  }
};

void main( )
{
      D *ptr=new D("class A","class B","class C","class D");
      delete ptr;
}
```

执行该程序，输出结果如下：

```
class  A
class  B
```

```
    class C
    class D
```

【程序分析】 该程序中，类A，类B，类C和类D之间的关系如图10.9所示。

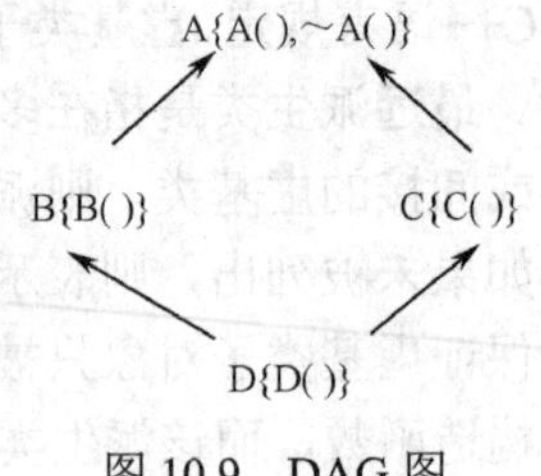

图10.9 DAG图

在派生类B和C中使用了虚基类A，使得派生类D的对象中只有一个基类A的子对象。

在派生类B、C和D的构造函数的成员初始化列表中都包含了虚基类A的构造函数。

在创建类D对象时，只有类D的构造函数的成员初始化列表中列出的虚基类构造函数被调用，并且只被调用一次，而类D的基类构造函数的成员初始化列表中列出的虚基类构造函数不再执行。这一点可从该程序的输出结果中看出。

从该例中可以看出，实际上存在一种虚拟继承方式。在该方式中，对不同路径上的相同基类（公共基类）只包含一个。这种公共的基类被称为虚基类。虚基类的说明是在定义派生类的时候，在说明的基类名前加关键字virtual。

习题10

10.1 简答题

（1）什么是继承性？为什么说它是面向对象语言中的重要特性？

（2）C++语言中，继承分为哪两类？继承方式又分哪三种？三种不同继承方式各有何特点？

（3）不同继承方式中，说明下列各种情况对于基类成员访问有何不同。

① 派生类　　② 派生类的对象　　③ 派生类的派生类

（4）如何定义单继承的派生类？如何定义多继承的派生类？

（5）派生类与基类之间有什么关系？

（6）单继承中，如何定义派生类的构造函数？

（7）多继承中，如何定义派生类的构造函数？

（8）什么是子类型？它有何作用？赋值兼容规则的内容是什么？

（9）多继承中哪些情况下会出现二义性？如何消除？

（10）为什么要引入虚基类？带有虚基类的派生类构造函数有什么特点？

10.2 选择填空

（1）下列对派生类的描述中，（ ）是错误的。

A）一个派生类可以作为另一个派生类的基类

B）派生类至少应有一个基类

C）基类中成员访问权限继承到派生类中都保持不变

D）派生类的成员除自己定义的成员外，还包含了它的基类成员

（2）派生类的对象对它的哪一类基类成员是可以访问的（ ）。

A）公有继承的基类的公有成员

B）公有继承的基类的保护成员

C）公有继承的基类的私有成员

D）保护继承的基类的公有成员

（3）关于子类型的描述，（ ）是错误的。

A）子类型是指派生类是它的基类的子类型

B）子类型关系是不可逆的

C）在公有继承下，派生类是其基类的子类型

D）一个成员函数可用于该类对象，也可用于该类的各个子类型对象

（4）关于多继承二义性的描述，（　）是错误的。

A）派生类的多个基类中存在同名成员时，派生类对这个成员访问可能出现二义性

B）一个派生类是从具有共同的间接基类的两个基类派生来的，派生类对该公共基类的访问可能出现二义性

C）解决二义性最常用的方法是使用作用域运算符对成员进行限定

D）派生类和它的基类中出现同名函数时，可能出现二义性

（5）多继承派生类构造函数构造对象时，（　）最先被调用。

A）派生类自己的构造函数

B）虚基类的构造函数

C）非虚基类的构造函数

D）派生类中子对象类的构造函数

10.3　判断下列描述的正确性，对者画√，错者画×。

（1）C++语言中，允许单继承，也允许多继承。

（2）派生类不能再派生新的类。

（3）在公有继承中，派生类可以访问基类中的私有成员。

（4）在公有继承中，派生类的对象不可以访问基类中的保护成员。

（5）在私有继承中，派生类的对象不可以访问基类中的公有成员。

（6）在保护继承中，派生类可以访问基类中的保护成员。

（7）基类的析构函数可以被派生类继承。

（8）已知类M是类N的子类型，则类N也是类M的子类型。

（9）在多继承情况下，派生类构造函数对基类构造函数的执行顺序取决于它的成员初始化表中说明的基类顺序。

（10）虚基类是用来解决多继承中公共基类在派生类中只产生一个子对象的问题。

10.4　分析下列程序的输出结果。

（1）
```
#include <iostream.h>
class A
{
  public:
      A(int i,int j)
      { a=i;b=j; }
      void Move(int x,int y)
      { a+=x;b+=y; }
      void Show( )
      { cout<<"("<<a<<","<<b<<")"<<endl; }
  private:
      int a,b;
};
class B:private A
{
  public:
      B(int i,int j,int k,int l):A(i,j)
```

```
        { x=k;y=l; }
        void Show( )
        { cout<<x<<","<<y<<endl; }
        void f1( )
        { A::Show( ); }
        void fun( )
        { Move(7,8); }
    private:
        int x,y;
};
void main( )
{
    A a(1,2);
    a.Show( );
    B b(3,4,5,6);
    b.fun( );
    b.Show( );
    b.f1( );
}
```

(2)
```
#include <iostream.h>
class A
{
    public:
        A(int i,int j)
        { a=i;b=j; }
        void Move(int x,int y)
        { a+=x;b+=y; }
        void Show( )
        { cout<<"("<<a<<","<<b<<")"<<endl; }
    private:
        int a,b;
};
class B:public A
{
    public:
        B(int i,int j,int k,int l):A(i,j),x(k),y(l)
        { }
        void Show( )
        { cout<<x<<","<<y<<endl; }
        void fun( )
        { Move(3,5); }
        void f1( )
        { A::Show( ); }
    private:
        int x,y;
};
void main( )
{
    A a(1,2);
    a.Show( );
    B b(3,4,5,6);
    b.fun( );
    b.A::Show( );
```

```
        b.B::Show( );
        b.f1( );
    }
```
(3)
```
#include <iostream.h>
    class L
    {
     public:
        void InitL(int x,int y)
        { X=x;Y=y; }
        void Move(int x,int y)
        { X+=x;Y+=y; }
        int GetX( )
        { return X; }
        int GetY( )
        { return Y; }
     private:
        int X,Y;
    };
    class R:public L
    {
     public:
        void InitR(int x,int y,int w,int h)
        {
           InitL(x,y);
           W=w;
           H=h;
        }
        int GetW( )
        { return W; }
        int GetH( )
        { return H; }
     private:
        int W,H;
    };
    class V:public R
    {
     public:
        void fun( )
        { Move(3,2); }
    };
    void main( )
    {
        V v;
        v.InitR(10,20,30,40);
        v.fun( );
        cout<<"("<<v.GetX( )<<","<<v.GetY( )<<","
            <<v.GetW( )<<","<<v.GetH( )<<")"<<endl;
    }
```
(4)
```
#include <iostream.h>
    class P
```

```
{
  public:
      P(int p1,int p2)
      { pri1=p1;pri2=p2; }
      int inc1( )
      { return ++pri1; }
      int inc2( )
      { return ++pri2; }
      void display( )
      { cout<<"pri1="<<pri1<<",pri2="<<pri2<<endl; }
  private:
      int pri1,pri2;
};
class D1:private P
{
  public:
      D1(int p1,int p2,int p3):P(p1,p2)
      { pri3=p3; }
      int inc3( )
      { return ++pri3; }
      void display( )
      {
         P::display( );
         cout<<"pri3="<<pri3<<endl;
      }
  private:
      int pri3;
};
class D2:public P
{
  public:
      D2(int p1,int p2,int p4):P(p1,p2)
      { pri4=p4; }
      int inc4( )
      { return ++pri4; }
      void display( )
      {
         P::display( );
         cout<<"pri4="<<pri4<<endl;
      }
  private:
      int pri4;
};
class D12:private D1,public D2
{
  public:
      D12(int p11,int p12,int p13,int p21,int p22,int p23,int p)
           :D1(p11,p12,p13),D2(p21,p22,p23)
      {
         pri12=p;
      }
```

```
        int inc5( )
        { return ++pri12; }
        void display( )
        {
            cout<<"D2::display( )\n";
            D2::display( );
            cout<<"Pri12="<<pri12<<endl;
        }
    private:
        int pri12;
};

void main( )
{
    D12 d(1,2,3,4,5,6,7);
    d.display( );
    cout<<endl;
    d.inc4( );
    d.inc5( );
    d.display( );
}
```

(5)
```
#include <iostream.h>
class P
{
    public:
        P(int p1,int p2)
        { pri1=p1;pri2=p2; }
        int inc1( )
        { return ++pri1; }
        void display( )
        { cout<<"pri1="<<pri1<<",pri2="<<pri2<<endl; }
    private:
        int pri1,pri2;
};
class D1:virtual private P
{
    public:
        D1(int p1,int p2,int p3):P(p1,p2)
        { pri3=p3; }
        int inc3( )
        { return ++pri3; }
        void display( )
        {
            P::display( );
            cout<<"pri3="<<pri3<<endl;
        }
    private:
        int pri3;
};
class D2:virtual public P
{
```

```
  public:
     D2(int p1,int p2,int p4):P(p1,p2)
     { pri4=p4; }
     int inc4( )
     { return ++pri4; }
     void display( )
     {
        P::display( );
        cout<<"pri4="<<pri4<<endl;
     }
  private:
     int pri4;
};
class D12:private D1,public D2
{
  public:
     D12(int p11,int p12,int p13,int p21,int p22,int p23,int p)
          :D1(p11,p12,p13),D2(p21,p22,p23),P(p11,p21)
     {
        pri12=p;
     }
     int inc5( )
     { return ++pri12; }
     void display( )
     {
        cout<<"D2::display( )\n";
        D2::display( );
        cout<<"Pri12="<<pri12<<endl;
     }
  private:
     int pri12;
};
void main( )
{
    D12 d(1,2,3,4,5,6,7);
    d.display( );
    cout<<endl;
    d.inc1( );
    d.inc4( );
    d.inc5( );
    d.D12::inc1( );
    d.display( );
}
```

第11章　多态性和虚函数

前面3章讲述了C++语言的封装性和继承性，本章讲述多态性。多态性、封装性和继承性一起构成面向对象程序设计语言的三大特性。这三大特性是互相关联的。封装性是基础，继承性是关键，多态性是补充，且多态性存在继承的环境中。

多态性是指对不同类的对象发出相同的消息将会有不同的实现。多态性也可以这样理解：在一般类中定义的属性或服务被特殊类继承后，可以具有不同的数据类型或不同的实现。这就是在一般类中或在各个特殊类中使用同一个属性或服务具有不同的语义。可见，多态性是与继承相关的。简单地讲，多态性是指发出同样的消息被不同类型的对象接收后导致不同的行为。这里讲的消息主要是指对类的成员函数的调用，而不同的行为是指不同的实现。

本章讲述多态性的以下两方面内容：

- 函数重载和运算符重载，这是多态性的一般的内容。
- 动态联编和虚函数，这是多态性的重要内容。

11.1　函数重载

前面已经讲过函数重载的概念，并且也看到了关于函数重载的许多例子，有的是成员函数的重载，有的是非成员函数的重载。简单地说，函数重载是指允许在相同的作用域内，相同的函数名对应着不同的实现。

函数重载的条件是要求函数参数的类型有所不同，或者函数参数的个数有所不同，或者两者都不同。

具有相同名字的重载函数在编译时需要根据参数的类型和个数来进行选择。

下面举一个类的构造函数重载的例子。

【例11.1】　定义一个string类，对其构造函数进行重载。

```
#include <iostream.h>
#include <string.h>
class string
{
  public:
      string(int size=80);
      string(char *s);
      string(string &s);
      ~string( )
      { delete sptr; }
      int getlength( )
      { return length; }
      void print( )
      { cout<<sptr<<endl;}
  private:
      int length;
      char *sptr;
};
```

```
string::string(int size)
{
    length=size;
    sptr=new char[length+1];
    *sptr='\0';
}
string::string(char *s)
{
    length=strlen(s);
    sptr=new char[length+1];
    strcpy(sptr,s);
}
string::string(string &s)
{
    length=s.length;
    sptr=new char[length+1];
    strcpy(sptr,s.sptr);
}

void main( )
{
    string s1,s2("This is a string.");
    cout<<s1.getlength( )<<endl;
    s2.print( );
    char *str1="That is a program.";
    string s3(str1);
    s3.print( );
    string s4(s2);
    s4.print( );
}
```

执行该程序，输出结果如下：

```
80
This is a string.
This is a program.
This is a string.
```

【程序分析】 ① 该程序的 string 类中定义了三个构造函数，它们是重载函数。这三个构造函数虽然都是具有一个形参的函数，但是它们的类型都不相同。因此，可以重载。

② 在 main( )中，先后创建了 4 个 string 类的对象，它们根据不同类型的参数调用不同的构造函数。创建 s1 对象时，调用 string(int)构造函数，该对象的 length 为 80，sptr 为空串；创建 s2 对象时，调用 string(char *)构造函数，该对象的 length 为 17，sptr 指向的字符串为“This is a string”；创建 s3 对象时，调用 string(char *)构造函数，该对象的 length 为 18，sptr 指向字符串“That is a program”；创建 s4 对象时，调用 string(string &)构造函数，该对象与对象 s2 相同。

使用函数重载时应注意如下问题：

① 不要使用函数重载来描述与功能毫不相干的函数，这样做就失去了函数重载的意义。

② 在函数重载中使用函数参数默认值时，应该注意不要因为参数默认值而出现调用两个函数时具有完全相同参数的情况，这样会带来不确定性。例如，考虑下列两个函数的重载将会带来不确定性。

```
void print(int a,int b)
{
```

```
    …
  }
  void print(int a,int b,int c = 10)
  {
    …
  }
```

在进行如下函数调用时，

```
  print (5, 8);
```

便无法确定是前一个函数还是后一个函数，虽然后一个函数中有三个参数，但是设置了一个参数默认值，它也允许用两个实参来调用。在这种情况下，将会出现不确定性。在编程中应避免这种情况的出现。

11.2 运算符重载

运算符可以重载，运算符重载的含义是对已有的运算符进行重新定义，使它具有一种新功能。运算符重载并不是定义一种新的运算符。例如，在C++语言中，对运算符+，-，*和/这4种运算符已有规定，它们是整型数和浮点数的四则运算的运算符，其中，+和-在一定范围内可对字符变量进行运算。如果需要对复数、分数或其他操作数做四则运算，就要对+，-，*和/进行重新定义，这就是运算符重载的含义。可见，运算符重载的目的是为了满足某种操作的需要，在原有运算符实现不了，又不增加新的运算符种类的基础上，对含义相近的运算符进行重载。本节主要讨论运算符重载的概念和有关操作。

11.2.1 运算符重载中的几个问题

① 哪些运算符可以重载？

大多数运算符都可以重载，只有少数运算符不能重载。不能重载的运算符有如下4种：

.　　.*　　::　　?:

其余的运算符都可以重载。

② 运算符重载遵循着“四个不变”原则，具体内容是什么？

运算符被重载后，它将保持原来运算符的下述4个特性不变：

- 优先级不变
- 结合性不变
- 操作数个数不变
- 语法结构不变

新定义的运算符保持原来运算符的上述特性。例如，经常用于输入/输出语句中的插入符（<<）和提取符（>>）就是被重载的运算符，插入符是对左移运算符的重载，提取符是对右移运算符的重载。重载后的插入符和提取符保持原来左、右移位运算符的优先级和结合性等特性。因此，在使用重载的插入运算符时，如果要输出的表达式中出现的运算符优先级低于移位运算符，则该表达式应加括号，否则将出现错误。

③ 编译程序如何选择重载运算符？

运算符重载实际上是通过定义一个函数来实现的。运算符重载归根结底是函数的重载。编译程序选择重载的运算符遵循函数重载的选择原则，即按不同类型或个数的参数来选择不同的重载运算符。具体地说，选择重载的运算符是由操作数的类型决定的。

11.2.2 运算符重载函数的两种形式

运算符通常是针对类中私有成员的操作，因此，运算符重载函数应该能够访问类中的私有成员。所以，运算符重载函数一般采用下述两种形式之一：

- 成员函数的形式
- 友元函数的形式

1. 运算符重载为成员函数形式

这里通过一个关于对复数的四则运算的运算符重载的例子，说明运算符重载函数的定义格式和使用方法。

成员函数形式的运算符重载函数格式如下：

```
〈类型〉 operator 〈运算符〉(〈参数表〉)
{…}
```

其中，operator 是定义运算符重载函数所需要的关键字，〈运算符〉是被重载的运算符，〈参数表〉中的参数个数与重载的运算符操作数的个数有关。一般，单目运算符采用成员函数形式重载时，该〈参数表〉无参数；双目运算符采用成员函数形式重载时，该〈参数表〉中有一个参数。在使用该形式的运算符重载函数中，调用该函数的对象为第一操作数，对双目运算符而言，〈参数表〉中的参数为第二操作数。

【例 11.2】 编程实现复数的四则运算。

```
#include <iostream.h>
class complex
{
  public:
       complex( )
       { real=imag=0.0; }
       complex(double r)
       { real=r;imag=0.0; }
       complex(double r,double i)
       { real=r;imag=i; }
       complex operator +(const complex &c);
       complex operator -(const complex &c);
       complex operator * (const complex &c);
       complex operator /(const complex &c);
       friend void print(const complex &c);
  private:
     double real,imag;
};
inline complex complex::operator +(const complex &c)
{
   return complex(real+c.real,imag+c.imag);
}
inline complex complex::operator-(const complex &c)
{
   return complex(real-c.real,imag-c.imag);
}
inline complex complex::operator * (const complex &c)
{
   return complex(real*c.real-imag*c.imag,real*c.imag+imag*c.real);
```

```
}
inline complex complex::operator /(const complex &c)
{
   return complex((real*c.real+imag*c.imag)/
         (c.real*c.real+c.imag*c.imag),(imag*c.real-real*c.imag)/
         (c.real*c.real+c.imag*c.imag));
}
void print(const complex &c)
{
   if(c.imag<0)
     cout<<c.real<<c.imag<<"i";
   else
     cout<<c.real<<"+"<<c.imag<<"i";
}
void main( )
{
   complex c1(2.0),c2(3.0,-1.0),c3;
   c3=c1+c2;
   cout<<"\nc1+c2=";
   print(c3);
   c3=c1-c2;
   cout<<"\nc1-c2=";
   print(c3);
   c3=c1*c2;
   cout<<"\nc1*c2=";
   print(c3);
   c3=c1/c2;
   cout<<"\nc1/c2=";
   print(c3);
   c3=(c1+c2)*(c1-c2)*c2/c1;
   cout<<"\n(c1+c2)*(c1-c2)*c2/c1=";
   print(c3);
   cout<<endl;
}
```

执行该程序，输出结果如下：

```
c1+c2=5-1 i
c1-c2=-1+1 i
c1*c2=6-2 i
c1/c2=0.6+0.2i
(c1+c2)*(c1-c2)*c2/c1=-3+11i
```

【程序分析】 ① 该程序中的 complex 类里定义了 4 个成员函数形式的运算符重载函数：

```
complex operator +(const complex &c)
complex operator -(const complex &c)
complex operator *(const complex &c)
complex operator /(const complex &c)
```

它们分别是对复数的加、减、乘、除四则运算的成员函数形式的运算符重载函数。

② 程序中出现的表达式：

```
c1+c2
```

中的运算符“+”是被重载为复数运算的加法运算符。该表达式被编译系统解释为如下形式：

```
c1.operator +(c2)
```

其中，c1 为第一操作数，c2 为第二操作数，它们都是 complex 类的对象。

同理，表达式：

```
c1-c2
```

被编译系统解释为：

```
c1.operator -(c2)
```

当运算符重载为成员函数时，实际上隐含了一个参数，该参数是 this 指针，即指向该成员函数的对象的指针。

2. 运算符重载为友元函数的形式

运算符重载函数可以定义为友元函数的形式，其具体格式如下：

```
friend〈类型〉operator〈运算符〉(〈参数表〉)
{ … }
```

对双目运算符来讲，被重载为友元函数形式的运算符重载函数有两个形参；对单目运算符来讲，被重载为友元函数形式的运算符重载函数有一个形参。

下面将前面讲的关于复数四则运算的例子用友元函数形式重载加、减、乘、除运算符，从而说明友元函数形式运算符重载函数的定义格式和使用方法。

【例 11.3】 用友元函数形式定义运算符重载函数实现对复数的四则运算。

```
#include <iostream.h>
class complex
{
  public:
     complex( )
     { real=imag=0.0; }
     complex(double r)
     { real=r;imag=0.0; }
     complex(double r,double i)
     { real=r;imag=i; }
     friend complex operator +(const complex &c1,const complex &c2);
     friend complex operator -(const complex &c1,const complex &c2);
     friend complex operator *(const complex &c1,const complex &c2);
     friend complex operator /(const complex &c1,const complex &c2);
     friend void print(const complex &c);
  private:
    double real,imag;
};
complex operator +(const complex &c1,const complex &c2)
{
   return complex(c1.real+c2.real,c1.imag+c2.imag);
}
complex operator - (const complex &c1,const complex &c2)
{
   return complex(c1.real-c2.real,c1.imag-c2.imag);
}
complex operator *(const complex &c1,const complex &c2)
{
   return complex(c1.real*c2.real-c1.imag*c2.imag,
c1.real*c2.imag+c1.imag*c2.real);
}
complex operator /(const complex &c1,const complex &c2)
{
   return complex((c1.real*c2.real+c1.imag*c2.imag)/
```

```
(c2.real*c2.real+c2.imag*c2.imag),(c1.imag*c2.real-c1.real*c2.imag)/
(c2.real*c2.real+c2.imag*c2.imag));
}
void print(const complex &c)
{
    if(c.imag<0)
        cout<<c.real<<c.imag<<"i";
    else
        cout<<c.real<<"+"<<c.imag<<"i";
}
void main( )
{
    complex c1(2.0),c2(3.0,-1.0),c3;
    c3=c1+c2;
    cout<<"\nc1+c2=";
    print(c3);
    c3=c1-c2;
    cout<<"\nc1-c2=";
    print(c3);
    c3=c1*c2;
    cout<<"\nc1*c2=";
    print(c3);
    c3=c1/c2;
    cout<<"\nc1/c2=";
    print(c3);
    c3=(c1+c2) * (c1-c2) *c2/c1;
    cout<<"\n(c1+c2) * (c1-c2) *c2/c1=";
    print(c3);
    cout<<endl;
}
```

执行该程序获得如上例相同的结果。

【程序分析】 ① 该程序的 complex 类中定义了 4 个友元函数形式的运算符重载函数：

```
friend complex operator +(const complex &c1,const complex &c2)
friend complex operator -(const complex &c1,const complex &c2)
friend complex operator *(const complex &c1,const complex &c2)
friend complex operator /(const complex &c1,const complex &c2)
```

它们分别是重载的四则运算的运算符。重载后的运算符用于对复数的四则运算。采用友元函数形式对双目运算符的重载函数具有两个形参，它们分别是该运算符的两个操作数。

② 程序中出现的表达式

```
c1+c2
```

中，运算符“+”是被重载后的复数加法运算符。编译系统将上述表达式解释为：

```
operator+(c1,c2)
```

调用程序中下列函数进行求值：

```
complex operator +(const complex &c1,const complex &c2)
```

同理，表达式

```
c1-c2
```

被解释为

```
operator -(c1, c2)
```

调用下列函数求值：

```
complex operator -(const complex &c1,const complex &c2)
```

3. 两种重载形式的比较

一般，单目运算符重载常选用成员函数形式，而双目运算符重载常选用友元函数形式。

双目运算符重载选择成员函数形式时，有时会出现错误。

下面举一个例子进行说明。假定使用前面例中讲述的复数加法的重载运算符进行下述表达式的计算：

```
7.25+c
```

其中，c 是 complex 类的一个对象。

在使用友元函数形式的加法运算符重载函数时，该表达式被解释为

```
operater +(complex(7.25),c)
```

这种解释是正确的。而在使用成员函数形式的加法运算符重载函数时，该表达式被解释为：

```
7.25.operator +(c)
```

显然，这种解释是错误的。可见，在这种情况下，不宜将双目运算符定义为成员函数形式的重载函数，而定义为友元函数形式的重载函数为好。

11.2.3　其他运算符重载举例

1. 赋值运算符

赋值运算符是双目运算符，如果按前面讲述的，最好用友元函数形式来定义重载函数，但是实际上，赋值运算符还是重载为成员函数好。因此，前面讲述的内容不是绝对的，有时还应具体问题具体分析。

【例 11.4】　将赋值运算符重载为成员函数。

```
#include <iostream.h>
class A
{
 public:
    A( )
    { X=Y=0; }
    A(int a,int b)
    { X=a;Y=b; }
    A(A &p)
    { X=p.X;Y=p.Y; }
    A& operator =(A &p);
    int GetX( )
    { return X; }
    int GetY( )
    { return Y; }
 private:
    int X,Y;
};
A& A::operator =(A &p)
{
    X=p.X;
    Y=p.Y;
    cout<<"Assignment operator called.\n";
    return *this;
}
```

```
void main( )
{
    A a1(72,81);
    A a2;
    a2=a1;
    cout<<a2.GetX( )<<","<<a2.GetY( )<<endl;
    int b;
    b=9;
    cout<<a1.GetX( )+b<<","<<a1.GetY( ) -b<<endl;
}
```

执行该程序，输出结果如下：

```
Assignment operator called.
72, 81
81, 72
```

【程序分析】 ① 该程序中采用成员函数形式定义了一个赋值运算符的重载函数，其格式如下：

```
A & operator =(A & p)
{ … }
```

其中，operator 是关键字，“=”是被重载的运算符。该函数有一个参数，该参数是类 A 对象的引用，该函数的返回值也是类 A 对象的引用。

② 程序中出现如下表达式：

```
a2=a1
```

其中，a1 和 a2 都是类 A 的两个对象，a1 是已被初始化的对象，用它的值来改变 a2 对象的值，这是上述赋值表达式的功能。这里的“=”是被重载的运算符，它被编译系统解释为如下形式：

```
a2.operator =(a1)
```

调用重载的赋值运算符函数来实现上述操作。

③ 程序中出现的下述表达式：

```
b=9
```

这里，b 是一个 int 型变量，“=”运算符是一般的赋值运算符，将数字 9 赋值给变量 b。

这两个赋值运算符将根据它的操作数类型来选择调用哪个赋值功能。

2. 下标运算符

由于 C 语言中数组不具有保存其大小的功能，因此，在给数组动态赋值时，无法进行存取范围的检测，有可能造成动态赋值的越界问题。为此，这里对下标运算符进行重载。在重载的下标运算符[ ]中保存数组的大小，以便在对数组元素赋值时检查是否越界，发现越界，将输出报错信息。重载的下标运算符如下例所述。

【例 11.5】 重载下标运算符。

```
#include <iostream.h>
class CArray
{
  public:
    CArray(int i)
    {
        Length=i;
        Buffer=new char[Length];
    }
    ~CArray( )
```

```
        { delete Buffer; }
        int GetLength( )
        { return Length; }
        char & operator [ ](int i);
    private:
        int Length;
        char *Buffer;
};
char & CArray::operator [ ](int i)
{
    static char ch;
    if(i<Length&&i>=0)
        return Buffer[i];
    else
    {
        cout<<"\nIndex out of range.";
        return ch;
    }
}

void main( )
{
    int cnt;
    CArray string1(6);
    char *string2="string";
    for(cnt=0;cnt<8;cnt++)
        string1[cnt]=string2[cnt];
    cout<<endl;
    for(cnt=0;cnt<8;cnt++)
        cout<<string1[cnt];
    cout<<"\n";
    cout<<string1.GetLength( )<<endl;
}
```

执行该程序，输出结果如下：

```
Index out of range.
Index out of range.
string
Index out of range.
Index out of range.
6
```

【程序分析】 该程序中定义了一个类 CArray，该类中有两个数据成员：int 型变量 Length 和字符指针 Buffer。又以成员函数形式定义了下标运算符[ ]的重载函数，其格式如下：

```
char & operator [ ](int i)
{ … }
```

该运算符重载函数有一个 int 型的形参，返回值为字符引用。

在下标运算符的重载函数中，使用了一个 if-else 语句。当满足 if 条件时，则返回该下标所对应的字符，否则输出显示越界信息，并返回空字符。于是，该函数将数组下标限定在所规定的长度上。

在该例中，指定 CArray 类的对象 string1 的长度 Length 为 6，由于循环次数为 8，当下标为 6 和 7 时，将显示越界信息，因此，输出结果将显示两条越界信息。

该例中，通过对下标运算符的重载，使一个动态不判断越界的下标运算符重载后变成了一个可判断越界的下标运算符。

重载下标运算符时应注意：

① 该重载函数只能有一个形参。

② 下标运算符只能重载为成员函数，不可重载为友元函数。

C++语言规定，下述 4 种运算符必须重载为成员函数：=，[ ]，( )和->。

3. 函数调用运算符

可将函数调用运算符( )看成下标运算符的扩展，它可以带有多个参数。下面通过一个例子讲述该运算符重载函数的定义格式及使用方法。

【例 11.6】 重载函数调用运算符的例子。

假定重载的函数调用运算符是用来实现对下列函数求值的。

$$f(x,y)=(x^2+5x-8)\times(y+5)$$

编程如下：

```
#include <iostream.h>
class Fun
{
  public:
     double operator ( )(double x,double y) const
     {
         return (x*x+5*x-8) * (y+5);
     }
};
void main( )
{
     Fun f1,f2;
      cout<<f1(1.5,2.0)<<endl;
      cout<<f2(2.1,1.0)<<endl;
}
```

执行该程序，输出结果如下：

```
12.25
41.46
```

【程序分析】 该程序中定义了 Fun 类的对象 f1 和 f2。程序中出现的表达式 f1(1.5, 2.0)和 f2(2.1, 1.0)分别被编译程序解释为 f1.operator ( )(1.5, 2.0)和 f2.operator ( )(2.1, 1.0)。

通过上面几个运算符重载的例子，可以看到运算符重载可以使程序更加简洁，使表达式更加直观、清晰，增强程序的可读性。因此，在处理一些操作时，常用运算符重载来替代函数的调用。

使用运算符重载应遵循如下原则：

- 重载运算符含义必须清楚。
- 重载后的运算符不可有二义性。

11.3 静态联编和动态联编

联编是指一个程序自身彼此关联的过程。按照联编所进行的阶段不同，可分为静态联编和动态联编两种。

11.3.1 静态联编

静态联编是指在程序编译连接阶段进行联编。这种联编又称为早期联编，这是因为这种联编工作是在程序运行之前完成的。

编译时所进行的联编又称为静态束定。束定是指确定所调用的函数与执行该函数代码之间的关系。

下面举一个静态联编的例子。

【例 11.7】 一个求图形面积的例子。分析该程序的输出结果。

```
#include <iostream.h>
class Point
{
  public:
       Point(double i,double j)
       { x=i;y=j; }
       double Area( ) const
       { return 0.0; }
  private:
       double x,y;
};
class Rectangle:public Point
{
  public:
       Rectangle(double i,double j,double k,double l);
       double Area( ) const
       { return w*h; }
  private:
       double w,h;
};
Rectangle::Rectangle(double i,double j,double k,double l):Point(i,j)
{
      w=k;
      h=l;
}
void fun(Point &s)
{
      cout<<s.Area( )<<endl;
}

void main( )
{
      Rectangle rec(3.5,15.2,5.0,28.0);
      fun(rec);
}
```

执行该程序，输出结果如下：

```
0
```

【程序分析】 从输出结果来看，该程序输出的是执行了 Point::Area( )的结果。类 Rectangle 的对象 rec 作为函数 fun( )的实参，而该函数的形参是类 Point 的对象的引用 s。在程序编译阶段，对象引用 s 所执行的 Area( )操作被联编到 Point 类的函数上。因此，在执行函数 fun( )中的 s.Area( )

操作时，返回值为 0。这是静态联编的结果。

11.3.2 动态联编

动态联编是指在程序运行时进行的联编，这种联编又称为晚期联编。

动态联编要求在运行时解决程序中的函数调用与执行该函数代码间的关系，又称为动态束定。在例 11.7 中，由于是静态联编，函数 fun( )中参数 s 所引用的对象被联编到类 Point 上。如果是动态联编，s 所引用的对象将被联编到类 Rectangle 上。由此可见，对于同一个对象的引用，采用不同的联编方式将会被联编到不同类的对象上，即不同联编可以选择不同的实现，这便是多态性。在例 11.7 中，实际上是对于函数 fun( )的参数的多态性选择。联编是一种重要的多态性选择。

如何实现多态性的选择？即如何进行动态联编呢？首先要有继承性，并且要求创建子类型关系；其次，一个重要的条件就是虚函数。继承是动态联编的基础，虚函数是动态联编的关键。

11.4 虚函数

虚函数是一种非静态的成员函数，其定义格式如下：

```
virtual〈类型说明符〉〈函数名〉(〈参数表〉)
{
    〈函数体〉
}
```

其中，virtual 是关键字，被该关键字说明的成员函数为虚函数。

如果某类中的一个成员函数被说明为虚函数，这便意味着该成员函数在派生类中可能存在着不同的实现。由于有虚函数，因此才可能进行动态联编，否则只能实现静态联编。在动态联编实现过程中，调用虚函数的对象是在运行时确定的，这种对于类对象的选择就是动态联编的多态性。

下面通过例子说明动态联编的实现。

【例 11.8】 将例 11.7 改编成为动态联编的情况。在程序中将类 Point 和类 Rectangle 的成员函数 Area( )说明为虚函数。

```
#include <iostream.h>
class Point
{
  public:
      Point(double i,double j)
      { x=i;y=j; }
      virtual double Area( ) const
      { return 0.0; }
  private:
      double x,y;
};
class Rectangle:public Point
{
  public:
      Rectangle(double i,double j,double k,double l);
      virtual double Area( ) const
      { return w*h; }
  private:
      double w,h;
};
```

```
Rectangle::Rectangle(double i,double j,double k,double l):Point(i,j)
{
    w=k;
    h=l;
}
void fun(Point &s)
{
    cout<<s.Area( )<<endl;
}

void main( )
{
    Rectangle rec(3.4,15.2,5.0,27.5);
    fun(rec);
}
```

执行该程序，输出结果如下：

```
137.5
```

【程序分析】 该程序中由于说明了虚函数，fun( )函数的对象引用参数 s 被动态联编，该函数体内调用的 Area( )函数是在运行中确定的，而不是在编译时确定的。因此，在运行时，实参 rec 为类 Rectangle 对象，于是 Area( )函数被确定为是类 Rectangle 的 Area( )函数。所以，将输出上述结果。

C++语言规定，虚函数应具有如下特性：

① 要求派生类中的虚函数与基类中的虚函数具有相同的参数个数，对应的参数类型相同且返回值类型相同。该特性将通过后面例子说明。

② 基类中说明的虚函数具有自动向下传给它的派生类的性质。因此，对于派生类的虚函数，virtual 说明可以省略。

③ 只有非静态的成员函数才可以说明为虚函数。这是因为虚函数仅适用于具有继承关系的类的对象，因此，普通函数不能说明为虚函数。又因为静态成员函数不是属于某个对象的，而是属于某个类的，所以它不适用于虚函数。另外，内联函数不能是虚函数，因为函数不能在运行时动态确定自己的内容，即使虚函数在类体内被定义，编译系统也将它视为非内联函数。

④ 构造函数不能说明为虚函数，因为对象在创建时它还没有确定内存空间，只有在构造后才是一个类的实例。

析构函数可以是虚函数，并且最好在动态联编时被说明为虚函数。这一点后面将说明。

下面列举一些静态联编和动态联编的例子，进一步说明虚函数的性质和作用。

【例 11.9】 分析下列程序，并回答下述问题。

① 该程序执行后输出结果是什么？为什么？

② 如果将 A::f2( )的实现改为：

```
void A::f2( )
{ this->f1( ); }
```

该程序输出结果是什么？

③ 如果将 A::f2( )的实现改为：

```
void A::f2( )
{ A::f1( ); }
```

该程序输出结果是什么？

```
#include <iostream.h>
class A
{
  public:
     virtual void f1( )
      { cout<<"A::f1( ) called.\n"; }
     void f2( )
      { f1( ); }
};
class B:public A
{
  public:
     void f1( )
     { cout<<"B::f1( ) called.\n"; }
};

void main( )
{
     B b;
     b.f2( );
}
```

解答：① 执行该程序，输出结果如下：

```
B::f1( ) called.
```

因为类B是类A的派生类，f1( )是这两个类中的虚函数。在main( )函数中，对象b是类B的对象，b.f2( )是调用类B中的f2( )函数，实际上是调用A::f2( )函数。而A::f2( )函数体内又调用f1( )，f1( )又是类A和类B中说明的虚函数，于是产生动态联编。在运行中，b是类B的对象，因此，应选择B::f1( )，于是得到上述输出结果。这是一个成员函数中调用虚函数的例子，在满足公有继承的情况下，成员函数中调用虚函数将采用动态联编。

② 输出结果与①相同。因为f1( )与this-> f1( )是完全等价的。this是指向操作成员函数的对象的指针。

③ 输出结果如下：

```
A::f1( ) called.
```

由于 f2( )函数体内对 f1( )的调用加了成员名的限定，于是对 f1( )函数进行静态联编，结果调用A::f1( )函数，所以得出上述结果。

【例 11.10】 分析下列程序，说明该程序中是否实现了动态联编。

```
#include <iostream.h>
class B
{
  public:
      virtual void fun(int i)
      {
         cout<<"In B.i="<<i<<endl;
      }
};
class D:public B
{
  public:
      virtual void fun(float j)
```

```
        {
            cout<<"In D.j="<<j<<endl;
        }
};
void text(B &b)
{
    int a=22;
    b.fun(a);
}

void main( )
{
    B b;
    D d;
    cout<<"Calling text(b).\n";
    text(b);
    cout<<"Calling text(d).\n";
    text(d);
}
```

执行该程序，输出结果如下：

```
Calling text(b).
In B) i=22
Calling text(d).
In B) i=22
```

【程序分析】 该程序中定义了类B，又定义了类D公有继承类B。在类B和类D中分别定义了一个具有相同名字的虚函数，但是这两个虚函数的参数不同。因此该程序中没有实现动态联编，即没有涉及多态性问题。在text()函数中，无论是用类B对象还是类D对象，调用的都是B::fun(int)成员，不存在多态性，因此获得上述结果。

【例 11.11】 分析下述程序的输出结果。

```
#include <iostream.h>
class B
{
  public:
      virtual void fn( )
      {
          cout<<"In B.\n";
      }
};
class D:public B
{
  public:
      virtual void fn( )
      {
          cout<<"In D.\n";
      }
};
void text(B &x)
{
    x.fn( );
}
```

```
void main( )
{
    B b;
    text(b);
    D d;
    text(d);
}
```

执行该程序，输出结果如下：

```
In B.
In D.
```

【程序分析】 程序中，类D公有继承类B，类D是类B的子类型。在类D和类B中都定义了虚函数，它们的名字、参数和返回值都相同。

在main( )中，使用不同类的对象作为实参调用text( )函数。由于满足动态联编条件，于是调用x.fn( )进行动态联编。若对象x是类B的，则调用B::fn( )；若对象x是类D的，则调用D::fn( )，所以出现上述结果。

这里需要说明的是，函数text( )的形参要求是类B的引用或指针，同时要求类D是类B的子类型，才可能进行动态联编。如果形参是类B的对象，将不进行动态联编。因此，动态联编要求调用虚函数的是基类的对象引用或对象指针，而不能是对象。

请读者将该程序中的text( )函数形参改为对象指针，并实现动态联编。

【例 11.12】 分析下列程序的输出结果。

```
#include <iostream.h>
class A
{
  public:
      A( )
      { }
      virtual void fun( )
      { cout<<"In A::fun( ).\n"; }
};
class B:public A
{
  public:
      B( )
      { fun( ); }
      void g( )
      { fun( ); }
};
class C:public B
{
  public:
      C( )
      { }
      void fun( )
      { cout<<"In C::fun( ).\n"; }
};
void main( )
{
    C c;
```

```
        c.g( );
    }
```

执行该程序，输出结果如下：

```
    In A::fun( ).
    In C::fun( ).
```

【程序分析】 ① 该程序中有三个类：类 A、类 B 和类 C。每个类中都定义了一个默认构造函数。在类 A 中定义了一个虚函数 fun( )，类 C 中也有一个同名虚函数。类 B 继承类 A，类 C 继承类 B。在类 B 的默认构造函数中调用 fun( )。

② 在 main( )函数中，创建一个类 C 的对象 c，这时应调用默认构造函数 C( )。派生类的默认构造函数将包含它的基类的默认构造函数。在调用类 B 的默认构造函数时，调用虚函数 fun( )，这时选定 A::fun( )，于是输出下述结果：

```
    In A::fun( ).
```

在构造函数中调用虚函数，采用静态联编，因为构造函数不是在运行时调用的。

③ 在 c.g( );语句中，调用类 B 中的 g( )函数，该函数又调用虚函数 fun( )，这时由于动态联编，选定 C 类的 fun( )，即 C::fun( )，于是输出如下结果：

```
    In C::fun( ).
```

这又是一个在成员函数中调用虚函数，满足公有继承条件下采用动态联编的例子。

【例 11.13】 分析下列程序的输出结果。

```
    #include <iostream.h>
    class A
    {
     public:
        virtual void f( )
        { cout<<"A::f( ) called.\n"; }
    };
    class B:public A
    {
       void f( )
       { cout<<"B::f( ) called.\n"; }
    };

    void main( )
    {
       B b;
       A &r=b;
       void (A:: *pf)( )=A::f;
       (r. *pf)( );
    }
```

执行该程序，输出结果如下：

```
    B::f( ) called.
```

【程序分析】 该程序中使用指向类的成员函数的指针 pf 来调用虚函数 f( )，这里采用的是动态联编。

11.5 纯虚函数和抽象类

本节讨论两个概念：纯虚函数和抽象类，并讲述它们的应用。

11.5.1 纯虚函数

纯虚函数是一种特殊的虚函数。这是一种没有具体实现的虚函数。纯虚函数的定义格式如下：

```
class 〈类名〉
{
    virtual 〈类型说明符〉〈函数名〉(〈参数表〉)=0;
    …
};
```

其中，〈函数名〉是纯虚函数名。该函数的实现用赋值为0来表示，被定义为无。

在一个基类中说明一个纯虚函数，它不对应任何具体实现，该虚函数的实现在它的派生类中。下面通过一个具体例子说明纯虚函数的定义和所起的作用。

【例 11.14】 分析下列程序输出结果。

```
#include <iostream.h>
class Point
{
  public:
      Point(int i=0,int j=0)
      { x0=i;y0=j; }
      virtual void Draw( )=0;
  private:
      int x0,y0;
};
class Line:public Point
{
  public:
      Line(int i=0,int j=0,int m=0,int n=0):Point(i,j)
      {x1=m;y1=n; }
      void Draw( )
      { cout<<"Line::Draw( ) called.\n"; }
  private:
      int x1,y1;
};
class Ellipse:public Point
{
  public:
      Ellipse(int i=0,int j=0,int p=0,int q=0):Point(i,j)
      { x2=p;y2=q; }
      void Draw( )
      { cout<<"Ellipse::Draw( ) called.\n"; }
  private:
      int x2,y2;
};
void Drawobj(Point *p)
{
    p->Draw( );
}
void main( )
{
    Line *lineobj=new Line;
    Ellipse *ellipseobj=new Ellipse;
```

```
    Drawobj(lineobj);
    Drawobj(ellipseobj);
}
```

执行该程序，输出结果如下：

```
Line :: Draw( ) called.
Ellipse :: Draw( ) called.
```

【程序分析】 ① 该程序中，类 Point 中定义了一个纯虚函数 Draw( )。在它的两个派生类 Line 和 Ellipse 中各有一个虚函数 Draw( )，并且分别有各自的实现。在函数 Drawobj( )中，调用了对象指针 p 所指向的 Draw( )函数，该形参进行动态联编，在运行时选择。

② 本例用来讲述一个画图的过程。在基类 Point 中，认为没有必要设置画点的操作，但是设置画函数 Draw( )为纯虚函数。而在它的派生类 Line 和 Ellipse 中对画函数给出了具体的实现，这将为 Drawobj( )中统一调用 Draw( )函数打下了基础。关于纯虚函数的作用在后面还会详述。

11.5.2 抽象类

举一个例子来说明抽象类的必要性。例如，“人类”这个词，是一个高度抽象的概念。按照国籍划分，人类分为中国人、日本人、美国人、英国人、法国人等。中国人又分为汉族、回族等 56 个民族。一个具体的人必定属于世界上某个国家和某个民族。脱离国家和民族的“纯粹”的人是不存在的。因此，不存在人类本身的实例。

创建人类这一概念，实际上它是一个不能有对象（实例）的类，这样的类的唯一用途在于被继承。这种类称为抽象类。例 11.14 中的 Point 类就是一个抽象类。

一个抽象类至少具有一个纯虚函数，即没有指明任何具体实现的虚函数。

总之，抽象类是一种特殊的类，这种类不能定义对象。它的主要作用是用来组织一个继承的层次结构，并由它提供一个公共的根，而相关的子类由它派生出来。

抽象类用来描述一组子类的共同的操作接口，它用作基类，而完整的实现由子类完成。如果一个抽象类的派生类中没有定义虚函数，只是继承了基类的纯虚函数，则这个派生类还是一个抽象类。如果一个抽象类的派生类中给出了基类纯虚函数的实现，则这个派生类就是一个可以创建对象的具体类。

可见，纯虚函数是抽象类的必要条件。

下面通过一个简单例子分析抽象类与派生类的不同。

【例 11.15】 分析下列程序，并回答问题：上述类 B、类 D1、类 D2 和类 D3 中，哪些是抽象类？哪些是具体类？

```
class B
{
  public:
    virtual void init( )=0;
    virtual write(char *pstring)=0;
};
class D1:public B
{
  public:
    virtual void init( )
    {
      …
    }
```

```
};
class D2:public B
{
  public:
    virtual void init( )
    {
      …
    }
    virtual void write( )
    {
     …
    }
};
class D3:public D1
{
  public:
    virtual void write( )
    {
     …
    }
};
```

解答：

B 类是抽象类，因为它有两个纯虚函数。

D1 类也是抽象类，因为它继承了 B 类中的一个纯虚函数 write( )。

D2 类是具体类，因为它实现了它的直接基类中的纯虚函数 write( )，而它的基类中又实现了它的间接基类中的纯虚函数 init( )。

D3 类是具体类，其原因请读者自己分析。

下面通过一个具体例子说明抽象类和纯虚函数及虚函数在实际程序中的使用。

【例 11.16】 计算某些几何图形的面积之和。

这里列举了 5 种几何图形，它们的求面积公式如下。

三角形（Triangle）面积公式：S=1/2H*W。其中，H 为三角形底边上的高，W 是三角形的底边长。

矩形（Rectangle）面积公式：S=H*W。其中，H 是矩形的长边长，W 是矩形的短边长。

圆形（Circle）面积公式：S=3.1415*R*R。其中，R 是圆的半径长。

梯形（Trapezoid）面积公式：S=1/2*(T+B)*H。其中，T 是梯形的上底边长，B 是梯形的下底边长，H 是梯形的高。

正方形（Square）面积公式：S=D*D。其中，D 是正方形的边长。

程序内容如下：

```
#include <iostream.h>
const double PI=3.1415;
class Shap
{
  public:
        virtual double Area( ) const=0;
};
class Triangle:public Shap
{
```

```
  public:
        Triangle(double h,double w)
        {H=h;W=w; }
        double Area( ) const
        { return 0.5*H*W; }
  private:
        double H,W;
};
class Rectangle:public Shap
{
  public:
        Rectangle(double h,double w)
        { H=h;W=w; }
        double Area( ) const
        { return H*W; }
  private:
        double H,W;
};
class Circle:public Shap
{
  public:
        Circle(double r)
        { R=r; }
        double Area( ) const
        { return PI*R*R; }
  private:
        double R;
};
class Trapezoid:public Shap
{
  public:
        Trapezoid(double t,double b,double h)
        { T=t;B=b;H=h; }
        double Area( ) const
        { return 0.5* (T+B) *H; }
  private:
        double T,B,H;
};
class Square:public Shap
{
  public:
        Square(double s)
        { S=s; }
        double Area( ) const
        { return S*S; }
  private:
        double S;
};
class Application
{
  public:
        double Compute(Shap *s[ ],int n) const;
};
```

```
double Application::Compute(Shap *s[ ],int n) const
{
      double sum=0;
      for(int i=0;i<n;i++)
        sum+=s[i]->Area( );
      return sum;
}
class MyProgram:public Application
{
  public:
      MyProgram( );
      ~MyProgram( );
      double Run( );
  private:
      Shap **s;
};
MyProgram::MyProgram( )
{
      s=new Shap* [5];
      s[0]=new Triangle(3.0,5.0);
      s[1]=new Rectangle(5.0,8.0);
      s[2]=new Circle(8.5);
      s[3]=new Trapezoid(12.0,8.0,6.0);
      s[4]=new Square(6.8);
}
MyProgram::~MyProgram( )
{
      for(int i=0;i<5;i++)
        delete s[i];
      delete[ ] s;
}
double MyProgram::Run( )
{
      double sum=Compute(s,5);
      return sum;
}

void main( )
{
      MyProgram M;
      cout<<"Area's Sum="<<M.Run( )<<endl;
}
```

执行该程序，输出结果如下：

```
Area's Sum = 380.713
```

【程序分析】 ① 该程序中有 8 个类，它们之间的关系如图 11.1 所示。

② 类 Shap 是抽象类，它相当于 Triangle 等 5 个类的根。在 Shap 类中有一个纯虚函数 Area( )，在它的 5 个派生类中都有具体实现。

③ 在类 Application 中定义了一个计算面积和的函数 Compute()，该函数有两个参数，一个是对象指针数组 s，另一个是 int 型变量。在 Application 类的派生类 MyProgram 中有一个 Run( )函数，在该成员函数中调用计算面积和的函数 Compute()。

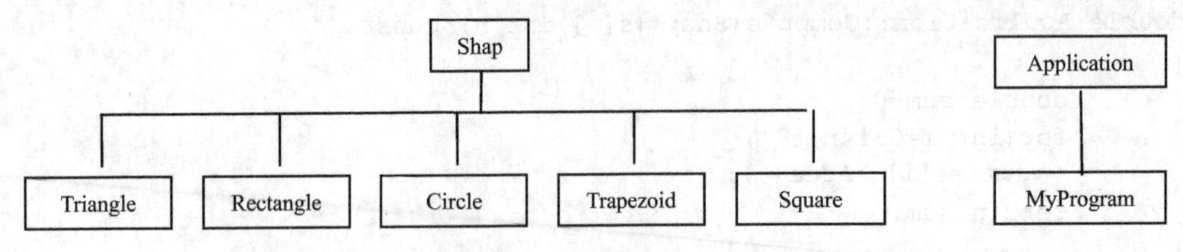

图 11.1　例题中各类之间的关系

④ 主函数很简单，先创建一个 MyProgram 类的对象 M，然后用对象 M 调用其成员函数 Run( )，返回其求面积的和，并将它输出显示。

该程序从结构上看有如下特点：将几何图形面积的类库设计与应用程序设计分开。一般，类库设计由程序员实现，应用程序设计由用户实现，二者分开将有利于减轻用户设计的负担。

类库设计的特点是建立一个抽象类，作为继承的层次结构中的公共根。这种结构对于几何图形的增加或减少十分方便。例如，如果想再加一个正五边形，只要再增加一个 Shap 的派生类，在派生类中给出求正五边形面积公式就可以了，而其他内容都不需要改变。

应用程序设计特点完全取决于用户的需要。用户根据需要计算的几何图形，填写好参数即可。这样，用户只需修改 MyProgram 类的构造函数中的内容就可以了。

可见该程序结构上的特点归结起来是：增删容易，修改方便，而且有良好的共享性。这些都是面向对象程序设计的特点。

11.6　虚析构函数

构造函数不能说明为虚函数，因为这样做没有意义。而析构函数可以说明为虚函数，其方法是在析构函数前边加上 virtual 说明符，例如：

```
class B
{
  public:
   …
  virtual ~B( );
   …
};
```

该类中的析构函数被说明为虚函数。

如果一个基类的析构函数被说明为虚析构函数，则它的派生类中的析构函数也是虚析构函数，可以不在派生类析构函数前加 virtual 说明符。

虚析构函数的作用在于当使用运算符 delete 删除一个对象时，能确保析构函数被正确地执行。因为设置虚析构函数可以采用动态联编，于是可在运行时选择析构函数。下面通过一个例子来说明虚析构函数的作用。

【例 11.17】　分析下列程序的输出结果，并说明虚析构函数的作用。

```
#include <iostream.h>
class A
{
public:
    virtual ~A( )
    { cout<<"A::~A( ) called.\n"; }
};
class B:public A
```

```
{
 public:
    B(int i)
    { buffer=new char[i]; }
    ~B( )
    {
       delete[] buffer;
       cout<<"B::~B( ) called.\n";
    }
 private:
    char *buffer;
};
void fun(A *a)
{
   delete a;
}

void main( )
{
   B *b=new B(10);
   fun(b);
}
```

执行该程序，输出结果如下：

```
B::~B( ) called.
A::~A( ) called.
```

【程序分析】 ① 该程序中，基类A中说明了虚析构函数，派生类B中又出现了虚析构函数，满足动态联编的条件，即在运行中选择析构函数。在函数fun( )中，执行语句

```
delete a;
```

时，调用析构函数。由于动态联编应该调用B类的析构函数，先执行B类析构函数的函数体，再执行其基类的析构函数，所以输出上述结果。

② 当在基类的类体内不说明析构函数为虚函数时，由于采用静态联编，在编译时根据函数fun( )参数的类型，将选择类A中的析构函数。因此，输出如下结果：

```
A::~A( ) called.
```

从该例输出结果的分析中可以看出，将析构函数说明为虚函数，将会正确地执行析构函数。因此，在继承的情况下，将基类中析构函数说明为虚函数是没有坏处的。

习题 11

11.1　简答题

(1) 什么是多态性？为什么说“多态性是继承性的补充”？

(2) 什么是函数重载？定义重载函数时应注意哪些问题？

(3) 什么是运算符重载？是否所有的运算符都能重载？

(4) 运算符重载的定义格式如何？运算符重载有几种形式？

(5) 运算符被重载后与原运算符有何关系？

(6) 什么是静态联编和动态联编？

(7) 什么是虚函数？如何说明虚函数？是否所有的成员函数都可以说明为虚函数？

（8）什么是纯虚函数？什么是抽象类？

（9）虚析构函数有何功能？

（10）总结C++语言的多态性包含哪些内容？

11.2　选择填空

（1）定义重载函数的下列条件中，（　）是错误的。

A）要求参数个数不同　　B）要求参数类型不同

C）要求函数返回值类型不同　D）要求在参数个数相同时，参数类型的顺序不同

（2）下列函数中，（　）不能重载。

A）成员函数　B）非成员函数　C）构造函数　D）析构函数

（3）下列运算符中，（　）不能重载。

A）::　B）[ ]　C）&&　D）new

（4）下列有关运算符重载的描述中，（　）是正确的。

A）运算符重载可改变其优先级

B）运算符重载不改变其语法结构

C）运算符重载可改变其结合性

D）运算符重载可改变其操作数的个数

（5）关于动态联编的下述描述中，（　）是错误的。

A）动态联编是在编译时确定操作函数的

B）动态联编是以虚函数为基础的

C）动态联编是在继承的前提下的一种多态性

D）动态联编时要求类的继承是公有的

（6）关于下列虚函数的描述中，（　）是正确的。

A）虚函数是一个 static 存储类的成员函数

B）虚函数是一个非成员函数

C）基类中说明了虚函数后，派生类中与其对应的函数可不必说明为虚函数

D）派生类的虚函数与基类的虚函数应具有不同的类型或个数

（7）关于纯虚函数和抽象类的描述中，（　）是错误的。

A）纯虚数是一种特殊的虚函数，它没有具体实现

B）抽象类中一定具有一个或多个纯虚函数

C）抽象类的派生类中一定不会再有纯虚函数

D）抽象类一般作为基类使用，其纯虚函数的实现由其派生类给出

（8）下列各种类中，（　）不能说明对象。

A）抽象类　B）派生类　C）嵌套类　D）局部类

11.3　判断下列描述的正确性，对者画√，错者画×。

（1）函数参数个数和类型都相同，只是返回值类型不同，这不是重载函数。

（2）重载函数不能带有默认参数，因为可能出现二义性。

（3）个别的运算符是不能重载的，运算符重载是通过对它重新定义函数来实现的。

（4）运算符重载有两种形式：成员函数和友元函数。

（5）运算符重载后，不改变原来的优先级和结合性。

（6）虚函数是一种用 virtual 说明的成员函数。

（7）抽象类中只能有一个纯虚函数。

(8) 构造函数和析构函数都不能说明为虚函数。

(9) 动态联编是在运行时选择操作函数的。

(10) 程序中可以说明抽象类的指针或引用，但是不能说明抽象类的对象。

11.4 分析下列程序的输出结果。

(1)
```
#include <iostream.h>
class Matrix
{
  public:
      Matrix(int r,int c)
      {
          row=r;
          col=c;
          elem=new double[row*col];
      }
      double &operator( )(int x,int y)
      {
          return elem[x*col+y];
      }
      ~Matrix( )
      { delete[ ] elem; }
  private:
      double *elem;
      int row,col;
};

void main( )
{
     Matrix m(5,8);
     for(int i=0;i<5;i++)
     {
         m(i,2)=i+15;
         cout<<m(i,2)<<",";
     }
     cout<<endl;
}
```

(2)
```
#include <iostream.h>
class B
{
  public:
      B(int i)
      { b=i+50; show( ); }
      B( )
      { }
      void show( )
      { cout<<"B::show( ) called. "<<b<<endl; }
  private:
      int b;
};
class D:private B
{
  public:
```

```
    D(int i):B(i)
    { d=i+100;show( ); }
    void show( )
    { cout<<"D::show( ). "<<d<<endl; }
  private:
    int d;
};
void main( )
{
   D d1(105);
}
```

(3)
```
#include <iostream.h>
class B
{
  public:
    B( )
    { }
    B(int i)
    { b=i; }
    virtual void virfun( )
    { cout<<"B::virfun( ) called.\n"; }
  private:
    int b;
};
class D:public B
{
  public:
    D( )
    { }
    D(int i,int j):B(i)
    { d=j; }
  private:
    int d;
    void virfun( )
    { cout<<"D::virfun( ) called.\n"; }
};
void fun(B *obj)
{
   obj->virfun( );
}
void main( )
{
   B *pb=new B;
   fun(pb);
   D *pd=new D;
   fun(pd);
}
```

(4)
```
#include <iostream.h>
class A
{
  public:
    A( )
    { ver='A'; }
```

```
        virtual void  print( )
        { cout<<"The A version "<<ver<<endl; }
    protected:
        char ver;
};
class D1:public A
{
    public:
        D1(int number)
        { info=number; ver='1'; }
        void print( )
        { cout<<"The D1 info: "<<info<<" version "<<ver<<endl; }
    private:
        int info;
};
class D2:public A
{
    public:
        D2(int number)
        { info=number; }
        void print( )
        { cout<<"The D2 info: "<<info<<" version "<<ver<<endl; }
    private:
        int info;
};
class D3:public D1
{
    public:
        D3(int number):D1(number)
        {
            info=number;
            ver='3';
        }
        void print( )
        { cout<<"The D3 info: "<<info<<" version "<<ver<<endl; }
    private:
        int info;
};
void print_info(A *p)
{
    p->print( );
}

void main( )
{
    A  a;
    D1 d1(4);
    D2 d2(100);
    D3 d3(-25);
    print_info(&a);
    print_info(&d1);
    print_info(&d2);
    print_info(&d3);
```

```
}
```

(5)

```
#include <iostream.h>
#include <math.h>
class Shape
{
  public:
      Shape(double a,double b):x(a),y(b)
      { }
      virtual double Area( ) const
      { return 0.0; }
  protected:
      double x,y;
};
class Circle:public Shape
{
  public:
     Circle(double a,double b,double c):Shape(a,b),r(c)
      { }
      double Area( ) const
      { return 3.1415*r*r; }
  private:
      double r;
};
class Rectangle:public Shape
{
  public:
      Rectangle(double a,double b,double c,double d):Shape(a,b)
      { h=c;w=d; }
      double Area( ) const
      { return h*w; }
  private:
      double h,w;
};
void fun(Shape &s)
{
    cout<<s.Area( )<<endl;
}

void main( )
{
    Circle c(2.5,15.0,4.8);
    fun(c);
    Rectangle r(22.0,50,10.6,2.0);
    fun(r);
}
```

第 12 章　C++语言的 I/O 流类库

C++语言与 C 语言一样，自身没有输入/输出语句，但是 C++编译系统带有一个面向对象的输入/输出软件包，它被称为 I/O 流类库。本章简单介绍 C++语言的 I/O 流类库的结构和使用。重点讲述的内容有：

- C++语言的输入/输出操作
- 格式输出操作
- 磁盘文件的输入/输出操作
- 字符串的操作
- 流错误处理

C++语言中的输入/输出操作是由它所提供的一个 I/O 流类的类库实现的。C++程序中，输入/输出操作是由“流”来处理的。所谓流，是指数据的流动，即指数据从一个位置流向另一个位置。程序中的数据可以从键盘流入，也可以流向屏幕或者流向磁盘。数据流实际上是一种对象，它在使用前要被建立，使用后要被删除，而输入/输出操作实际上就是从流中获取数据或者向流中添加数据。通常，将从流中获取数据的操作称为提取操作，即读操作或输入操作；将向流中添加数据的操作称为插入操作，即写操作或输出操作。C++语言提供了如图 12.1 所示的 I/O 流类库。

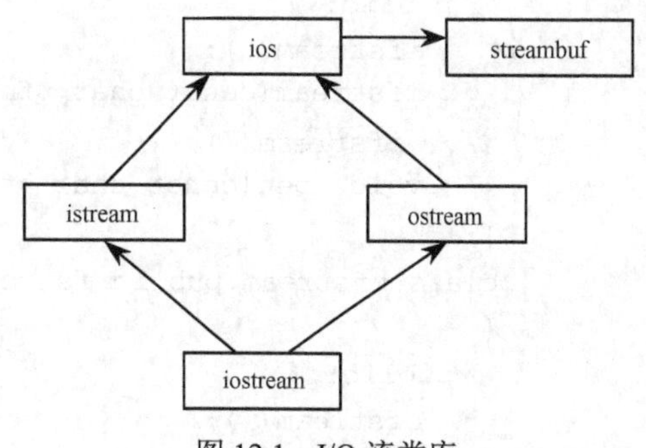

图 12.1　I/O 流类库

图 12.1 中，ios 类是一个虚基类，该类提供一些关于对流状态进行设置的功能。istream 类提供向流中插入数据的有关操作；ostream 类提供从流中提取数据的有关操作；iostream 类综合了 istream 类和 ostream 类的行为，提供对该类对象执行插入和提取操作；streambuf 类为 ios 类及其派生类提供对数据的缓冲支持。

C++语言关于文件的操作是从图 12.1 的 I/O 流类库中通过继承而产生 5 个描述文件操作的类，其关系如图 12.2 所示。

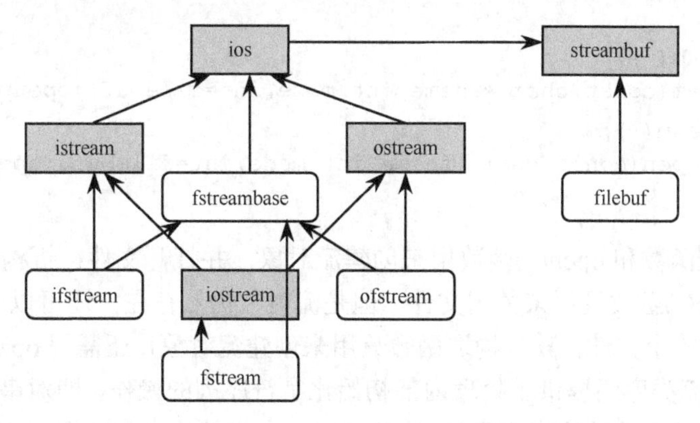

图 12.2　I/O 流类库中描述文件操作的类

图 12.2 中，fstreambase 类是一个公共基类，文件操作不使用该类。ifstream 类是从 istream 类

派生的，它的功能是对文件进行提取操作，即读操作。ofstream 类是从 ostream 类派生的，它的功能是对文件进行插入操作，即写操作。fstream 类是从 fstreambase 类和 iostream 类中派生来的，它的功能可对文件进行提取和插入操作，即读/写操作。而 filebuf 是从 streambuf 类派生的，用来作为上述类的缓冲支持。在上述 5 个有关文件操作的类中，经常使用的是 ifstream 类、ofstream 类和 fstream 类。

下面给出的是在 fstream.h 文件中有关文件操作的 4 个类的说明：

```
class fstreambase: virtual ios
{
  public:
    fstreambase( );
    fstreambase(const char *fname,int mode,int=filebuf::openport);
    ~fstreambase( );
    void open(const char *fname,int mode,int=filebuf::openport);
    void close( );
};
class ifstream: public fstreambase,public istream
{
  public:
    ifstream( );
    ifstream(const char *fname,int mode=ios::in,int=filebuf::openport);
    ~ifstream( );
    void open(const char *fname,int mode=ios::in,int=filebuf::openport);
};
class ofstream:public fstreambase,public ostream
{
  public:
    ofstream( );
   ofstream(const char *fname,int mode=ios::out,int=filebuf::openport);
    ~ofstream( );
   void open(const char *fname,int mode=ios::out,int=filebuf::openport);
};
class fstream: public fstreambase,public iostream
{
  public:
    fstream( );
    fstream(const char *fname,int mode,int=filebuf::openport);
    ~fstream( );
    void open(const char *fname,int mode,int=filebuf::openport);
};
```

其中，带参数的构造函数和 open( )函数用来创建流对象，并打开文件；析构函数用来关闭文件，并删除流对象；close( )函数只用来关闭文件，但是流对象仍然存在，还可以用 open( )函数来操作该流对象，并打开另一个文件；默认构造函数只用来创建流对象，还需用 open( )函数来打开文件。

C++语言的 I/O 流类库还提供了处理内部初始化字符序列的操作，即对串流对象的操作。这些操作是通过一个串流的继承结构来实现的。这里，又从 ios 类结构中创建了如下 5 个类：strstreambase 类，istrstream 类，ostrstream 类，strstream 类和 strstreambuf 类，如图 12.3 所示：

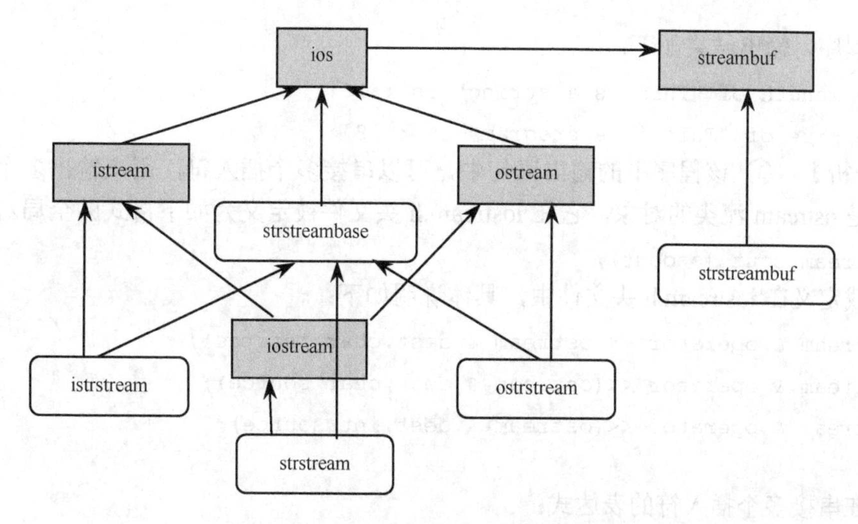

图 12.3 ios 类中对串流对象操作的类

图 12.3 中，strstreambuf 类是从 streambuf 类派生的，用来管理缓冲区的对象。strstreambase 类是由 ios 类派生的。而 istrstream 类、ostrstream 类和 strstream 类分别是从 strstreambase 类和 istream 类、strstreambase 类和 ostream 类以及 strstreambase 和 iostream 类派生的。它们被存放在头文件 strstrea.h 中。经常使用的是 istrstream 类、ostrstream 类和 strstream 类，它们可用来创建串流对象及其对串流的操作。具体使用将在本章后面讲述。

12.1 屏幕输出操作

下面介绍几种常用的屏幕输出操作方法。

在 iostream.h 头文件中定义了 I/O 标准流的设备名，即提供了 4 个流对象供用户使用。它们分别是：

cin 是 istream 类的对象，用来处理标准输入，即键盘输入。

cout 是 ostream 类的对象，用来处理标准输出，即屏幕输出。

cerr 是 ostream 类的对象，用来处理标准错误信息，它提供不带缓冲区的屏幕输出。

clog 是 ostream 类的对象，用来处理输出信息，它提供打印机输出。

12.1.1 使用预定义的插入符

最简单的屏幕输出是使用预定义的插入符（<<）作用于流对象 cout 上。下面通过例子讲述其用法。

【例 12.1】 使用预定义的插入符进行屏幕输出。

```
#include <iostream.h>
#include <string.h>
void main( )
{
  cout<<"The length of \"This a string\" is: "<<strlen("This is a string")<<endl;
  cout<<"The size of \"This is a program\" is: "
     <<sizeof("This is a program")<<endl;
}
```

执行该程序，输出结果如下：

```
The length of "This is a string" is : 16
The size of "This is a program" is : 18
```

【程序分析】 ① 该程序中的输出语句中，可以串接多个插入符，用来输出多个数据项。实际上，cout 是 ostream 流类的对象，它在 iostream.h 头文件被定义为如下格式的全局对象：

```
ostream cout (stdout);
```

插入符被重载定义在 iostream.h 头文件中，具体说明如下：

```
ostream & operator <<(ostream & dest,char *source);
ostream & operator <<(ostream & dest,char source);
ostream & operator <<(ostream & dest,int source);
...
```

例如，在串接多个插入符的表达式：

```
cout <<"OK"<< 5
```

中，按结合性先做 cout<<"OK"，则返回一个 ostream 类对象的引用，它与后面的<<5 组成为一个表达式：

〈一个对象的引用〉<<5

构造连续的输出。

② 插入符后面可以是一个较为复杂的表达式，系统先计算其值后再传给插入符输出。这里，需要注意的是优先级问题。例如，对下列输出语句：

```
cout<<i>j ? i:j <<endl;
```

其中，i 和 j 是已知的 int 型变量。编译时出现错误，指出插入符右边表达式有问题。出现问题的原因是因为插入符（<<）的优先级比三目运算符（?:）高。因此，应做如下修改：

```
cout<<(i>j ? i:j)<<endl;
```

【例 12.2】 分析下列程序的输出结果，该程序中使用了流对象 cout 和插入符<<。

```
#include <iostream.h>
void main( )
{
    int x=90;
    int *px=&x;
    cout<<"x="<<x<<endl<<"&x="<<&x<<endl;
    cout<<"*px="<<*px<<endl<<"&px="<<long(&px)<<endl;
}
```

执行该程序，输出结果如下：

```
x = 90
&x = 0x0064FDF4
*px = 90
&px = 6618608
```

【程序分析】 该程序中的输出语句中连续出现多个插入符，按结合性从左至右逐一计算输出，与前例相同。这里输出的除字符串外，还有变量值。值得注意的是关于地址值的两种不同输出：一种是用十六进制数表示的地址值，另一种是用十进制数表示的地址值。当要输出显示十进制数表示的地址时，需要将地址值的表达式强制为 long 类型，否则按十六进制数表示输出地址值。

【例 12.3】 分析下列程序的输出结果。该程序中使用了流对象 cout 和插入运算符。

```
#include <iostream.h>
void fun(int i,int j);
```

```
void main( )
{
    fun(125,5);
    fun(50,0);
}
void fun(int i,int j)
{
    if(j!=0)
        cout<<i/j<<endl;
    else
        cout<<"zero encountered.\n";
}
```

执行该程序，输出结果如下：

```
25
zero encountered.
```

【程序分析】 该程序的功能是通过调用 fun( )函数，求出两个已知 int 型数的整商。如果发现除数为 0，则发出“zero encountered.”信息。

12.1.2 使用成员函数 put( )输出一个字符

使用 I/O 流类库中提供的成员函数 put( )，可以输出一个字符。格式如下：

```
ostream& cout.put(char c);
```

或者

```
ostream& cout.put(const char c);
```

下面通过例子来说明该成员函数的用法。

【例 12.4】 分析下列程序的输出结果。

```
#include <iostream.h>
void main( )
{
    cout<<'B'<<'E'<<'I'<<'J'<<'I'<<'N'<<'G'<<'\n';
    cout.put('B').put('E').put('I').put('J').put('I')
        .put('N').put('G').put('\n');
    char c1='A',c2='B',c3='C';
    cout.put(c1).put(c2).put(c3).put('\n');
}
```

执行该程序，输出结果如下：

```
BEIJING
BEIJING
ABC
```

【程序分析】 该程序中使用了成员函数 put( )来输出显示一个字符。put( )函数的参数可以是字符变量，也可以是字符常量。由于该函数返回值是 ostream 类对象的引用，所以可以串接多个 put( )函数来输出显示多个字符。在很多情况下，使用 put( )函数与使用插入符是相同的。

12.1.3 使用成员函数 write( )输出一个字符串

I/O 流类库中提供的函数 write( )，可以输出一个字符串。格式如下：

```
cout.write(const char *str, int n)
```

其中，str 是一个字符指针或字符数组名，用来存放一个字符串，也可以是字符串常量；n 是一个

int 型变量，用来指定输出字符串中字符的个数。当该参数为 strlen(str)，则表示输出整个字符串。

【例 12.5】　分析下列程序的输出结果，注意该程序中 write( )函数的用法。

```
#include <iostream.h>
#include <string.h>
void print(char *s)
{
    cout.write(s,strlen(s)).put('\n');
    cout.write(s,6)<<'\n';
}
void main( )
{
    char *str="I love Beijing!";
    cout<<"The string is "<<str<<endl;
    print(str);
}
```

执行该程序，输出结果如下：

```
The string is I love Beijing!
I love Beijing!
I love
```

【程序分析】　print( )函数中，调用了 write( )函数。前面的调用用来输出字符指针所指向的整个字符串，后面的调用用来显示字符指针 str 所指向的字符串的前 6 个字符。

12.2　键盘输入操作

下面介绍几种常用的键盘输入操作方法。

12.2.1　使用预定义的提取符

最简单的键盘输入是将提取符（>>）作用在流类的对象 cin 上，格式如下：

cin>>〈表达式〉>>〈表达式〉>>…

其中，提取符可以连用，每个提取符右边跟一个〈表达式〉，该〈表达式〉是获取输入值的变量或对象。

下面通过例子说明键盘输入操作的方法。

【例 12.6】　分析下列程序的输出结果。

```
#include <iostream.h>
void main( )
{
    int x,y;
    cout<<"Please enter two integers: ";
    cin>>x>>y;
    cout<<"("<<x<<","<<y<<")"<<endl;
}
```

执行该程序，屏幕显示如下信息：

```
Please enter two integers: 15 26↙
(15, 26)
```

【程序分析】　该程序中使用了输入流类对象 cin 和提取符（>>），从键盘的输入流中读取 int

型数据。多个数据之间用空白符分隔，这里使用的空白符是空格符，作为两个输入数据项的分隔符。每读取一个 int 型数据，就将其放在一个变量中，该例读取的两个数据分别放在变量 x 和 y 中。

【例 12.7】 编程计算从键盘上输入的单词个数，并从中找出字符最多的单词，输出它的字符个数及单词的字符。

```
#include <iostream.h>
#include <string.h>
void main( )
{
    char buf [40], largest[40];
    int curLen,maxLen=-1,cnt=0;
    cout<<"Input word:\n";
    while(cin>>buf)
    {
        curLen=strlen(buf);
        cnt++;
        if(curLen>maxLen)
        {
            maxLen=curLen;
            for (int i=0; i<40; i++)
                largest[i]=buf [i];
        }
    }
    cout<<endl<<cnt<<endl;
    cout<<maxLen<<endl<<largest<<endl;
}
```

执行该程序，屏幕显示如下信息：

```
Input word:
If else for do goto switch case default break return↙ 〈Ctrl+Z〉
```

输出结果如下：

```
10
7
default
```

【程序分析】 该输出结果表明，从键盘上共输入了 10 个单词，其中最长的单词含 7 个字符，该单词是 default。

该程序中使用输入流类对象 cin 和提取符（>>）作为 while 循环的条件表达式，它每次从输入流中读取若干个字符，并自动加空格符作为所读取的字符序列的结束符，即读取一个字符串，并存放在字符数组 buf 中。每次读取的字符是一个输入项，输入流中默认的输入项的分隔符是空格符。在输入流中以空格符作为分隔符，以 Ctrl+Z 作为结束符。当输入该结束符时，将使得 cin>>buf 值为 0，于是退出 while 循环。

12.2.2 使用成员函数 get( )获取一个字符

函数 get( )可以从输入流中一次获取一个字符，并把它存放在指定的变量中，其格式如下：

```
char istream :: get( )
```

下面通过例子说明 get( )函数的用法。

【例 12.8】 编程实现将从键盘输入的字符显示在屏幕上。

```
#include <iostream.h>
```

```
void main( )
{
    char ch;
    cout<<"Input: ";
    while((ch=cin.get( ))!=EOF)
        cout.put(ch);
}
```

执行该程序，屏幕上显示如下信息：

```
Input : 12345  abcde ↙
```

输出显示如下：

```
12345  abcde
```

输入 Ctrl+Z 后，退出该程序。

【程序分析】 该程序中使用 cin.get( )从输入流中获得字符，使用 cout.put( )将获得的字符显示在屏幕上。get( )函数返回一个字符。EOF 是一个符号常量，被定义在 iostream.h 中。当输入流中出现 Ctrl+Z 时，cin.get( )获取与 EOF 相同的值，于是，退出该循环，并结束该程序。

12.2.3 使用成员函数 getline( )获取一行字符

函数 getline( )可以从输入流中读取多个字符，其格式如下：

```
cin.getline (char *buf, int n, deline = '\n');
```

其中，getline 是成员函数名，该函数有三个参数。buf 是一个字符指针，用来存放从输入流中提取的字符序列，即字符串；n 是一个 int 型变量，用来限定从输入流读取的字符个数不得超过 n−1 个；第三个参数是一个 char 型变量，并设置默认参数值为'\n'，用来限定一行字符的结束符。

结束该函数的条件如下：

① 从输入流中读取到 n−1 个字符后；

② 从输入流中读取到换行符后；

③ 从输入流中读取到文件结束符或其他输入流结束符之后。

【例 12.9】 编程统计从键盘输入的每一行字符的个数，并从中选出最长的行的字符个数，统计共输入多少行。

```
#include <iostream.h>
const int SIZE=80;
void main( )
{
    char buf[SIZE];
    int lcnt=0,lmax=-1;
    cout<<"Input...\n";
    while(cin.getline(buf,SIZE))
    {
        int count=cin.gcount( );
        lcnt++;
        if(count>lmax)
            lmax=count;
        cout<<"Line # "<<lcnt<<":"<<count<<endl;
        cout.write(buf,count).put('\n').put('\n');
    }
    cout<<endl;
    cout<<"Longest line: "<<lmax<<endl;
    cout<<"Total line: "<<lcnt<<endl;
```

```
}
```

执行该程序，显示如下信息：

```
Input ...
This is a program.↙
Line #1: 19
This is a program.

You are a student.↙
Line #2: 19
You are a student.

I love Beijing!↙
Line #3 : 16
I love Beijing!
```

输入 Ctrl+Z 后，输出结果如下：

```
Longest line : 19
Total line : 3
```

【程序分析】 ① 该程序中出现了一个 istream 类中的成员函数 gcount( )，该函数的功能是返回上一次函数 getline( )实际上读入的字符个数，包含空白符。

② 该程序中使用了 getline( )函数，出现在如下语句中

```
while(cin.getline(buf,SIZE))
{
  ...
}
```

其中，cin.getline（buf,SIZE）作为 while 循环的条件表达式，用它来从输入流中每次读取一行字符，并存放在 buf 中。使用输入结束符 Ctrl+Z，则退出该循环。

12.2.4 使用成员函数 read( )读取多行字符

istream 类中还提供了一个成员函数 read( )，它的功能是从输入流中读取指定数目的字符，并存放在指定的地方。该函数格式如下：

```
cin.read(char *buf,int size);
```

其中，read 是成员函数的名字，buf 是用来存放读取字符的字符指针或字符数组，size 是一个 int 型数，用来指定从输入流中读取字符的数目。可以使用成员函数 gcount( )来统计上一次使用 read( )函数读取字符的个数。

【例 12.10】 编写从键盘上读取多行字符的程序。

```
#include <iostream.h>
void main( )
{
    const int SIZE=80;
    char buf[SIZE]="";
    cout<<"Input...\n";
    cin.read(buf,SIZE);
    cout<<endl;
    cout<<buf<<endl;
}
```

执行该程序，屏幕显示如下信息：

```
Input…
```

```
continue ↙
switch ↙
break ↙
static ↙
〈Ctrl + Z〉
```

输出结果如下：

```
continue
switch
break
static
```

【程序分析】 该程序中出现了成员函数 read( )，其格式如下：

```
cin.read (buf,SIZE);
```

其中，buf 是一个字符数组名，SIZE 是 int 型常量，其值为 80。该函数可以从输入流中读取 SIZE-1 个字符，并存放在字符数组 buf 中。当没有读够 SIZE-1 个字符时，遇到输入流结束符，也将停止读取操作。在该例中，连续读取了 4 行，但是也不足 79 个字符，遇到 Ctrl+Z 后结束了读操作。从该例中可以看到，当设置 SIZE 足够大时，可以读取若干行字符，这一点是它与 getline( )函数的区别。

12.3 格式化输入和输出

C++语言的 I/O 流类库提供了控制格式输入输出的方法：一种是用成员函数，另一种是用控制符。下面介绍这两种方法。

12.3.1 使用流对象的成员函数进行格式输出

这种方法是由 ios 类中定义的一些公有的控制格式标志位和成员函数来实现的。先用某些成员函数来设置标志位，然后再用另一些成员函数进行格式输出。

1. 控制格式的标志位

ios 类所提供的控制格式的标志位如表 12-1 所示。

表 12-1 ios 标志位

标志位	值	含 义	输入/输出
skipws	0x0001	跳过输入中的空白符	I
left	0x0002	输出数据按输出域左对齐	O
right	0x0004	输出数据按输出域右对齐	O
internal	0x0008	数据的符号左对齐，数据本身右对齐，符号和数据之间为填充符	O
dec	0x0010	转换基数为十进制数形式	O
oct	0x0020	转换基数为八进制数形式	I/O
hex	0x0040	转换基数为十六进制数形式	I/O
showbase	0x0080	输出的数值数据前面带有基数符号（0 或 0x）	I/O
showpoint	0x0100	浮点数输出带有小数点	O
uppercase	0x0200	用大写字母输出十六进制数值	O
showpos	0x0400	正数前面带有“+”符号	O
scientific	0x0800	浮点数输出采用科学表示法	O
fixed	0x1000	使用定点数形式表示浮点数	O
unitbuf	0x2000	完成输入操作后立即刷新流的缓冲区	O
stdio	0x4000	完成输入操作后刷新系统的 stdout,stderr	O

2. 设置标志字的成员函数

ios 类中设置了一个 long 型的数据成员用来存放当前被设置的格式状态，该数据成员称为标志字。下面介绍用来设置标志字中各标志位的有关成员函数的功能。

（1）long flags( )

该函数用来返回标志字。

（2）long flags(long)

该函数使用参数值来更新标志字，并返回更新前的标志字。

（3）long setf(long setbits，long field)

该函数用来先将 field 所指定的标志位清零，再将 setbits 的标志位置为 1，并返回设置前的标志字。

（4）long setf(long)

该函数用来设置参数所指定的那些标志位，并返回更新前的标志字。

（5）long unsetf(long)

该函数用来清除参数所指定的那些标志位，并返回更新前的标志字。

为了使用方便，在 ios 类中又定义了如下的静态存储类常量：

```
static const long basefield=del | oct | hex;
static const long adjustfield=left | right | internal;
static const long floatfield=scientific | fixed;
```

使用这些常量可以简化对数制标志位、对齐标志位和实数表示标志位的操作。例如，要清除 oct、dec 标志，设置 hex 标志，可使用如下表达式：

```
cin.setf(iso::hex, ios::basefield)
```

下面通过一个例子说明如何使用成员函数来设置标志字。

【例 12.11】　分析下列程序的输出结果，熟悉使用成员函数设置标志字的方法。

```
#include <iostream.h>
void main( )
{
    cout.setf(ios::hex,ios::basefield);
    cout<<"HEX: 68->"<<68<<endl;
    cout.setf(ios::showbase);
    cout<<"HEX: 68->"<<68<<endl;
    cout.setf(ios::uppercase);
    cout<<"HEX: 68->"<<68<<endl;
    cout.setf(ios::oct,ios::basefield);
    cout<<"OCT: 68->"<<68<<endl;
    cout.setf(ios::dec,ios::basefield);
    cout<<"DEC: 68->"<<68<<endl;
    cout.setf(ios::showpos);
    cout<<"DEC: 68->"<<68<<endl;
}
```

执行该程序，输出结果如下：

```
HEX：68->44
HEX：68->0x44
HEX：68->0X44
OCT：68->0104
DEC：68->68
DEC：68->+68
```

3. 控制输出格式的成员函数

在 ios 类中又定义了一些用来控制输出格式的成员函数，这些函数的功能如下。

（1）设置输出数据所占宽度的函数

① int width( )：该函数用来返回当前输出的数据宽度。

② int width(int)：该函数用来设置当前输出的数据宽度，并返回更新前的宽度值。

（2）填充当前宽度内的填充字符函数

① char fill( )：该函数用来返回当前所使用的填充字符。

② char fill(char)：该函数用来设置当前填充字符为参数所表示的字符，并返回更新前的填充字符。

（3）设置浮点数输出精度函数

① int precision( )：该函数用来返回当前浮点数输出时的有效数字的位数。

② int precision(int)：该函数用来设置当前浮点数输出时的有效数字的位数为该函数的参数值，并返回更新前的值。

在使用上述所有函数时应注意如下 4 点：

① 数据输出宽度在默认情况下为表示该数据所需的最少字符数。

② 默认情况下的填充字符为空格符。

③ 如果所设置的数据宽度小于数据所需的最少字符数，则数据宽度按默认宽度处理。

④ 单精度浮点数最多提供 7 位有效数字，双精度浮点数最多提供 15 位有效数字，长双精度浮点数最多提供 19 位有效数字。

下面通过一个例子说明使用控制输出格式的成员函数的方法。

【例 12.12】 分析下列程序的输出结果，学会使用控制输出格式的成员函数的方法。

```
#include <iostream.h>
void main( )
{
    cout<<"12345678901234567890\n";
    int i=12345;
    cout<<i<<endl;
    cout.width(10);
    cout<<i<<endl;
    cout.width(10);
    cout.fill('#');
    cout.setf(ios::left,ios::adjustfield);
    cout<<i<<endl;
    cout.setf(ios::right,ios::adjustfield);
    cout.precision(6);
    double d=123.456789;
    cout<<d<<endl;
    cout.setf(ios::scientific,ios::floatfield);
    cout<<d<<endl;
    cout<<"width: "<<cout.width( )<<endl;
}
```

执行该程序，输出结果如下：

```
12345678901234567890
12345
     12345
```

```
1 2 3 4 5 # # # # #
1 2 3 . 4 5 7
1 . 2 3 4 5 6 8 e+002
width: 0
```

【程序分析】 ① 在该程序中，将最先输出的一串数字字符作为标尺，后面输出的数据以此为标准。

② 使用成员函数 width( )设置的数据宽度，只对当前输出有效。完成当前输出后，该宽度为 0。

③ 设置浮点数的有效数字的位数不含小数点所占的一位；设置科学表示法表示的小数时，有效数字位数是指小数点后的有效位数。

12.3.2 使用控制符进行格式输出

C++语言的 I/O 流类库中还提供一种使用控制符进行格式输出的方法，这种方法比前面的方法操作起来更简单。这些控制符是在头文件 iomanip.h 中定义的一些对象，与成员函数调用的效果一样。它们可以直接插入到流中，而不必再单独调用，可直接被插入符或提取符操作。

表 12-2 中列出了 I/O 流类库中定义的控制符。

表 12-2 流类库所定义的操作子

操作子名	含　义	输入/输出
dec	数值数据采用十进制表示	I/O
hex	数值数据采用十六进制表示	I/O
oct	数值数据采用八进制表示	I/O
setbase(int n)	设置数制转换基数为 n（n 为 0，8，10，16），0 表示使用默认基数	I/O
ws	提取空白符	I
ends	插入空字符	O
flush	刷新与流相关联的缓冲区	O
resetiosflags(long)	清除参数所指定的标志位	I/O
setiosflags(long)	设置参数所指定的标志位	I/O
setfill(int)	设置填充字符	O
setprecision(int)	设置浮点数输出的有效数字的位数	O
setw(int)	设置输出数据项的域宽	O

这些控制符又称为操作子，因为它们可以直接进行操作。下面通过例子说明控制符的用法。有些控制符中没有的功能，还需使用前面成员函数的方法来提供。

【例 12.13】 分析下列程序的输出结果，学会在程序中使用控制符。

```
#include <iostream.h>
#include <iomanip.h>
void main( )
{
    cout<<"12345678901234567890\n";
    int i=12345;
    cout<<i<<endl;
    cout<<setw(10)<<i<<endl;
    cout<<resetiosflags(ios::right)<<setiosflags(ios::left)
        <<setfill('#')<<setw(10)<<i<<endl;
```

```
    double d=123.456789;
    cout<<setfill(' ')<<setprecision(6)<<setw(10)<<d<<endl;
    cout.setf(ios::scientific,ios::floatfield);
    cout<<d<<endl;
    cout<<"width: "<<cout.width( )<<endl;
}
```

【程序分析】 执行该程序后，输出的结果与例 12.12 的完全一样。从本例中可以看到两种不同输出格式的特点。显然，使用控制符的方法比使用成员函数的方法简单明了。

值得注意的是，在使用控制符时要包含头文件 iomanip.h。

【例 12.14】 分析下列程序的输出打印结果。

```
#include <iostream.h>
#include <iomanip.h>
void main( )
{
    for(int i=7;i>1;i--)
        cout<<setfill(' ')<<setw(i)<<" "<<setfill('*')
            <<setw(15-2*i)<<" *"<<endl;
    for(i=1;i<8;i++)
        cout<<setfill(' ')<<setw(i)<<" "<<setfill('*')
            <<setw(15-2*i)<<" *"<<endl;
}
```

执行该程序，输出打印结果如下：

```
      *
     ***
    *****
   *******
  *********
 ***********
*************
 ***********
  *********
   *******
    *****
     ***
      *
```

请读者自己分析该程序的输出结果。

12.4 插入符和提取符的重载

C++语言的 I/O 流类库提供了一个重要的特性，就是支持对新的数据类型的输入和输出。实现的办法是通过对插入符（<<）和提取符（>>）的重载。

下面通过例子来讲述一种重载插入符和提取符的方法。

【例 12.15】 编写程序，重载插入符和提取符，按中国习惯（yyyy/mm/dd）对日期进行输入和输出。

```
#include <iostream.h>
class Date
```

```
{
  public:
     Date(int y,int m,int d)
     {
        Year=y;
        Month=m;
        Day=d;
     }
     friend ostream& operator <<(ostream &stream,Date &date);
     friend istream& operator >>(istream &stream,Date &date);
  private:
     int Year,Month,Day;
};
ostream& operator <<(ostream &stream,Date &date)
{
   stream<<date.Year<<"/"<<date.Month<<"/"<<date.Day<<endl;
   return stream;
}
istream& operator >>(istream &stream,Date &date)
{
    stream>>date.Year>>date.Month>>date.Day;
    return stream;
}
void main( )
{
    Date d(2000,6,10);
    cout<<"Current date: "<<d;
    cout<<"Enter new date: ";
    cin>>d;
    cout<<"New date: "<<d;
}
```

执行该程序，输出结果如下：

```
Current date : 2000/6/10
Enter new date : 2000 12 23↙
New date : 2000/12/23
```

【程序分析】 该程序在类 Date 中，通过友元函数的形式重载了插入符和提取符，重载后的提取符和插入符实现了按中国习惯对日期进行输入和输出的功能。定义提取符时，使用 istream 类的对象引用作为返回值，因为流对象 cin 是 istream 类的对象；定义插入符时，使用 ostream 类的对象引用作为返回值，因为流对象 cout 是 ostream 类的对象。

12.5 磁盘文件的输入和输出

前面讨论的是标准文件的输入和输出操作。

本节讨论有关磁盘文件的打开和关闭操作、文本文件和二进制文件的读写操作及随机访问数据文件的操作。

12.5.1 文件的打开和关闭操作

对非标准文件进行操作，首先要将该文件打开，打开成功后才可以对它进行读写或修改。操作结束后还需要将它关闭。

1. 打开文件

打开文件前，先说明一个 fstream 类的对象，再使用成员函数 open( )打开所指定的文件。下面介绍两种打开文件的方法。

（1）方法一

格式如下：

```
fstream〈对象名〉;
〈对象名〉.open("〈文件名〉",〈方式〉);
```

其中，先定义一个 fstream 类的〈对象名〉，然后使用该对象调用其成员函数 open( )。该函数有两个参数，一个是用双撇号括起来的〈文件名〉，该〈文件名〉要求使用全名，必要时需写出路径名；另一个参数是〈方式〉，用来表示文件访问方式，包含读、写、又读又写、二进制数据模式等。关于文件访问方式常量如表 12-3 所示。

表 12-3 文件访问方式常量

方式名	用途
in	以输入（读）方式打开文件
out	以输出（写）方式打开文件
app	以输出追加方式打开文件
ate	文件打开时，文件指针位于文件尾
trunc	如果文件存在，将其长度截断为 0，并清除原有内容；如果文件不存在，则创建新文件
binary	以二进制方式打开文件，省略时为文本方式
nocreate	打开一个已有文件，如果该文件不存在，则打开失败
noreplace	如果文件存在，除非设置 ios::ate 或 ios::app，否则打开操作失败
ios::in | ios::out	以读和写的方式打开文件
ios::out | ios::binary	以二进制写方式打开文件
ios::in | ios::binary	以二进制读方式打开文件

例如，使用写方式打开一个文本文件 file.txt，格式如下：

```
fstream outfile;
outfile.open("file.txt", ios::out);
```

其中，outfile 是类 fstream 的对象名，ios::out 指出了打开文件的方式为写操作。

在多种打开方式中，除 app 和 ate 方式外，其余的方式在刚打开文件时，文件的读写指针指向文件头。

在未指定 binary 方式时，文件都是以文本方式打开的。如果以二进制方式打开，则需指明 binary 方式。

为了书写方便，可将上述两条语句合为一条，其格式如下：

```
fstream〈对象名〉("〈文件名〉",〈方式〉);
```

例如，以读方式打开文件 f1.c 的格式如下：

```
fstream infile("f1.c", ios::in);
```

其中，infile 为对象名。

（2）方法二

① 打开某个写文件格式如下：

```
ofstream 〈对象名〉;
〈对象名〉.open("〈文件名〉");
```

或者

```
ofstream 〈对象名〉("〈文件名〉");
```

② 打开某个读文件格式如下：

```
ifstream 〈对象名〉;
〈对象名〉.open("〈文件名〉");
```

或者

```
ifstream 〈对象名〉("〈文件名〉");
```

以上两种方法读者可以根据需要或习惯进行选择。

2. 关闭文件

当对一个打开的文件操作完毕后，应及时关闭该文件。关闭文件时，使用待关闭的流对象调用关闭成员函数 close( )。具体格式如下：

```
〈流对象名〉.close( );
```

其中，〈流对象名〉是待关闭的文件流的对象名。例如，将打开的流对象 outfile 关闭，则可用下述语句：

```
outfile.close( );
```

12.5.2 文本文件的读/写操作

文本文件的读/写操作是指向打开的文件写入字符信息，或读出字符信息的操作。下面通过例子来说明这些操作。

【例 12.16】 编程将一些字符信息写入指定文件中。

```
#include <iostream.h>
#include <fstream.h>
#include <stdlib.h>
void main( )
{
    fstream outfile;
    outfile.open("file1.dat",ios::out);
    if(!outfile)
    {
        cout<<"file1.dat can't open.\n";
        abort( );
    }
    outfile<<"this is a program.\n";
    outfile<<"this is a string.";
    outfile<<"\nok!";
    outfile.close( );
}
```

执行该程序后，将程序中要写入的三个字符串写入指定的文件 file1.dat 中。

【程序分析】 ① 该程序开头包含了三个头文件。其中，头文件 iostream.h 中包含了标准 I/O 流的一些定义，例如，本程序中 cout 文件流的定义和插入符（<<）的定义等；头文件 fstream.h 中包含了对 fstream 类和成员函数 open( )、close( )的定义等；头文件 stdlib.h 中包含了对函数 abort( )

的定义。

② 程序中定义了流对象 outfile，用它打开一个指定文件 files.dat，并按写方式打开。一般，创建一个文件流时，应该先检查一下是否创建成功。创建成功后，再对该文件进行操作。检查一个文件是否被打开的方法是判断文件流是否为 0。当文件被正常打开时，则文件流为非 0，否则为 0。当文件流为 0 时，应返回一个报错信息，然后退出程序，结束操作。退出程序一般使用 abort( )函数。本例的这种判断文件是否打开的方法适用于其他程序。

【例 12.17】 编程序将例 12.16 中被写入文件中的字符信息读出并显示。

```
#include <iostream.h>
#include <fstream.h>
#include <stdlib.h>
void main( )
{
    fstream infile;
    infile.open("file1.dat",ios::in);
    if(!infile)
    {
        cout<<"file1.dat can't open.\n";
        abort( );
    }
    char s[80];
    while(!infile.eof( ))
    {
        infile.getline(s,sizeof(s));cout<<s<<endl;
    }
    infile.close( );
}
```

执行该程序，文件 file1.dat 中的字符信息被读出，显示在屏幕上的信息如下：

```
this is a program.
this is a string.
ok!
```

【程序分析】 ① 该程序先创建一个文件流 fstream 对象 infile，在用它打开文件 file1.dat 时，判断是否打开成功。

② 在从 file1.dat 文件中读取字符信息时，使用了 getline( )函数，该函数每次从文件中读出一行信息，并将读出的信息放在字符数组 s 中，再将它显示在屏幕上。

③ 使用成员函数 eof( )判断被读文件是否结束。eof( )函数的功能是，当文件结束时，返回非 0 值；当文件没有结束时，返回 0 值。

【例 12.18】 编程使用 get( )函数和 put( )函数读写文本文件。

```
#include <iostream.h>
#include <fstream.h>
#include <stdlib.h>
#include <string.h>
void main( )
{
    fstream outfile,infile;
    outfile.open("file2.dat",ios::out);
    if(!outfile)
    {
```

```
        cout<<"file2.dat can't open.\n";
        abort( );
    }
    char s[ ]="I love C++ programing.";
    for(int i=0;i<=(int)strlen(s);i++)
        outfile.put(s[i]);
    outfile.close( );
    infile.open("file2.dat",ios::in);
    if(!infile)
    {
        cout<<"file2.dat can't open.\n";
        abort( );
    }
    char ch;
    while(infile.get(ch))
        cout.put(ch);
    cout<<endl;
    infile.close( );
}
```

执行该程序，输出结果如下：

```
I love C++ programing.
```

【程序分析】 该程序中创建了两个流对象 outfile 和 infile。一个用来打开写文件，另一个用来打开读文件。打开写文件时，用成员函数 put( )将字符写入文件；打开读文件时，用成员函数 get( )将字符从文件中读出，再显示到屏幕上。

【例 12.19】 编程将一个文件内容复制到另一个文件中。

```
#include <iostream.h>
#include <fstream.h>
#include <stdlib.h>
void main( )
{
    fstream infile,outfile;
    infile.open("file2.dat",ios::in);
    if(!infile)
    {
      cout<<"file2.dat can't open.\n";
      abort( );
    }
    outfile.open("file3.dat",ios::out);
    if(!outfile)
    {
      cout<<"file3.dat can't open.\n";
      abort( );
    }
    char ch;
    while(infile.get(ch))
      outfile.put(ch);
    infile.close( );
    outfile.close( );
}
```

执行该程序将文件 file2.dat 的内容复制到文件 file3.dat 中，可以看到文件 file3.dat 的内容与

file2.dat 的相同。

12.5.3　二进制文件的读/写操作

打开二进制文件时，要在 open( )函数中加上 ios::binary 方式。向二进制文件中写入信息时，使用 write( )函数；从二进制文件中读出信息时，使用 read( )函数。下面通过一个例子说明其用法。

【例 12.20】　编程对一个二进制文件进行读/写操作。

```
#include <iostream.h>
#include <fstream.h>
#include <stdlib.h>
struct person
{
    char name[80];
    double height;
    unsigned short age;
};
struct person people[5]={"Ma",1.78,35,"Zhang",1.68,24,"Hu",1.90,40,
                    "Lu",1.89,50,"Lang",2.00,18};
void main( )
{
    fstream file;
    file.open("file4.dat",ios::in|ios::out|ios::binary);
    if(!file)
    {
        cout<<"file4.dat can't open.\n";
        abort( );
    }
    for(int i=0;i<5;i++)
        file.write((char *)&people[i],sizeof(people[i]));
    file.seekp(0,ios::beg);
    for(i=0;i<5;i++)
    {
        file.read((char *)&people[i],sizeof(people[i]));
        cout<<people[i].name<<'\t'<<people[i].height
            <<'\t'<<people[i].age<<endl;
    }
    file.close( );
}
```

执行该程序，输出结果如下：

```
Ma      1.78    35
Zhang   1.68    24
Hu      1.9     40
Lu      1.89    50
Lang    2       18
```

【程序分析】　该程序中仅创建了一个文件流，用它打开的文件是一个二进制可读可写的文件。先是将一个结构数组的内容写到文件中去。在 C++语言中可以使用 C 语言中的结构数组。再将文件的读写指针移到文件头，这里使用了 seekp( )函数，关于该函数的用法将在下一节中讲述。然后，使用 read( )函数将该文件中的内容读出来，仍然在原来的结构数组中。最后，用标准流的输出语句将结构数组的内容显示在屏幕上。

【例 12.21】 按下列要求编写一个程序。

① 该程序用来将一些大学生和硕士生的有关信息输入后存放在一个文件中。

② 关于大学生的信息有：姓名，学号，某门功课的成绩。

③ 关于硕士生的信息有：除大学生应有信息外，再增加一个导师姓名。

④ 将一个大学生和两个硕士生的信息写入程序中，也可从键盘输入。

```
#include <iostream.h>
#include <fstream.h>
#include <string.h>
#include <iomanip.h>
class Student
{
  public:
    Student(char *pN,unsigned num,double g)
    {
        strcpy(Name,pN);
        uID=num;
        grade=g;
    }
    virtual void Print(ostream &out);
    friend ostream &operator <<(ostream &out,Student &st);
  private:
    char Name[80];
    unsigned uID;
    double grade;
};
void Student::Print(ostream &out)
{
    out.setf(ios::left,ios::adjustfield);
    out.width(15);
    out<<Name<<uID;
    out.setf(ios::right,ios::adjustfield);
    out.width(8);
    out<<grade;
}
ostream &operator <<(ostream &out,Student &st)
{
    st.Print(out);
    out<<endl;
    return out;
}
class Master:public Student
{
  public:
    Master(char *pN,unsigned num,double g,char *pdN):Student(pN,num,g)
    {
        strcpy(dName,pdN);
    }
    void Print(ostream &out);
  private:
    char dName[80];
};
```

```
void Master::Print(ostream &out)
{
    Student::Print(out);
    out<<"  "<<dName;
}

void main( )
{
    ofstream out("abc.txt");
    Student s1("Wang ping",99001,96.5);
    Master s2("Ma guang",99056,84.8,"Hu");
    Master s3("Jiang fang",99078,90.5,"Huang");
    out<<s1;
    out<<s2;
    out<<s3;
}
```

执行该程序后，将程序中给定的 s1、s2 和 s3 的信息写到所指定的文件 abc.txt 中。打开 abc.txt 文件便可看到三个学生的有关信息。

【程序分析】 ① 由于大学生和硕士生的信息内容存在关联，因此该程序中定义了 Student 类后，又定义 Master 类，后边的类以公有方式继承了前边的类。

② 在类 Student 中说明 Print( )函数为虚函数，它的派生类 Master 中的对应函数也是虚函数，于是可以实现动态联编。

③ 在基类 Student 中，通过友元函数的方式对插入符（<<）进行重载，于是可以使用重载的插入符，向文件中写入信息。

12.5.4 随机访问数据文件

C++语言的文件多数情况下是顺序读取的，即从文件头读到文件尾，前面讲过的例子都是这样的。

C++语言的流文件与 C 语言文件一样，也可以随机读/写。为了实现 C++程序文件的随机读/写操作，I/O 流类库提供了定位文件读/写指针的成员函数，它们分为两组。一组是由 istream 类对于读指针提供的三个成员函数：

```
istream & istream :: seekg(〈流中位置〉);
istream & istream :: seekg(〈偏移量〉,〈参照位置〉);
long int istream :: tellg( );
```

另一组是由 ostream 类对于写指针提供的三个成员函数：

```
ostream & ostream :: seekp(〈流中位置〉);
ostream & ostream :: seekp(〈偏移量〉,〈参照位置〉);
long int ostream :: tellp( );
```

下面介绍上述函数的功能和用法。

seekg( )和 seekp( )函数分别是用来移动文件的读指针和写指针的位置。指定位置的方法有两种：一种是直接给出〈流中位置〉，将读或写指针移到距文件头〈流中位置〉个字节的位置，这时用一个参数的函数；另一种方法是指定相对的〈偏移量〉，再给出〈参照位置〉，这时将读或写指针移到相对于〈参照位置〉前或后相距〈偏移量〉的位置。

函数中的参数〈流中位置〉和〈偏移量〉都是 long 类型量，以字节数为单位。〈参照位置〉具有如下含义：

```
cur=1    相对于当前读/写指针所指定的位置
```

```
beg=0    相对于流开始的位置
end=2    相对于流结束的位置
```

下面以 seekg( )函数为例，假定 input 是类 istream 的流对象，则

```
input.seekg(-100, ios::cur);
```

表示将读指针移动到当前位置前（文件头方向）100 个字节处。又如：

```
input.seekg(50, ios::beg);
```

表示将读指针移到距文件头 50 个字节处。再如：

```
input.seekg(-100, ios::end);
```

表示将读指针移到距文件尾 100 个字节处。

tellp( ) 和 tellg( )函数用来返回当前文件读/写指针距该文件头的字节数。该函数无参数，返回值是 long 类型量。

上述函数为实现随机文件的读/写提供了方法。随机文件读/写的具体方法如下：

① 先将文件按指定方式打开，除使用 app 和 ate 方式外，其余方式打开文件后，文件的读/写指针都指向文件头。

② 使用读/写指针的定位函数 seekg( )或 seekp( )将文件读/写指针移到所需的位置，然后使用前面讲过的文件读/写操作函数，对文件进行读/写操作。操作结束后将文件关闭。

下面通过例子说明随机读/写数据文件的方法。

【例 12.22】 分析下列程序的输出结果，学会随机读/写数据文件的方法。

```
#include <iostream.h>
#include <fstream.h>
#include <stdlib.h>
void main( )
{
    fstream file("file5.dat",ios::in|ios::out|ios::binary);
    if(!file)
    {
        cout<<"file5.dat can't open.\n";
        abort( );
    }
    for(int i=1;i<=20;i++)
        file.write((char *)&i,sizeof(int));
    long pos=file.tellp( );
    cout<<"Current byte number: "<<pos<<endl;
    for(i=20;i<=50;i++)
        file.write((char *)&i,sizeof(int));
    file.seekp(pos);
    file.read((char *)&i,sizeof(int));
    cout<<"The data stored is "<<i<<endl;
    file.seekg(0,ios::beg);
    for(i=50;i<=100;i++)
        file.write((char *)&i,sizeof(int));
    file.seekg(pos);
    file.read((char *)&i,sizeof(int));
    cout<<"The data stored is "<<i<<endl;
    file.seekp(116,ios::cur);
    file.read((char *)&i,sizeof(int));
    cout<<"The data stored is "<<i<<endl;
    cout<<"Current byte number: "<<file.tellp( )<<endl;
}
```

执行该程序，输出结果如下：

```
Current byte number : 80
The data stored is 20
The data stored is 70
The data stored is 100
Current byte number : 204
```

【程序分析】 ① 本程序以二进制可读可写方式打开文件 file5.dat。

② 首先向被打开的文件中写入 20 个 int 型数，每个数占 4 个字节，则共占 80 个字节。所以，这时使用 tellp( )函数返回值为 80。

③ 接着又向文件 file5.dat 中用 write( )函数写入 30 个 int 型数，再将读指针移到距文件头 80 个字节处，即是第 21 个 int 型数的前头，这时读取出该数据的值应该是 20。

④ 将写指针置于文件头，再从头向文件中写入从 50 开始的 50 个连续自然数。然后将读指针移到距文件头 80 个字节处，读出该数据并将它显示到屏幕上，应该是 70。

⑤ 将写指针从当前位置向文件尾方向移动 116 个字节，即距文件头 196 个字节处，折合为 49 个数据。这时读出的是第 50 个数据，其值为 100。并且这时的读指针已移至 204 个字节处。该文件共存放 51 个 int 型数据，其文件长度应该为 204 个字节。

【例 12.23】 分析下列程序的输出结果，熟悉成员函数 seekp( )的用法。

```
#include <iostream.h>
#include <fstream.h>
#include <stdlib.h>
void main( )
{
    struct student
    {
        char name[50];
        long number;
        double totalscord;
    }
    stu[5]={"Ma",98001,89.5,"Li",98023,82.9,"Gao",98045,90.2,
         "Hu",98066,92.1,"Yan",98067,79.5};
    student s1;
    fstream file1;
    file1.open("file6.dat",ios::out|ios::in|ios::binary);
    if(!file1)
    {
        cout<<"file1.dat can't open.\n";
        abort( );
    }
    for(int i=0;i<5;i++)
        file1.write((char *)&stu[i],sizeof(student));
    file1.seekp(sizeof(student) *4);
    file1.read((char *)&s1,sizeof(stu[i]));
    cout<<s1.name<<'\t'<<s1.number<<'\t'<<s1.totalscord<<endl;
    file1.seekp(sizeof(student) *1);
    file1.read((char *)&s1,sizeof(stu[i]));
    cout<<s1.name<<'\t'<<s1.number<<'\t'<<s1.totalscord<<endl;
    file1.close( );
}
```

执行该程序，输出结果如下：

```
Yan   98067   79.5
Li    98023   82.9
```

【程序分析】 该程序中，使用成员函数 open( )打开一个可读可写的二进制文件。接着，使用 write( )函数向打开的文件中写入 5 个学生的记录。然后，通过 seekp( )函数移动文件的写指针分别读出第 5 个和第 2 个学生的记录信息，并显示在屏幕上。

12.5.5 文件操作的其他函数

下面再补充介绍有关文件操作的其他函数。

1. 跳过输入流中指定数量字符的函数

该函数原型说明格式如下：

```
istream & istream::ignore(int n=1,int t=EOF);
```

其中，ignore 是该函数的名字。该函数有两个参数：int 型数 n 表示跳过的字符个数，默认值为 1，表示跳过一个字符；另一个参数 t 表示指定的终止符，默认的终止符为 EOF，一般用 Ctrl+Z 来实现输入流的终止。该函数的功能是从输入流中跳过 n 个字符，或者遇到终止符为止，终止符仍留在输入流中。例如：

```
ignore(50,'\n');
```

表示跳过 50 个字符，或者是遇到'\n'符时结束，即两个参数条件满足其中之一则结束。

【例 12.24】 输入一个整型数，如果程序发现了错误输入，则跳过当前输入，并等待下一次输入，直到输入成功，并显示其输入值。编程实现该操作。

```
#include <iostream.h>
void main( )
{
    int a;
    cout<<"Input an integer: ";
    cin>>a;
    while(!cin)
    {
        cin.clear( );
        cin.ignore(80,'\n');
        cout<<"Try again!"<<endl;
        cout<<"Input an integer: ";
        cin>>a;
    }
    cout<<"The integer entered is "<<a<<endl;
}
```

执行该程序显示如下信息，并等待键盘输入：

```
Input an integer : mn96↙
```

显示如下信息：

```
Try again!
```

再输入如下信息：

```
Input an integer: xy7935↙
```

则显示如下信息：

```
Try again!
```

再输入如下信息：

```
Input an integer:12789abc↙
```

则显示如下信息：

```
The integer entered is 12789
```

退出该程序。

【程序分析】 ① 该程序使用下述语句：

```
while(!cin)
{
    …
}
```

来实现反复输入，直到输入没错为止。当输入有错时，cin 为 0；否则，cin 为非 0。

② 函数 clear( )是类 ios 中的一个成员函数，其原型说明如下：

```
void ios :: clear(int=0);
```

该函数的功能是用来清理错误状态字中错误状态位。

③ 程序中所出现的下述语句：

```
cin.ignore(80, '\n');
```

表明用 cin 流调用 ignore( )函数进行跳过一行的操作。该函数由参数决定跳过的字符数，这里，要跳过 80 个字符，或者遇到换行符，则该函数操作结束。

2. 退回一个字符到输入流中的函数

该函数原型说明如下：

```
istream & istream :: putback(char ch);
```

该函数的功能是将读取的指定字符退回到输入流中。该函数有一个参数，用来指出要退回输入流中的字符，返回值是输入流类的对象引用。

【例 12.25】 编程从键盘的输入流中分析出数字串，并显示出来。

```
#include <iostream.h>
#include <ctype.h>
int getnum(char *s);
void main( )
{
    char buf[80];
    cout<<"Enter stream:\n";
    while(getnum(buf))
       cout<<"Digit string is: "<<buf<<endl;
}
int getnum(char *s)
{
    int flag(0);
    char ch;
    while(cin.get(ch)&&!isdigit(ch))
       ;
    if(!cin)
       return 0;
    do {
          *s++=ch;
    }while(cin.get(ch)&&isdigit(ch));
    *s='\0';
    flag=1;
    if(cin)
       cin.putback(ch);
```

```
        return flag;
    }
```

执行该程序显示如下信息：

```
    Enter stream:
    xyz1257abc8903mn4365st98↙
```

输出结果如下：

```
    Digit string is 1257
    Digit string is 8903
    Digit string is 4365
    Digit string is 98
```

按 Ctrl+Z 键，退出该程序。

【程序分析】 ① 该程序中出现的 isdigit( )函数包含在头文件 ctype.h 中，该函数用来判断某个字符是否是数字字符。如果是数字字符，该函数返回 1，否则返回 0。

② 在 if 语句里出现了 putback( )函数，其功能是将前面用 get( )函数读出的非数字字符送回到输入流中。请读者分析一下，这里 putback( )函数是否必须使用？

12.6 字符串流

C++语言的 I/O 流类库中提供了处理字符串流的两个类：ostrstream 和 istrstream。其中，ostrstream 类是从 ostream 类派生来的，它用来将不同类型的信息格式化为字符串，并存放到一个字符数组中；istrstream 类是从 istream 类派生来的，它用来将所存放的字符串转换为变量所需的内部格式。这两个类都包含在 strstrea.h 文件中。

下面讲述实现串流操作的两类构造函数。

12.6.1 ostrstream 类的构造函数

类 ostrstream 是用于执行串流的输出操作的，该类中定义了多个重载的构造函数，这里仅选两个常用的构造函数：

```
    ostrstream :: ostrstream( );
    ostrstream :: ostrstream(const char *str, int size, int mode=ios::out);
```

其中，第一个是默认构造函数，它用来创建存放插入数据的对象数组。第二个构造函数有三个参数，参数 str 是字符指针或字符数组，用来存放插入到输出流中的字符数组或字符指针；参数 size 用来指定这个数组最多能存放的字符个数；另一个参数是 mode，用它给出流的方式，默认为 out，还可以选择 app 和 ate 方式。

在进行插入操作时，一般不在输出流中的末尾自动添加空字符，需要时应显示添加空字符。

为实现串流的输出操作，ostrstream 类中又提供一些成员函数，下面列举两个常用的成员函数：

```
    int ostrstream::pcount( );
```

该函数的功能是返回输出流中已插入的字符个数。

```
    char *ostrstream::str( );
```

该函数的功能是返回标识存储串的数组的地址值。

下面通过一个例子说明字符串流的输出操作。

【例 12.26】 分析下列程序的输出结果，学会对字符串流的输出操作。

```
    #include <iostream.h>
    #include <fstream.h>
```

```
#include <strstrea.h>
void main( )
{
    char buf[80];
    ostrstream out1(buf,sizeof(buf));
    int m=30;
    for(int i=0;i<6;i++)
       out1<<"m="<<(m+=10)<<';';
    out1<<'\0';
    cout<<"buf: "<<buf<<endl;

    double d=334.7891415;
    out1.setf(ios::fixed|ios::showpoint);
    out1.seekp(0);
    out1<<"The value of d is "<<d<<'\0';
    cout<<buf<<endl;

    char *pstr=out1.str( );
    cout<<pstr<<endl;
}
```

执行该程序，输出结果如下：

```
buf: m=40; m=50; m=60; m=70; m=80; m=90;
The value of d is 334.789142
The value of d is 334.789142
```

【程序分析】 ① 该程序中，使用 ostrstream 类的构造函数创建流对象 out1，该流将流向一个字符数组 buf。使用 for 循环语句，通过插入符向字符数组 buf 中写入如下数据：

m=40; m=50; m=60; m=70; m=80; m=90;和'\0'

② 该程序中定义双精度浮点数 d，并指定其输出格式，再将数组 buf 中的写指针移到首元素，然后使用插入符向 out1 流所流向的数组 buf 中写入一个字符串常量、一个双精度浮点数 d 和'\0'。最后，将它输出显示在屏幕上。

③ 该程序中，使用函数 str( )返回 out1 流的首地址，并赋给一个字符指针 pstr，再将它所指向的字符串输出显示，得到与前面相同的结果。

12.6.2 istrstream 类的构造函数

类 istrstream 用于执行串流的输入操作。该类中定义了多个重载的构造函数，适用于在多种情况下创建对象。这里举两个常用的构造函数：

```
istrstream::istrstream(char *str);
istrstream::istrstream(char *str, int n);
```

其中，第一个构造函数带有一个参数，该参数是一个字符指针或字符数组，用来初始化要创建的串流对象。第二个构造函数带有两个参数，第一个参数与前边的相同，第二个参数用来指定用串中的前 n 个字符构造串流对象。第一个构造函数没有第二个参数，它表明用第一个参数所指定的串中所有字符来构造串流对象。

下面通过例子说明串流输入操作。

【例 12.27】 分析下列程序输出结果，熟悉串流的输入操作。

```
#include <iostream.h>
#include <strstrea.h>
```

```
void main( )
{
    char buf[ ]="1234 7.89\t\"string\"";
    int a;
    double b;
    char c[80];
    istrstream ss(buf);
    ss>>a>>b>>c;
    cout<<a+b<<','<<c<<endl;
}
```

执行该程序，输出结果如下：

```
1241.89, "string"
```

【程序分析】 该程序中使用构造函数创建了一个串流对象ss，该串流将从字符数组buf中流出。使用提取符，先后读取一个int型数存放在a中，一个双精度浮点数存放在b中，一个字符串放在c中，最后将a+b值和字符串输出显示在屏幕上。

【例12.28】 分析下列程序输出结果。

```
#include <iostream.h>
#include <strstrea.h>
void main( )
{
    char buf[ ]="987654";
    int i,j;
    istrstream s1(buf),s2(buf,1);
    s1>>i;
    s2>>j;
    cout<<i<<','<<j<<','<<i+j<<endl;
}
```

执行该程序，输出结果如下：

```
987654, 9, 987663
```

【程序分析】 该程序中创建了两个流对象s1和s2，它们使用了不同参数的构造函数。使用提取符分别从s1和s2串流中获取不同的int型数存放在i和j中。i和j中所读取的数是从buf中流出的。

12.7 流错误的处理

在流操作中，特别是用流读写磁盘文件时，可能会出现错误。因此，需要有一种能够检测到错误状态的机制和清除错误的方法。例如，打开某个文件时，找不到被打开的文件时，则会出现一个错误等。

本节将介绍检测错误的方法和清除错误的措施。

12.7.1 状态字和状态函数

在ios类中，定义了一个用来记录各种错误状态的数据成员，被称为状态字。它的各位的状态由ios类中定义的下述常量来描述：

```
goodbit=0x00              表示状态正常，没有错误位设置
eofbit=0x01               表示到达文件末尾
```

```
failbit=0x02                表示 I/O 操作失败
badbit=0x04                 表示试图进行非法操作
hardbit=0x80                表示出现致命错误
```

在上述错误状态中，failbit 位表示可恢复的错误，该位被置位则表示流没有被破坏；hardbit 位如果被置位，则表示硬件出现故障，而无法恢复。

在 ios 类中，还定义了下列检测流状态的成员函数：

```
int rdstate( )              该函数返回当前状态字
int eof( )                  该函数返回非 0 值表示提取操作已到达文件尾
int fail( )                 该函数返回非 0 值表示 failbit 位被置位
int bad( )                  该函数返回非 0 值表示 badbit 位被置位
int good( )                 该函数返回非 0 值表示状态字中没有任何位被置位
```

下面列举一些使用上述函数检测流是否出错的简单例子。例如：

```
ifstream istrm("f1.dat");
if(istrm.good( ))
…                           //表明文件打开成功，可写出某些操作
```

又如，

```
ofstream ostrm("f2.dat");
if(!ostrm.good( ))
…                           //表明文件打开失败，应退出程序
```

再如，

```
if(!cin.eof( ))
…                           //表明文件没有结束，可继续操作
```

12.7.2 清除/设置流状态位

在 ios 类中，定义了一个成员函数，该函数可以用来清除流的错误状态，也可以用来设置流的错误状态位。该函数格式如下：

```
void ios::clear( );
```

不带参数的 clear( )函数常用来在发生错误时清除流的错误状态，而使用带参数的 clear( )函数来设置流的错误状态。例如：

```
cin.clear(cin.rdstate|ios::badbit);
```

用来在状态字中设置 badbit 位。但是，该函数对于 hardbit 位是无法清除和设置的。

习题 12

12.1 简答题

（1）在 C++语言的输入/输出操作中，如何理解“流”的概念？从流的角度说明什么是提取操作？什么是插入操作？

（2）系统预定的流类对象中，cin 和 cout 的功能是什么？

（3）从键盘输入一个字符有哪些方法？输入一个字符串有哪些方法？

（4）向屏幕上输出一个字符有哪些方法？输出一个字符串有哪些方法？

（5）如何将一个 int 型数按不同进制形式输出？

（6）如何输出一个指定精度的浮点数？

（7）如何确定输出数据项的宽度？

（8）打开和关闭一个磁盘文件有哪些方法？

（9）读/写磁盘文件中的信息有哪些方法？

（10）如何对文件进行随机存取操作？

12.2 选择填空

（1）进行文件操作时应包含（ ）文件。

A）math.h　　B）fstream.h　　C）stdio.h　　D）ctype.h

（2）使用控制符进行格式输出时，应包含（ ）文件。

A）stream.h　　B）math.h　　C）iomanip.h　　D）strstrea.h

（3）已知：int a, *pa=&a;，输出指针 pa 所存放的十进制地址值的方法是（ ）。

A）cout<<pa;　　B）cout<<*pa;　　C）cout<<&pa;　　D）cout<<long(pa);

（4）下列输出字符'A'的方法中，（ ）是错的。

A）cout<<'A';　　B）cout<<put('A');

C）cout.put('A');　　D）char a='A'; cout<<a;

（5）下列关于 getline( )函数的描述中，（ ）是错误的。

A）该函数所使用的终止符只能是换行符

B）该函数是从键盘上读取字符串的

C）该函数所读取的字符串的长度是受限制的

D）该函数读取字符串时遇到终止符便停止

（6）下述关于 read( )函数的描述中，（ ）是对的。

A）该函数只能从键盘输入中获取字符串

B）该函数只能用于文本文件的操作

C）该函数只能按规定读取指定数目的字符

D）该函数读取的字符串可直接显示在屏幕上

（7）在 ios 类中提供的控制格式的标志位中，（ ）是转换为十六进制形式的标志位。

A）hex　　B）oct　　C）dec　　D）right

（8）在控制输出格式的控制符中，（ ）是设置输出宽度的。

A）ws　　B）ends　　C）setfill( )　　D）setw( )

（9）在打开磁盘文件的访问方式常量中，（ ）是以追加方式打开文件的。

A）in　　B）out　　C）app　　D）ate

（10）在下列函数中，（ ）是对文件进行写操作的。

A）get( )　　B）read( )　　C）getline( )　　D）put( )

12.3 判断下列描述是否正确，对者画√，错者画×。

（1）使用提取符（<<）可以输出各种变量的值，但是不能输出地址值。

（2）预定义的提取符和插入符都是可以重载的。

（3）函数 write( )用来将一个字符串送到一种输出流中，但是它只能将一个字符串中的全部字符都送到输出流中。

（4）控制当前格式化状态的标志字中，每一位标志一种格式。这种格式可以被设置，也可以被清除。

（5）控制符本身是一种对象，它可以直接被提取符或插入符操作。

（6）使用打开文件函数前应先定义一个流对象，然后使用 open( )函数来操作该对象。

（7）read( )函数和 write( )函数可以读/写文本文件，也可以读/写二进制文件。

（8）以 app 方式打开文件时，当前的读指针和写指针都定位于文件尾。

（9）对于串流进行操作时应先创建串流对象。在创建了串流对象后，则串流与字符串之间便建立了“联系”，然后再使用提取符或插入符实现读/写操作。

（10）C++语言的I/O流类库中，所提供的读/写函数对标准流和一般流都是相同的。

12.4　分析下列程序的输出结果。

（1）
```
#include <iostream.h>
#include <fstream.h>
#include <stdlib.h>
void main( )
{
    fstream infile,outfile;
    outfile.open("text.dat",ios::out);
    if(!outfile)
    {
        cout<<"text.dat can't open.\n";
        abort( );
    }
    outfile<<"123456789\n";
    outfile<<"aabbccddeeff\n"<<"mmmnnnpppqqq\n";
    outfile<<"ok!\n";
    outfile.close( );
    infile.open("text.dat",ios::in);
    if(!infile)
    {
        cout<<"text.dat can't open.\n";
        abort( );
    }
    char textline[80];
    while(!infile.eof( ))
    {
        infile.getline(textline,sizeof(textline));
        cout<<textline<<endl;
    }
}
```

（2）
```
#include <iostream.h>
#include <fstream.h>
#include <stdlib.h>
void main( )
{
    fstream file1;
    file1.open("text1.dat",ios::out|ios::in);
    if(!file1)
    {
        cout<<"text1.dat can't open.\n";
        abort( );
    }
    char textline[ ]="123456789abcdefghijkl.\n";
    for(int i=0;i<sizeof(textline);i++)
        file1.put(textline[i]);
    file1.seekg(0);
    char ch;
    while(file1.get(ch))
        cout<<ch;
    file1.close( );
}
```

(3)
```
#include <strstrea.h>
void main( )
{
    ostrstream s;
    s<<"Hi,good morning!";
    char *buf=s.str( );
    cout<<buf<<endl;
    delete[ ] buf;
}
```

举报电话：（010）88254396；（010）88258888
传　　真：（010）88254397
E-mail:　　dbqq@phei.com.cn
通信地址：北京市海淀区万寿路 173 信箱
　　　　　电子工业出版社总编办公室
邮　　编：100036